JN028192

実務と電験三種をつなぐ

現場で役立つ
テブナン・キルヒホッフ

Thevenin's theorem・Kirchhoff's law

村田 孝一・渡邉 髙伺［共著］

電験の知識は現場の業務に必須です！

本書を手にとった方の多くは，新人の電気主任技術者，電気管理技術者，保安業務担当者，なかには電験受験予定者もいらっしゃるのではないかと思います．そのような方々が技術者として現場に出て最初に思うことは，本当に電気技術者としての仕事ができるのだろうか，電験三種に合格したものの，電気設備の保守・監督やトラブル対応時に電験の知識が活きるのだろうか，といった不安ではないでしょうか．

現場で発生する設備トラブルは電気的なものから機械的なものまでさまざまです．それらの事象には，対応マニュアルなどあらかじめ答えが用意されているわけではありませんが，それぞれの本質は電磁気，電流（電子），力学などの物理現象です．だからこそ電験で学習した電磁気，電気回路理論，交流理論などの基礎的知識（原理原則）が必要になります．

本書は，現役の電気主任技術者を含め電気設備の保安に携わる方々が新人時代に現場で体験した事例のうち，電験の知識で解決した事例，事象と理論がつながった事例をもとに取りまとめました．事例の紹介にあたっては，**事例→その根拠となる電験の項目→関連する過去問例→実務の解説**という構成にすることで，電験の学習（理論）と現場実務の架け橋となるように努めました．**１部**は**高圧受電設備の管理に必要となる基本的事項**，**２部**は**各機器の活用，概要と特徴**，**３部**は**試験と測定に関する事例**，**４部**は**波及事故，高調波障害など設備の運用**について説明しました．各部の説明にあたっては，極力電験三種の範疇とすべく努めましたので，簡易な説明に留めた箇所もあります．必要に応じて，さらに詳しい内容を勉強していただければと思います．

電験に合格したら，もう勉強をしなくてよいと思っている方がいらっしゃるかもしれませんが，合格後こそ真の勉強が必要です．現場で疑問に思ったとき，お客さまからの質問にうまく答えられなかったとき，施工会社さまとの打ち合わせで何かおかしいと感じたときなどに本書を参照していただき，課題解決のヒントにつなげていただけると幸いです．

末尾ながら，オーム社編集局の原さま，本書の実例，エピソード，ヒントを提供くださった巻末記載の協力者のみなさまに深く感謝の意を表します．

村田 孝一，渡邉 髙伺

目　次

✎は電験三種の内容

1部

高圧受電設備に関する基本事項

1 電気保安業務

電気主任技術者の職務と権限

本書は，新人の電気主任技術者（本書では，電気管理技術者や保安業務担当者などの立場の違いにかかわらず，電気保安に従事する人を電気主任技術者とよぶ）向けの本なので，まずは電気主任技術者の仕事で大事なこと，仕事のベースとなる考え方を共有したい．

一口に新人といっても，学生時代に電気関係の勉強をした人，電力会社で電力設備の保守をしていた人，電験（電気主任技術者試験）を受験するまで電気とは一切関係ない仕事をしてきた人など個人によって知識も経験もさまざまだと思う．しかし，新たに電気主任技術者として仕事をしていくには，どのような関係法令や規程があるか，電気保安の技術者としてどんな義務があるかを勉強することは大切なことだと思う．日常業務の処理は大事だが，停電事故や異常発生時の対応にこそ，電気の専門家としての活躍が期待されている．

まず電気主任技術者は何に基づいて仕事をしていくかであるが，職務の根拠となる法律は電気事業法（以下：ここでは「法」）であり，第1条にこの法律の目的が書かれている．

目的は2つで，「電気の使用者の利益を保護し，及び電気事業の健全な発達を図る」ことと「公共の安全を確保し，及び環境の保全を図る」ことである（**表1**）．すなわち，適正な電気事業運営と電気保安の確保を2本柱としている．

電気主任技術者の職務は，保安規制の1つである公共の安全確保に関する「電気工作物の保安」を監督する立場として位置づけされており，法第43条では次のように規定されている．

① 主任技術者は，事業用電気工作物の工事，維持及び運用に関する保安の監督の職務を誠実に行わなければならない．

② 事業用電気工作物の工事，維持又は運用に従事する者は，主任技術者がその保安のためにする指示に従わなければならない．

電気主任技術者の資格は，電気工作物の受電電圧により3つに分類されている（**表2**）．

ここで，法第43条に「電気主任技術者」と書かれていないのは，電気事業法における主任技術者は，電気主任技術者のほかに，ダム水路主任技術者，ボイラー・タービン主任技術者の3つがあるからである．水力発電所や火力発電所には，ダム，水車，ボイラー，タービンなどの多くの土木・原動機設備があるため，電気設備とは別に主任技術者を配置することとしている．

電気主任技術者の具体的な職務は，事業場ごとに作成される保安規程（法第42条および施行規則第50条第3項）において規定されるが，要約すると以下の3点となる．

① 電気工作物を技術基準に適合するよう設置・維持（保全）して感電，火災，波及事故などの重大事故の未然防止を図ること．

② 電気設備の点検・検査，劣化診断などを行い，予防保全に努めること．

③ 停電等の事故が発生した場合は，その影響を最小限にとどめ，早期復旧に努めること．

日常の保安業務には後述する保安規程で具体的に規定されていないことが多々あり，それらは電気主任技術者の判断で臨機応変に対応する必要がある．そのため電気主任技術者には，高い技術者

表1　電気事業法の目的

電気事業規制	・使用者の利益保護 ・電気事業の健全な発達
保安規制	・公共の安全確保 ・環境の保全

表2　電気主任技術者の監督範囲種類

	保安の監督ができる範囲
第一種	すべての電気工作物の工事，維持，運用
第二種	17万V未満の電気工作物の工事，維持，運用
第三種	5万V未満の電気工作物（出力5千kW以上の発電所を除く）の工事，維持，運用

倫理，誠実な職務遂行が求められているといえる．

なお，電気保安に関する監督官庁は，経済産業省産業保安監督部であり，さまざまな手続きは，各自家用電気工作物設置場所を管轄する産業保安監督部に対して行うことになる．

電気事業制度の見直し

従来の電気事業（10電力会社が発電・送電から小売りまでを一括して運営する電気事業等）は，2016年の小売全面自由化に伴う電気事業法改正により，小売電気事業，一般送配電事業，発電事業等に分類された．電気の小売全面自由化は，安定供給や供給力の確保等の一定の条件を満たす者であれば，発電設備や送配電設備をもたなくても，経済産業大臣の登録を受けることで一般の消費者への電力小売りを可能とする制度である．

つまり，発電～送配電～電気の販売を一括して事業を行っていた電力会社はなくなり，現在は各事業をそれぞれ別会社（グループ会社）が運営することになった．本書では，電気主任技術者とかかわりが強い一般送配電事業者のことを従来同様に「電力会社」として表記する．

表3　各事業の概要

	事業概要
小売電気事業	顧客に販売する電力の調達，顧客への営業・各種サービスの提供，料金徴収
一般送配電事業	送配電設備の建設・保守，電力系統の運用・需給調整，使用電力量の検針
発電事業	発電所の建設・運転，小売電気事業者への卸売

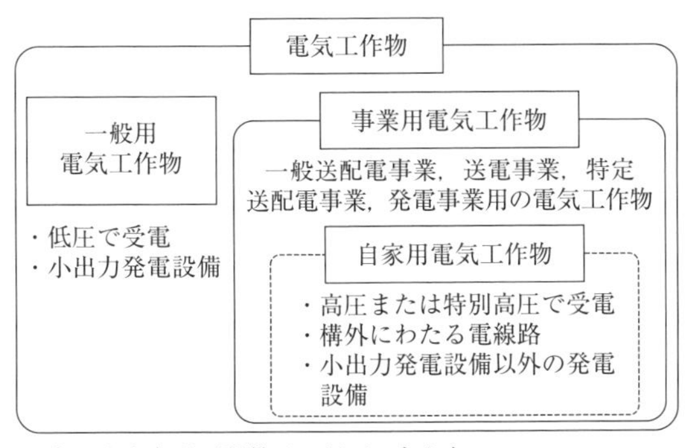

図1　電気工作物の分類

各事業の概要は，**表3**のようになる．

① 小売電気事業

一般の需要に電気を供給（小売）する事業

② 一般送配電事業

発電事業者から受けた電気を小売電気事業者等に供給（託送供給）する事業

〈一般送配電事業者の例〉

東北電力ネットワーク株式会社

東京電力パワーグリッド株式会社

関西電力送配電株式会社

③ 発電事業

発電した電気を小売電気事業者等に供給する事業

電気工作物

電気工作物は保安上の取り扱いから，法第38

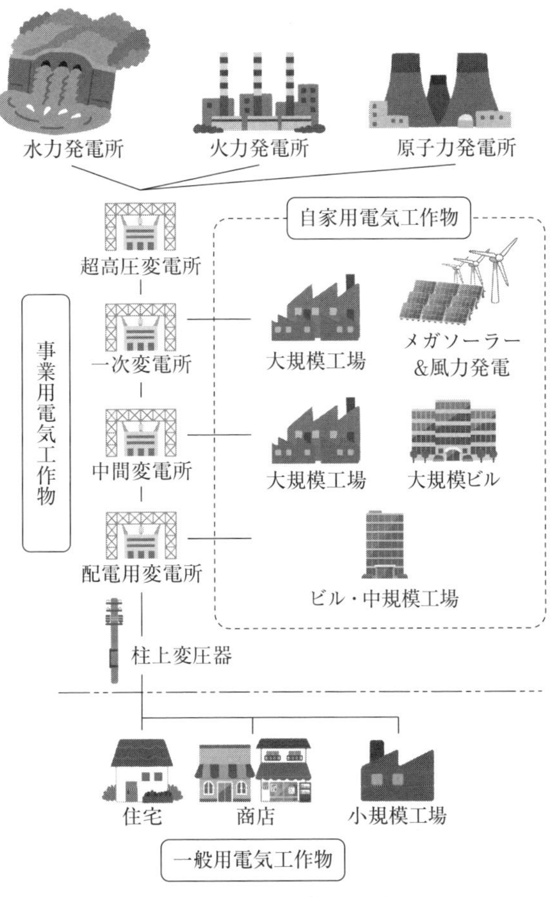

図2　電気工作物の区分

条により大きくは事業用電気工作物と一般用電気工作物とに分けられる（**図1**）．事業用電気工作物は一般送配電事業などの電気事業用の電気工作物と自家用電気工作物に分けられる．

自家用電気工作物は，業種により規模や設備状況が多種多様であり，主任技術者免状の交付を受けていない者でも選任できるという特例（高圧受電）とあわせて便宜上区分されている．具体的には**図2**のような施設となる．参考に各電気工作物の設置数を**表4**に示す．

一般用電気工作物の保安の責任者は，使用者または設備所有者となるが，そのほとんどが電気の知識がない一般の消費者となるため，建物新改築時や4年に1回行う調査について電力会社が支援（技術基準の適合性について調査し，技術基準に適合しない場合，とるべき措置などを所有者，占有者に通知）することとなっている．

一方，事業用電気工作物は，事業場ごとに電気主任技術者を選任または外部委託（自家用電気工作物のみ）することで，設置者自らが責任をもってさまざまな規模・業種の電気工作物の電気保安を担っている．

自家用電気工作物の保安体制について，次項で説明する．

表4　参考：各電気工作物の設置概要

区　分	種　別	設置数
一般用電気工作物		約8 000万軒
電気事業用電気工作物	発電所	約5 880か所
	変電所	約6 570か所
自家用電気工作物	低圧	約50千件
	高圧	約858千件
	特別高圧	約10千件

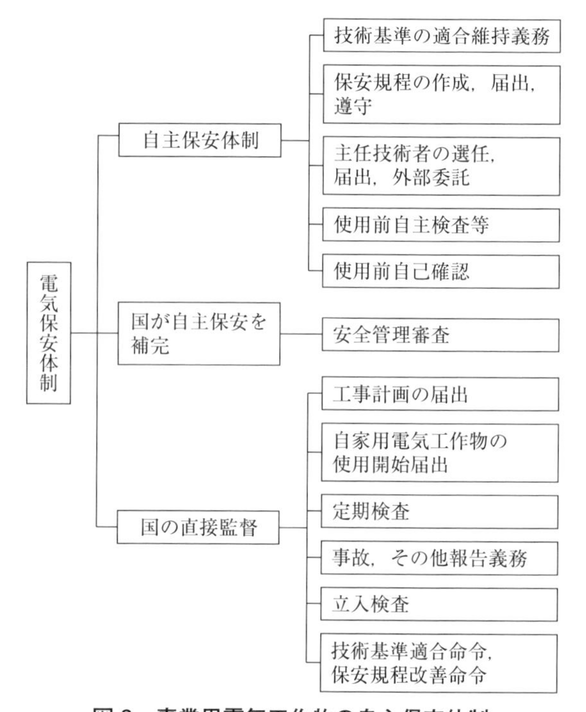

図3　事業用電気工作物の自主保安体制
出典：（一社）日本電気協会：自家用電気工作物保安管理規程（JEAC 8021-2018）図010-1をもとに作成

自主保安体制

電気事業法では，業種や設備規模など多種多様な自家用電気工作物の安全確保のためには，巡視・点検などの保全方法を法律によって画一的に規定するのはふさわしくないとの考えから，各自家用電気工作物の設置者が自己責任の原則のもと，保安規程により自主的に保安を確保することとしている．つまり，自社の設備保安は自社で責任をもって取り組むという原則が示されている．

この「自主的な保安確保」を「自主保安」と呼び，各自家用電気工作物設置者は自主的にそれぞれの電気工作物・事業内容に合ったオーダーメイドの保安規程を作成・運用することが可能となっている．

例えば，稼働時間が長い製造ラインの電動機は毎日巡視を行うこととするが，引込設備や受電設備は月次での外観点検とするなど，設備の重要性や稼働状態によって巡視・点検の頻度や方法を規定すればよい．

事業用電気工作物は電気事業用電気工作物と自家用電気工作物に区分されるが，電気事業法上では基本的な保安規制に違いはない．

事業用電気工作物の電気保安は，自主保安を前提として，国による審査や監督と一体となった体制が構築されている（**図3**）．

第三種電気主任技術者が主に保安監督する高圧受電設備は，高圧配電系統に接続され，系統の一部を構成している．

つまり，自ら保安監督する受電設備の保安レベルが高圧配電系統に接続されているほかの自家用受電設備に影響を与えることを常に意識して職務にあたることが重要である．

保安規程

保安規程は，電気保安体制の要であり，電気主任技術者の最重要な定め（法律）かつ実務マニュアルである．事実，電気主任技術者が保安規程を遵守しなかった場合には，主任技術者免状の返納の理由（法第 44 条第 4 項）となっている．

全国に設置されている自家用電気工作物は，前項で示したように，低圧受電から特別高圧受電までの総数は約 91.8 万件であり，低圧・高圧受電が約 90.8 万件（98.9 %）とほとんどを占める．これらの設備を自主的に維持・運用するため，各事業場は，法第 43 条に基づき保安規程を作成し各地域の産業保安監督部に届け出ることになっている．

保安規程の内容は，常時の設備の維持運用や運転操作に関する事項，また災害等非常時の措置など電気保安に必要な事項を網羅することで，自主保安体制の充実を図るものになっている．基本事項は電気事業法施行規則第50条第3項で定められているものの，それぞれの電気工作物の業種，事業内容は多岐にわたっていることから，各事業場に合った保安規程を作成・運用することが必要となる．

自家用電気工作物の保安規程に定めるべき事項は以下の内容となる．

① 保安業務の運営管理体制
・保安業務管理者として総括管理者を規定
・電気主任技術者の職務
・設置者および従業者の義務
・主任技術者不在時の代務者

② 保安教育
・実施対象者の選定，実施時期，実施内容
・非常災害時の応動に関する実地訓練

③ 工事の計画および実施
・修繕・改良工事の年度計画策定
・工事実施時の安全対策

④ 巡視点検等保安業務
・設備単位での巡視点検内容・周期，測定項目・周期
・不具合発生時の措置，改修期限
・再発防止措置

⑤ 運転および操作
・平常時，異常時の機器類の操作手順・方法
・事故発生時の緊急連絡体制の整備，関係機関など報告先の整備，応急措置内容

⑥ 災害対策
・台風，洪水，地震，火災，その他非常災害時の応動体制の整備
・非常時の措置内容（初動対応，停電措置）

⑦ 保安に関する記録の保管
・巡視，点検，測定に関する記録様式，保存期限
・補修工事に関する記録の保存期限
・電気設備図面（設計・竣工）の保存期限
・各測定器校正試験に関する記録様式，保存期限

⑧ 法定事業者検査，使用前自己確認に関する記録の保管
・検査実施体制
・検査の記録様式，保存期間

⑨ その他
・保安責任分界点，構内図
・官庁届出等手続き書類の整備，保存期間
・電力会社との申し合わせ事項

まだ担当事業場の保安規程を見ていない方は，これを機会に確認することをおすすめする．

電気主任技術者の選任

法第 43 条により，事業用電気工作物の電気保安の監督をするため，設備設置者が電気主任技術者を選任することが規定されているが，具体的な選任方法は電気事業法施行規則第 52 条で複数の選択肢が示されている．一定の要件を満たす自家用電気工作物では，外部委託（不選任）を可能としている．

(1) 専任

自社の電気主任技術者免状を保有する者から当

表5　電気主任技術者選任制度概要

種別	条件	備考
専任	・常時勤務 ・自社従業員	
外部選任	・常時勤務 ・他社従業員 ・業務委託契約	
兼任	・6か所以内 ・最大電力2 000 kW未満 ・高圧受電 ・2時間以内に到着	
選任許可	(電気主任技術者免状未取得者) ・第一種電気工事士 ・認定校卒業	・出力500 kW未満の発電所 ・500 kW未満の需要設備
外部委託	・個人または法人 ・委託契約 ・2時間以内に到着	・高圧受電 ・出力2 000 kW未満の発電所

該電気工作物専任の電気主任技術者として選ぶ.他の電気工作物（事業場）との兼任はできない.大規模工場や特別高圧受電では専任となる.

(2) 外部選任（他社従業員の選任）

当該事業場に勤務している他社の電気主任技術者免状を保有している従業員を，業務委託契約により選任する.

(3) 兼任制度による選任

自社または他社の電気主任技術者免状を保有する従業員を複数の事業場で電気主任技術者として兼任させることができる制度.

(4) 選任許可による選任

当該事業場に常時勤務する自社または他社の電気主任技術者免状を保有しない従業員を電気主任技術者として選任する制度.

(5) 外部委託

高圧受電の小規模の事務所や工場では，電気主任技術者を選任することが難しいため，保安管理業務を外部の個人または法人に委託することで選任したとみなす制度.この制度は以前「主任技術者不選任承認制度」とよばれていた.

以上，電気主任技術者の選任制度をまとめると**表5**のとおりとなる.

電気管理技術者の要件

外部委託の場合，電気主任技術者との呼称ではなく，個人は電気管理技術者，法人は電気保安法人，その従業員は保安業務従事者とよぶ.

外部委託となる電気管理技術者は，委託契約書の締結のほか，法令で具体的な要件が定められており，保安管理業務の内容の適切性および実効性が求められる.以下に主な要件を示す.

なお，関係法令は電気事業法施行規則第52条の2，同第53条，主任技術者制度の解釈及び運用(内規)，経済産業省告示第249号等が該当する.

a　電気主任技術者免状の交付を受けて，一定の実務経験を有していること.

b　以下の機械器具を有していること.ただし，事業場により⑦～⑪は不要となる場合がある.

①絶縁抵抗計，②電流計，③電圧計，④低圧検電器，⑤高圧検電器，⑥接地抵抗計，⑦騒音計，⑧振動計，⑨回転計，⑩継電器試験装置，⑪絶縁耐力試験装置

c　保安管理業務を実施する事業場の種類及び規模に応じて算定した値が33未満であること.

d　対象事業場に2時間以内に到達できること.

e　連絡責任者を選任すること.

以上は法的な要件であるが，保安管理レベルの維持向上のため，電気管理技術者を含めた電気主任技術者には自己研鑽（けんさん）を重ねることが望まれる.

Point

・地域の管理技術者協会に所属する，各種セミナーを受講する，経産省など監督官庁や業界のホームページを閲覧するなど，常に法令や保安管理業務に関する最新情報を取得する.

・ほかの管理技術者，電気工事店，電材メーカーなど関係箇所とコミュニケーションを緊密にして，相互応援体制の構築や復旧資材の迅速な確保など平常時や事故時の対応をはかる.

・高圧受電設備規程，自家用電気工作物保安管理規程，電気管理技術者必携，系統連系規程，電気設備技術基準などの関係図書を座右の書として，日頃の勉強を怠らないこと.

2 自家用受変電設備の構成

受電方式の種類

自家用受電設備は，電力会社の系統から高圧6.6 kVまたは特別高圧22～77 kVで受電している設備である．高圧での受電電力は2 000 kW以下，2 000 kWを超えると特別高圧受電とされている．

受電方式は，高圧では一般的に1回線受電方式が採用されており，病院や24時間操業の工場など停電が大きな影響を及ぼす施設は，**図1**（a）の本線（常用）・予備線受電方式を採用している．特別高圧では，図1（a）の本線（常用）・予備線受電方式が一般的であり，都心部などの人口密集地域の大規模ビルなどでは，図1（b）のスポットネットワーク方式も採用される．

受電方式の検討にあたっては，停電時の影響度，非常用発電装置などの予備電源の有無，電力系統で予想される停電回数，停電時間，受変電設備費用，電力会社の供給条件などを考慮して協議により決定する．各受電方式による特徴を以下に示す．

<受電方式による特徴>

■ 1回線受電方式

・受電設備が簡単で経済的，保守が容易．

・電源配電線が停電した場合，配電線復旧まで停電が継続する．

■ 本線（常用）・予備線受電方式

・受電設備が複雑．

・本線停電時でも予備線から受電可能．（予備線が本線と同一変電所の場合，変電所より上位系統の事故では停電が継続する）

■ スポットネットワーク方式

・受電設備が複雑・高価．

・受電変圧器二次側遮断器は自動で投入可能．

・配電線1回線，変圧器1台の事故では停電しない．

・ネットワーク母線の事故では全停電となる．

① 同一系統（電源送電線が同じ）

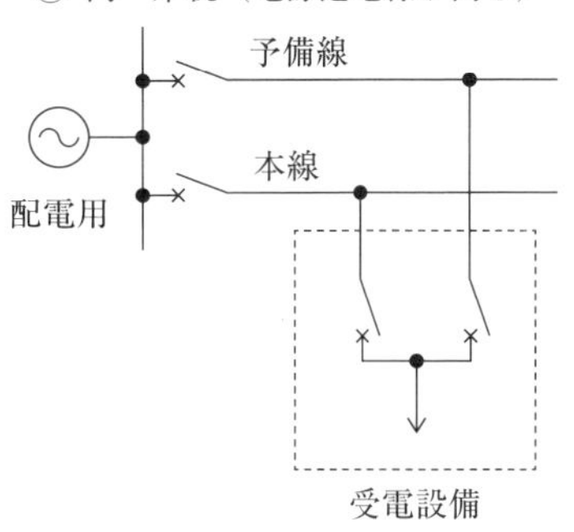

② 異系統（電源送電線が異なる）

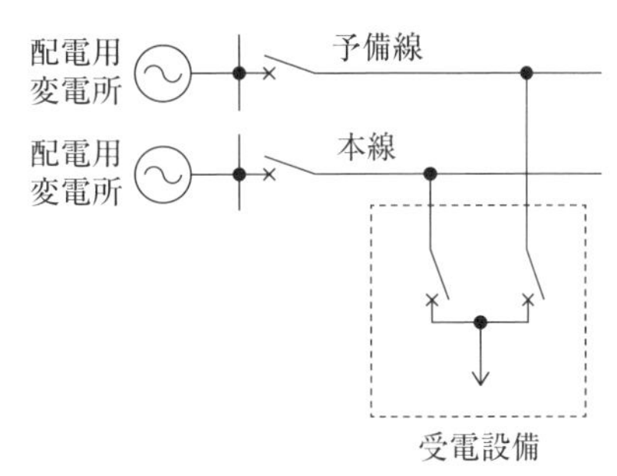

（a）本線（常用）・予備線受電方式

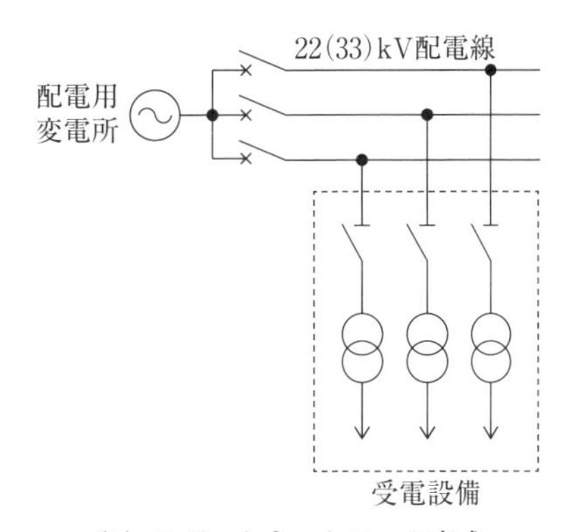

（b）スポットネットワーク方式

図1　受電方式

第三種電気主任技術者の保安監督範囲のほとんどを占める高圧受電設備について説明する．

予備線と予備電源

高圧の本線（常用）・予備線の2回線受電方式は，本線が停電した際は自動的（切替時停電あり）に予備線から受電することで，停電の影響を極力少なくするために採用される．

この予備線には2つの種類がある．本線と同じ変電所の別の配電線から供給を受ける「予備線」と，本線と異なる変電所から供給を受ける「予備電源」（図1（a）②）である．予備線は，供給変電所または変電所に接続されている電源送電線が何らかの原因で停電になった場合は，本線だけではなく予備線も停電になる．一般的に異系統の電源送電線が同時に停電する確率は低いため，予備電源は予備線に比べ信頼度が高いと考えられる．

予備電源とする場合，受電電力が大きいと専用配電線が必要になり，比較的遠距離となる予備線変電所からの工事費負担金が高額となる場合がある．また，予備線の契約電力は，常時供給分の契約電力と同じ容量となるため，固定費となる基本料金が2契約分となる．非常用発電設備の建設費や維持費とのコスト比較を行い供給方式の選定をする必要がある．

受変電設備の種類

高圧受電設備を形態別に分類すると，開放形と閉鎖形（主にキュービクル）に分けられる．また主遮断装置の形式により，CB形とPF・S形に分けられる．近年では閉鎖形のキュービクル式高圧受電設備（CB形またはPF・S形）が主流となっている．以下，それぞれの受変電設備の特徴について説明する．

（1）開放形

断路器，遮断器，保護装置類，配電盤，高圧母線，碍子類などをパイプフレームに取り付け，変圧器やコンデンサなどの機器を配置し，屋内の受電室または屋外に設置する形式である．特徴を以下に示す．

- 変圧器など機器類の取り替えや増設が容易．
- 受電設備容量に制限がない．
- レイアウトが自由にできる．
- 屋内に設置する場合，専用の部屋が必要．
- 保守点検や防火上から一定の床面積が必要．
- 屋外の場合，風雨や降雪，腐食性ガスや塩害など周囲環境の影響を受けやすい．

（2）閉鎖形

閉鎖形は，キュービクル式高圧受電設備（**写真1**）が現在の主流となっており，遮断器，変圧器，コンデンサ等の電気機器，配電盤，継電器等の保安装置などの機器一式を接地した1つの金属製の外箱に収めた受電設備である．キュービクル式高圧受電設備の特徴を以下に示す．

- 母線や機器類を簡素化して外箱に収めているため，専有面積が少ない．
- 屋内でも専用の部屋が不要で，屋上や構内の一部など屋内外を問わずに設置が可能．
- 充電部および機器類が，接地された金属製の外箱内に収納されているため，他物との接触による停電や自然災害のリスクが小さい．
- 母線や機器類のコンパクト化によって保守点検が容易になり，信頼性が高い．

これらの特徴をさらに発展させたものが，特別高圧受電設備にも採用されている縮小形ガス絶縁開閉装置（GIS）である．

（3）CB形

主遮断装置として遮断器（CB）を用いる形式のもので，開放形は受電設備容量に制限がなく，キュービクル式高圧受電設備（JIS適合品）では4 000 kV·A以下とされており，比較的設備容量が大きいものに採用される．

（4）PF・S形

主遮断装置として高圧限流ヒューズ（PF）と高圧交流負荷開閉器（LBS）とを組み合わせて用いる形式のもので，受電設備容量は300 kV·A以

写真1　キュービクル式高圧受電設備

下と比較的設備容量が小さいものに採用される．

以下にキュービクル式高圧受電設備（JIS 適合品）の種類を示す（**表 1**）．

表 1　キュービクル式高圧受電設備の種類

	CB 形	PF・S 形
主遮断装置	遮断器（CB）	高圧限流ヒューズ（PF） 高圧交流負荷開閉器（LBS）
過電流保護	過電流継電器（OCR）と CB	過負荷：OCR と LBS 短絡：PF
受電設備容量	4 000 kV·A 以下	300 kV·A 以下

屋外に設置する既存のキュービクル式高圧受電設備は，換気口や通気孔からの暴風雨・暴風雪時の雨水・雪などの浸入や，ケーブル引出口からの鳥獣などの小動物の侵入による電気事故を防止するため，以下の対策が有効とされている（**図 2，3**）．

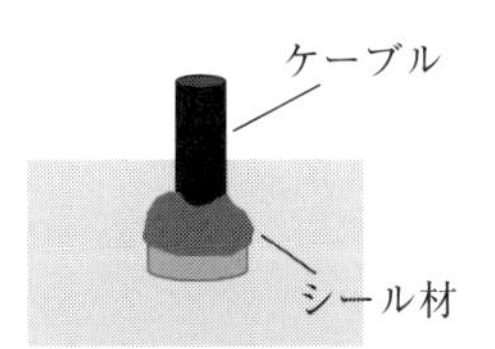

ネズミやヘビ以外にも，トカゲやムカデによるVT端子部の短絡事故も発生している．月次点検時にシール材の脱落やパンチングメタルの損傷など見逃さないように気をつけたい．

図 2　小動物侵入対策

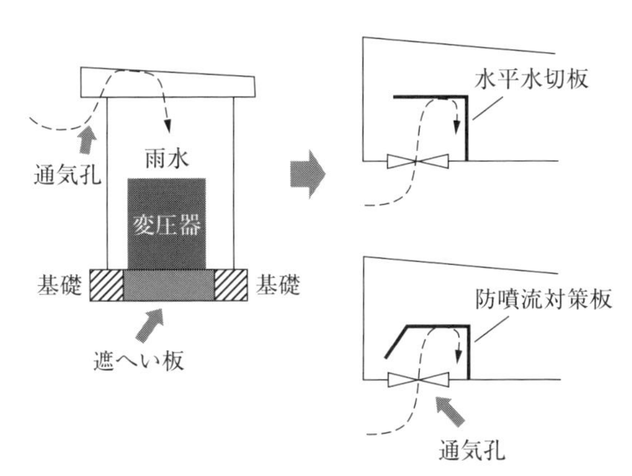

キュービクル上部の通気孔からの雨水浸入について，JIS C 4620（2018）「キュービクル式高圧受電設備」では，防水試験が規定されている．

図 3　風雨・風雪浸入対策

<小動物の侵入対策>

・ケーブル引出口をシール材でふさぐ．

・通気孔にパンチングメタルを施設する．

<暴風雨・暴風雪の浸入対策>

・通気孔に防噴流対策板や水平水切板を施設する．

・基礎部に遮へい板を施設する．

受電設備に用いる機器

次に高圧受電設備に用いる機器について，種類と概要を説明する．

図 4 は高圧受電設備の単線結線図の一例であり，区分開閉器は GR 付き PAS（地絡継電装置付き柱上高圧気中負荷開閉器），主遮断装置の形式

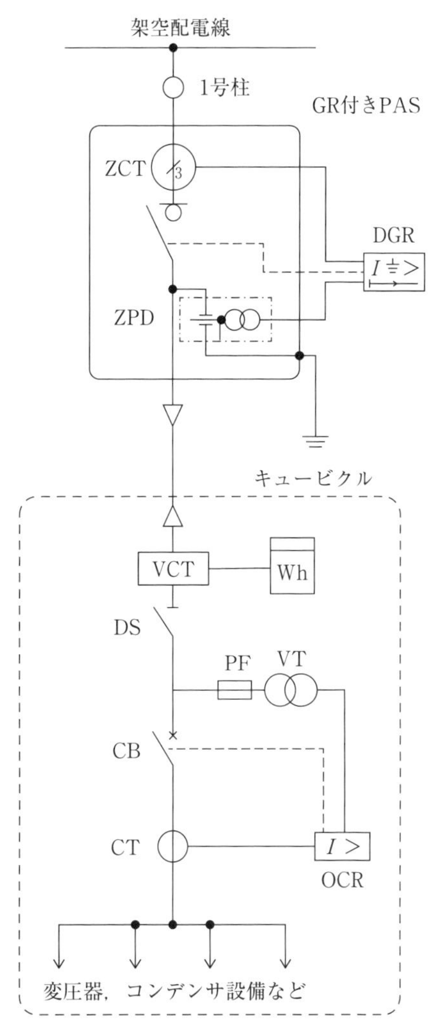

図 4　高圧受電設備の単線結線図例（CB 形）

表2　主な機器の記号と名称

記号	名称	記号	名称
ZCT	零相変流器	CT	変流器
ZPD	コンデンサ形 接地電圧検出装置	PF	限流ヒューズ
VCT	計器用変成器	VT	計器用変圧器
Wh	電力量計	DGR	地絡方向継電器
DS	断路器	OCR	過電流継電器
CB	遮断器		

写真2　GR付きPAS
出典：(株)戸上電機製作所

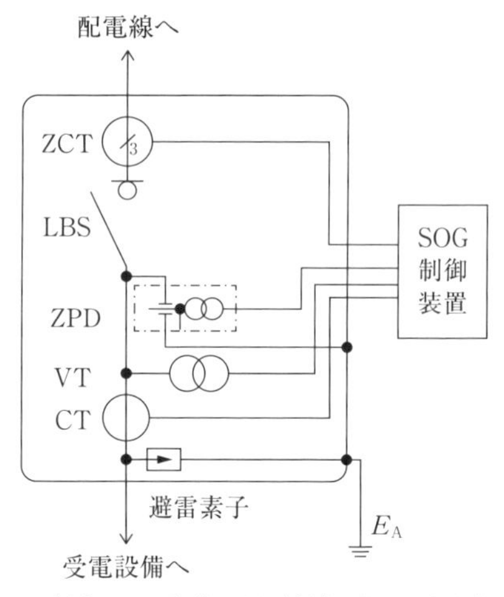

(a) GR付きPAS結線図例（制御電源，避雷素子内蔵）

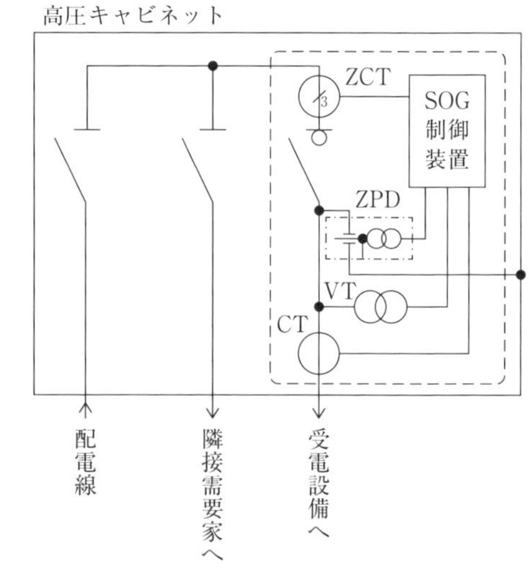

(b) UGS結線図例（制御電源内蔵）

図5　区分開閉器結線図例
出典：(一社)日本電気協会：高圧受電設備規程（JEAC 8011-2020）1140-1図をもとに作成

は CB 形である．図中の記号の名称は**表2**をご覧いただきたい．なお，結線図に用いる図記号は，JIS C 0617（2011）「電気用図記号」で規定されている．

（1）区分開閉器

電力会社の設備と自家用設備との保安上の責任範囲を明確にするため，一般的に架空線では構内の1号柱に，地中線では供給用キャビネット内に設置する開閉器を区分開閉器という．現在は波及事故（「**4部の1．波及事故**」で解説）を防止する目的で，地絡継電装置付き高圧交流負荷開閉器を用いることとなっている．

地絡継電装置付き高圧交流負荷開閉器は，架空線ではGR付きPAS（**写真2**），地中線ではGR付きUGS（地絡継電装置付き地中線用高圧ガス負荷開閉器）またはGR付きUAS（地絡継電装置付き地中線用高圧気中負荷開閉器）が用いられる．

図5はその内部結線図例であり，GR付きPASとUGSのどちらも制御電源内蔵タイプのため，キュービクルからの電源工事が不要となり，工事費用や施工時間にメリットがある．

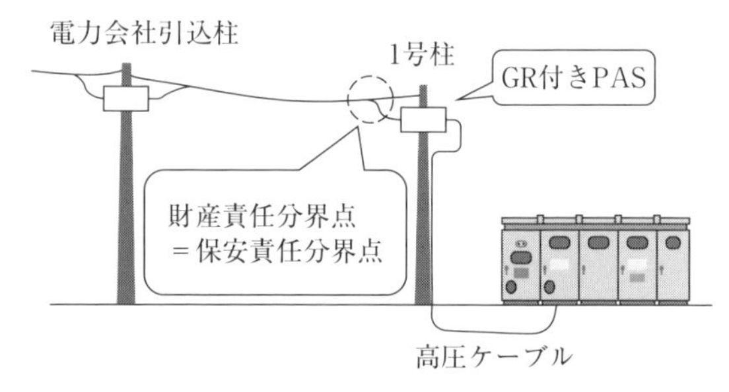

図6　責任分界点

保安上の責任範囲を具体的に示す場所を責任分界点という．保安上の責任分界点は電力会社との協議により決定し，通常は財産上の責任分界点と

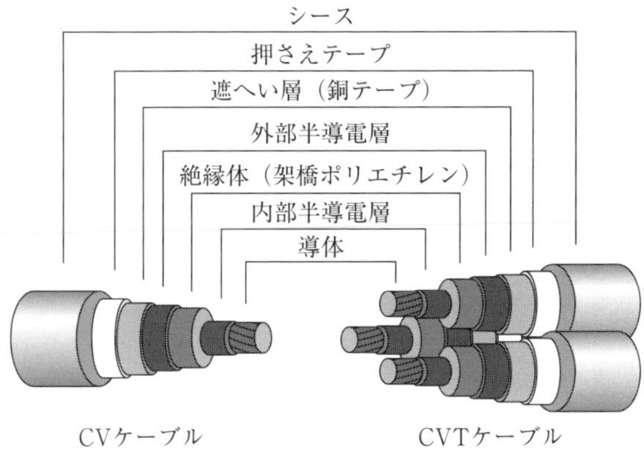

図7　CV ケーブルと CVT ケーブル

写真 3　断路器（DS）
出典：三菱電機(株)

同一となる．具体的な責任分界点は，**図 6** のように一般的に区分開閉器の電源側端子（接続部）としており，設定した責任分界点は，保安規程に記載する必要がある．

(2) 高圧引込ケーブル

電力会社側の設備が架空線か地中線かにかかわらず，区分開閉器から受電設備までの配線には CVT ケーブルなどの高圧引込ケーブルを使用する．

CVT ケーブルは従来の CV ケーブルを 3 条より合わせた「トリプレックス形」CV ケーブルで，絶縁体に架橋ポリエチレンを使用している（**図 7**）．架橋ポリエチレンは，絶縁耐力が高く，誘電正接および誘電率が低いことに加え耐熱性に優れた絶縁体である．

また，CV ケーブルに比べ放熱が良いことから許容電流が 10 %程度大きく，軽量で曲げやすいなど作業性が良く，端末処理も容易なことから，600 V から 500 kV の超高電圧まで使用されるなど現在の電力ケーブルの主流である．

(3) 断路器（DS）

受電設備の保守点検などの停電作業時に回路を切り離す目的で，遮断器の一次側（電源側）に設置する．ほかの開閉装置と異なり接点が露出しているため，切状態（開路）を目視で確認できる（**写真 3**）．

断路器は，遮断器と異なり消弧室がないことから開路時に発生するアークを消弧することができず，励磁電流のような小電流を含め負荷開閉能力がない．負荷電流が流れている状態で断路器を開路すると，極間にアークが発生し，三相短絡に発展するとともに操作者が火傷するおそれがあるため，必ず遮断器を開放後に断路器を開路することが重要である．

参考：(断路器等の開路)労働安全衛生規則第 340 条

事業者は，高圧又は特別高圧の電路の断路器，線路開閉器等の開閉器で，負荷電流をしゃ断するためのものでないものを開路するときは，当該開閉器の誤操作を防止するため，当該電路が無負荷であることを示すためのパイロットランプ，当該電路の系統を判別するためのタブレット等により，当該操作を行なう労働者に当該電路が無負荷であることを確認させなければならない．

(4) 遮断器（CB）

遮断器は，変圧器の励磁電流のような小さな電流から短絡電流のような大きな電流まで遮断できる能力を有している．開閉する電極部に消弧室を設け，開極時に発生したアークに消弧媒体を吹き付けるなどして消弧する．

消弧媒体により空気遮断器（ACB），ガス遮断器（GCB），真空遮断器（VCB）（**写真 4**）などの種類があるが，高圧自家用受電設備では VCB が主流である．

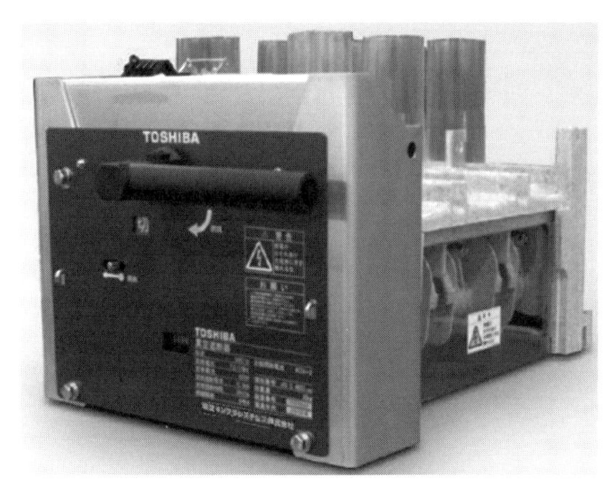

写真 4　真空遮断器（VCB）
出典：東芝インフラシステムズ(株)

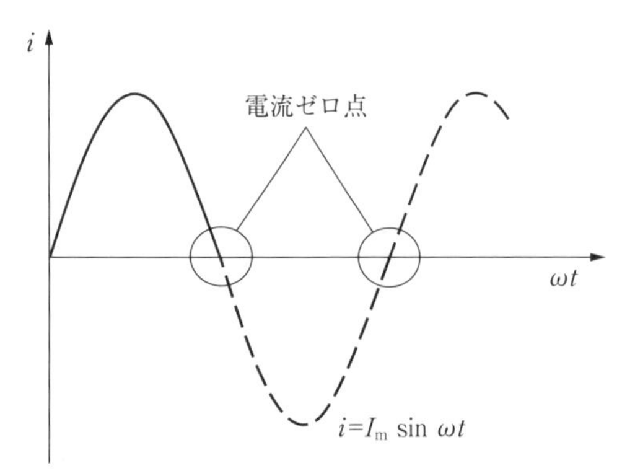

図 8　交流電流波形

写真 5　高圧交流負荷開閉器（LBS）
出典：三菱電機(株)

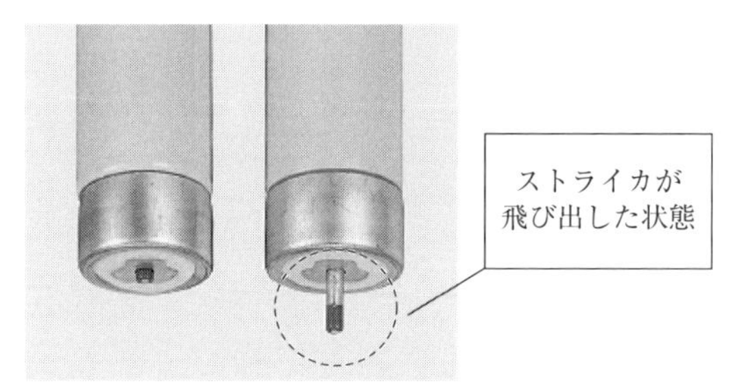

写真 6　限流ヒューズ
出典：三菱電機(株)

直流回路における電流遮断

直流と交流のどちらが遮断しやすいだろうか．なんとなく回路計算も簡単な直流と答えたくなるが，電流が大きくなるほど交流のほうが遮断しやすい．直流は定義のとおり，電圧または電流が一定であるが，交流は半サイクルごとにゼロになるため，この電流ゼロ点（**図 8**）を利用して遮断している．電極が開放され電流がゼロになり極間の絶縁が確保されれば自然に遮断される．

電流が流れている状態から急に電極を開いても電子の動きは急に止まらないため，アークとなって電極間を流れ続けようとする．直流は電流ゼロ点がないため，電極が離れても電流アークが引き延ばされ，簡単に遮断できない．メガソーラーの配線用遮断器（MCCB）や電気鉄道など大電流の直流電流を遮断するには，逆電圧発生方式や転流方式などにより電流ゼロ点を強制的につくり出すことで遮断を可能としている．現在の電気鉄道用の直流遮断器には，定格遮断電流が 100 kA のものが実用化されている．

(5) 高圧交流負荷開閉器（LBS），高圧カットアウト（PC）

① 高圧交流負荷開閉器（LBS）

一般的に PF・S 形受電設備の主遮断装置のほか，変圧器やコンデンサなどの高圧機器の開閉装置として使用する．**写真 5** のように，電源側電極に消弧室があり，負荷電流程度の開閉が可能である．PF・S 形受電設備の主遮断装置に限らず変圧器やコンデンサの開閉装置として使用する場合も，ストライカ（動作表示棒）引き外し式限流ヒューズ付き LBS を一般的に使用している．

ストライカとは，ヒューズが溶断した際に底部から飛び出てくる棒（**写真 6**）のことで，突出時に LBS のトリップレバーを押すことで LBS のリンク機構を動作させて引き外し（開放）動作をする．引き外しには電源が不要なため機械的引き外し式と呼ばれる．ストライカ引き外し方式は，ヒューズ動作時の負荷の欠相を防止するため，限流ヒューズが1本でも動作すれば自動的に三相を開放することができる．

② 高圧カットアウト（PC）

300 kV･A 以下の変圧器や 50 kvar 以下のコンデンサ設備（直列リアクトルを含む）単体の開閉装置として使用される．内部にヒューズを装着することで機器の過電流保護を行う（**写真7**）．

(6) 限流ヒューズ（PF）

LBS と組み合わせて主遮断装置として使用される．ヒューズの定格遮断電流が 40 kA と大きいため，遮断器同様に短絡電流の遮断が可能となる．設備容量 300 kV･A 以下の小規模受電設備では主遮断装置として使用される．

写真7　屋内用高圧カットアウト（PC）
出典：エナジーサポート(株)

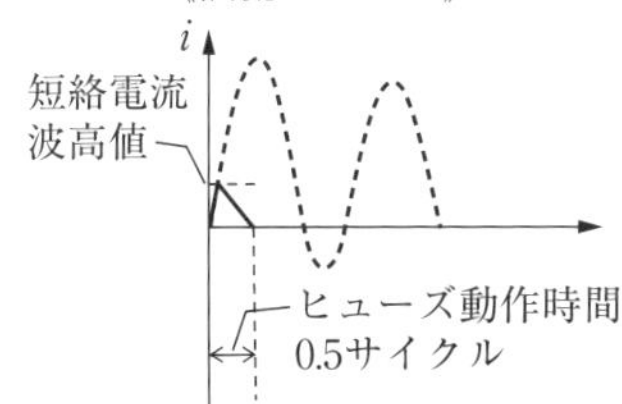

図9　遮断器とヒューズの遮断時間の違い

図9で示すとおり，過電流が波高値に達する前（0.5 サイクル以内）に遮断が完了することから，限流（形）ヒューズと呼ばれている．遮断器の遮断特性（3 サイクルまたは5 サイクル）に比べ遮断時間が短いことが特徴で，機器類を熱的および機械的に保護できる．

限流ヒューズには，一般用，変圧器用，電動機用およびコンデンサ用などの種類があるため，負荷の用途により選定することが重要である．また，過電流継電器（OCR）や配線用遮断器（MCCB）との保護協調に注意が必要となることから，メーカーカタログによる確認が必要である．

(7) 計器用変圧器（VT），変流器（CT）

① 計器用変圧器（VT）

高圧の電圧は直接測定できないため，VT（**写真8**）で低圧に変換して測定する．一般には定格電圧 6 600 V/110 V（一次/二次）のものが使われる．

VT の原理は一般の変圧器と同じであるため，**図10**のように二次側測定電圧 V_2 から変圧比によ

写真8　計器用変圧器（VT）
出典：三菱電機(株)

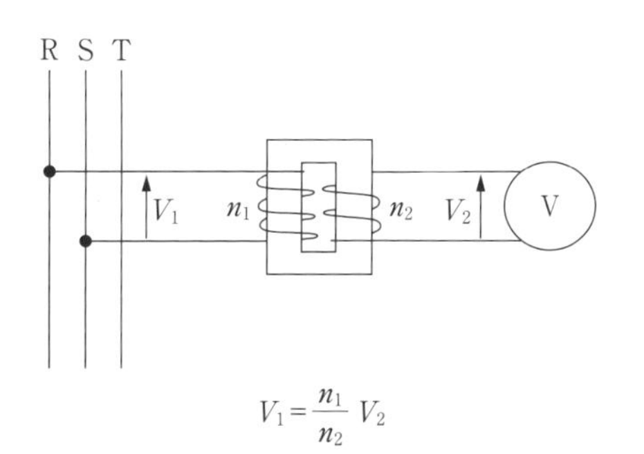

図10　VT 結線図

り測定対象の一次電圧 V_1 を表示する．変圧器と構造が同じであるため，仮に二次側に 100 V を入力すれば一次側に 6 000 V が出力されるため，リレー試験時など注意が必要となる．

② 変流器（CT）

高圧母線の電流や低圧の大電流を測定しやすい大きさの電流に変成するための機器で，原理的には一般の変圧器と同じである（**写真 9**）．高圧母線に設置する場合は各相に設置する必要はなく，R 相と T 相にそれぞれ 1 個設置する．

図 11 に示すように，一次電流が流れることで鉄心に磁束がとおり，二次側に接続される負担（計器，保護継電器，二次配線などの負荷）により起磁力に応じた二次電流が流れ，計器や保護継電器を作動させる．

一次電流と二次電流の関係は，等起磁力の法則より以下の式が成り立つ．

$N_1 \times I_1 = N_2 \times I_2$ …等起磁力の法則

$$\therefore I_1 = \frac{N_2}{N_1} \times I_2$$

CT の一次側は回路に直列に接続されており，負荷電流そのものが流れる．二次側を開放すると，一次電流 I_1 がすべて励磁電流となり，鉄心磁束を飽和させ矩形波となる（**図 12**）．このとき二次側に誘導される電圧 e_2 はファラデーの電磁誘導の法則に従い非常に大きな電圧が誘起され，コイルを焼損するおそれがある．活線状態で CT 負担の計測器を外すときは，配電盤の試験端子は必ず短絡バーで短絡することを忘れてはならない．

【ファラデーの電磁誘導の法則】

$$e_2 = -\frac{\mathrm{d}\phi}{\mathrm{d}t} \ [\mathrm{V}]$$

<定格一次電流の選定の考え方>

定格一次電流は契約電力（新設の場合は受電設備容量）に合わせて決定されるが，定格一次電流を求めるには，まず当該設備の最大負荷電流 I を求める（最大負荷電流のため力率 1 として計算する）．設備容量 1 500 kV·A を例にすると，

$$I = \frac{1\,500\ \mathrm{kVA}}{\sqrt{3} \times 6.6\ \mathrm{kV}} \fallingdotseq 131.2\ \mathrm{A}$$

一般に定格一次電流は，余裕をもたせるため最大負荷電流 I の 150 % を目安として，

$131.2 \times 1.5 = 196.8\ \mathrm{A}$

したがって，定格一次電流は直近の 200 A を選定する．定格一次電流を負荷電流に比べて大きくしすぎると，二次電流の値が計器や保護継電器の定格に対して小さくなり過ぎ，適切な計測や保護ができなくなる．

(8) 零相変流器（ZCT）

地絡事故の際に流れる地絡電流（零相電流）を検出して地絡継電器を動作させるための変流器

写真 9　巻線型変流器（CT）
出典：三菱電機(株)

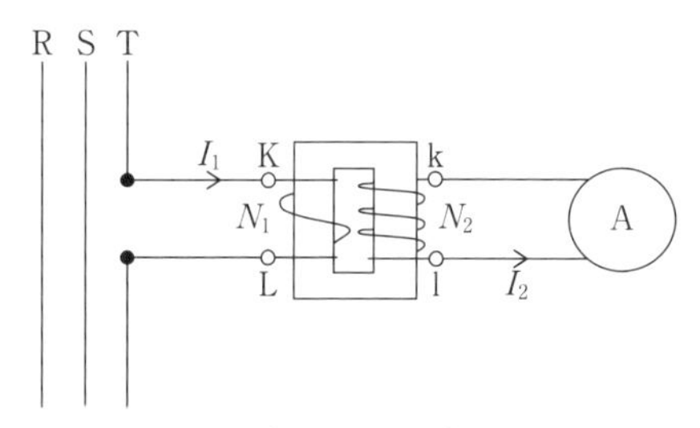

図 11　変流器の測定原理図

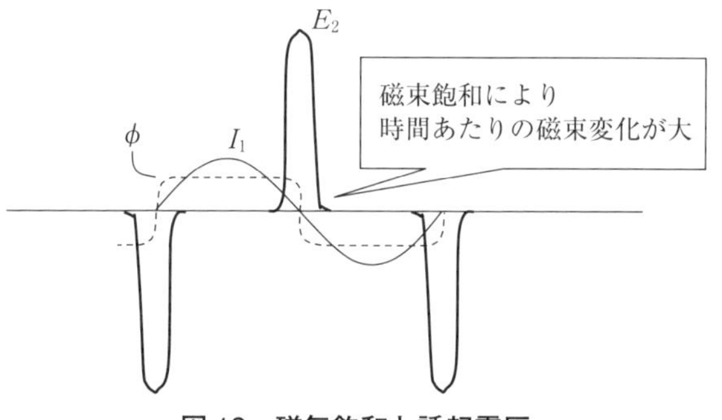

図 12　磁気飽和と誘起電圧

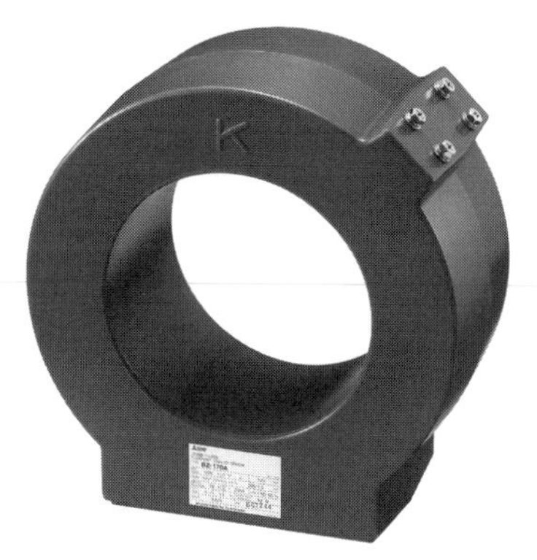

写真 10　零相変流器（ZCT）
出典：三菱電機(株)

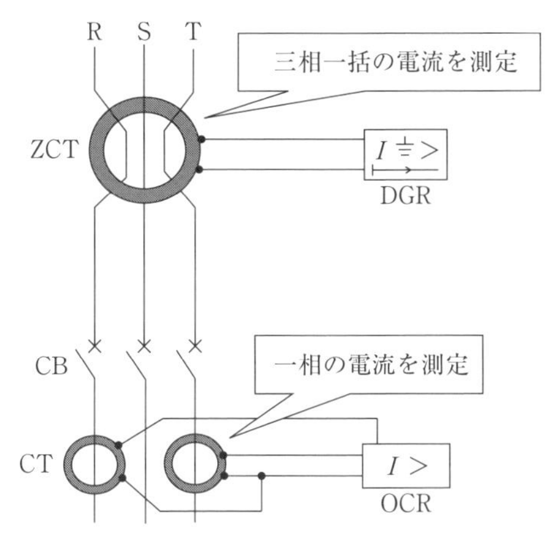

図 13　変流器（CT）と零相変流器（ZCT）の違い

(**写真10**)．波及事故の発生を極小化するため，現在では区分開閉器として保安上の責任分界点に施設される GR 付き PAS に内蔵されている．

ZCT はどのようにして地絡電流を検出するか，CT との違いについて説明する．

CT は一相分の電流の大きさを検出し，回路に流れる電流の計測や短絡電流の検出を目的としているが，ZCT は，二次巻線を巻いた環状鉄心に三相を一括して貫通させ，地絡電流を検出する（**図13**）．

常時は母線に負荷電流が流れると，**図 14** のように平衡三相交流は常に瞬時値の和がゼロになることから，ZCT の鉄心には磁束が発生せず，二次側に電圧が発生しない．これは負荷が不平衡でも同様である．

各相の負荷電流の瞬時値を次の式で表す．

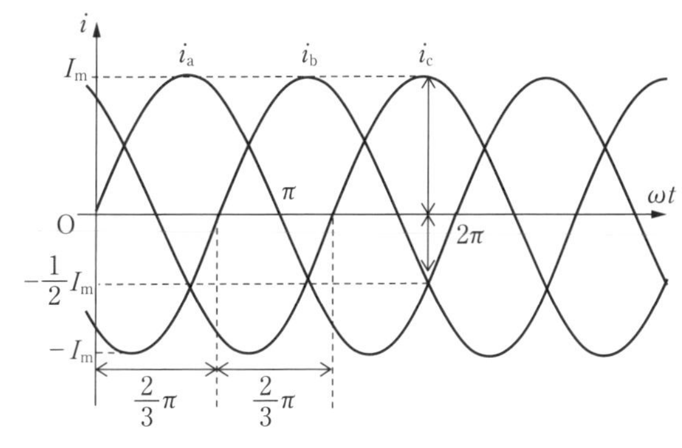

図 14　三相交流電流の波形

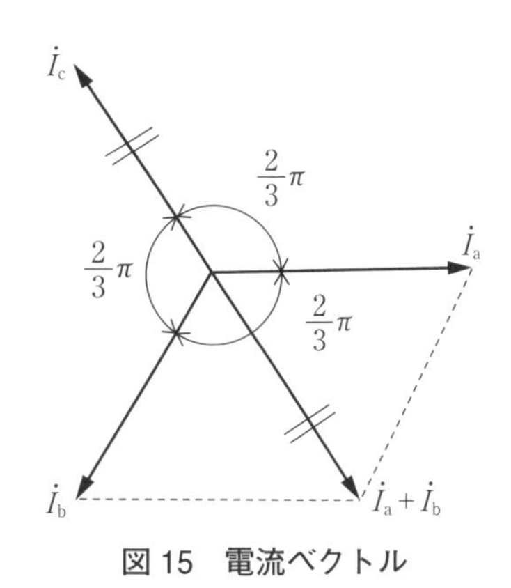

図 15　電流ベクトル

$$i_a = \sqrt{2}\, I \sin \omega t = I_m \sin \omega t$$

$$i_b = I_m \sin\left(\omega t - \frac{2}{3}\pi\right)$$

$$i_c = I_m \sin\left(\omega t - \frac{4}{3}\pi\right)$$

ただし，I は実効値，I_m は最大値とする．

ここで位相角 $\omega t = 0$ の場合の各電流の大きさは図 14 で表わされるとおり，

$$i_a = I_m \sin \omega t = I_m \sin 0 = 0$$

$$i_b = I_m \sin\left(\omega t - \frac{2}{3}\pi\right) = I_m \sin\left(0 - \frac{2}{3}\pi\right)$$

$$= -\frac{\sqrt{3}}{2} I_m$$

$$i_c = I_m \sin\left(\omega t - \frac{4}{3}\pi\right) = \frac{\sqrt{3}}{2} I_m$$

$$\therefore i_a + i_b + i_c = 0 + \left(-\frac{\sqrt{3}}{2} I_m\right) + \left(\frac{\sqrt{3}}{2} I_m\right) = 0$$

各相の瞬時値の和がゼロになる．

前述の瞬時値の式を記号法で表すと，次のとおりとなる．

$$\dot{I}_a = I\angle 0 = I\varepsilon^{j0}$$

$$\dot{I}_b = I\angle\left(-\frac{2}{3}\pi\right) = I\varepsilon^{-j\frac{2}{3}\pi}$$

$$\dot{I}_c = I\angle\left(-\frac{4}{3}\pi\right) = I\varepsilon^{-j\frac{4}{3}\pi}$$

これをベクトル図で表すと**図 15** のとおりとなり，$\dot{I}_a+\dot{I}_b$ のベクトルと $\dot{I}_c$ のベクトルは，大きさが同じで位相が 180° 異なっているため，瞬時値の計算と同じく各相の電流ベクトルの和はゼロとなる.

$$\dot{I}_a+\dot{I}_b+\dot{I}_c=0$$

地絡時は，負荷電流に加え単相の地絡電流（零相電流）が流れるため，これにより鉄心に生じた磁束が二次巻線に鎖交し，二次電圧が発生することで地絡継電器（GR）が動作する.

写真 11　電力需給用計器用変成器（VCT）
出典：(株)東光高岳

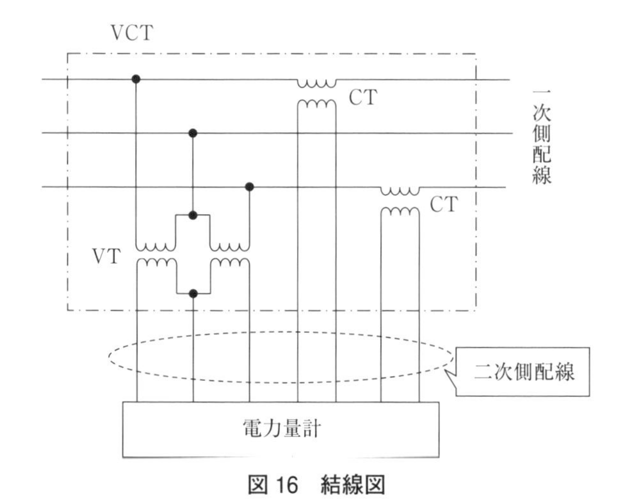

図 16　結線図

(9) 電力需給用計器用変成器（VCT）

小売電気事業者との取引用に使用電力を測定するため，計器用変圧器（VT）と変流器（CT）を組み合わせた機器（**写真 11**）．電力会社の負担で設置する．一般には受電室またはキュービクル内に設置されるが，構内第 1 号柱に設置されることもある.

図 16 のとおり，二次側から 7 芯ケーブルを引き出し電力量計に接続するが，VCT の VT 側の電圧降下による合成誤差の影響を考慮し，二次側配線の長さを極力短くするよう電力量計の施設場所に留意する.

(10) 変圧器

高圧で受電した電圧を使用場所の電圧に降圧するための機器．多くは油入変圧器だが，地下の受電設備やビル内受電設備などの防災上の配慮が必要な設備では，巻線をエポキシ樹脂でおおったモールド変圧器が用いられる．なお，負荷増設に伴い大容量変圧器への更新を行う際にキュービクルの余剰スペースが少ない場合には，省スペースで済むモールド変圧器を採用するケースもある.

受電用変圧器には，6 600 V を電灯用の 100/200 V に降圧する単相変圧器，動力用の 200 V や 400 V などに降圧する三相変圧器，高圧電動機用の高圧タイ・トランス（連絡用変圧器），非常用発電装置から単相負荷に供給する際などに電源の電圧不平衡防止のため，三相から単相を引き出すスコット結線変圧器などの種類がある.

写真 12　高圧進相コンデンサ（SC）
出典：三菱電機(株)

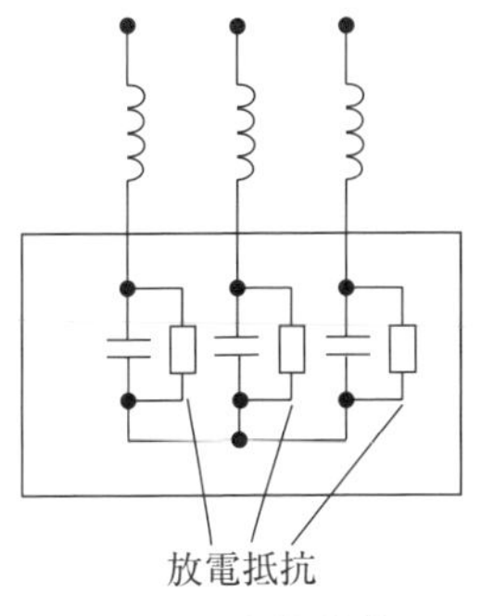

図17　内部結線

写真13　直列リアクトル
出典：三菱電機(株)

(11) 高圧進相コンデンサ(SC)

SCは，受電点の力率を改善することで，電力系統および構内配電線路の電力損失の低減，電気料金の低減および受電電圧調整のために設置する(**写真12**).

内部の結線はスター結線(Y結線)で，コンデンサ開放時の残留電荷を放電するため，放電抵抗が組み込まれている(**図17**).

近年はインバータ機器(制御)の普及により，従来の「三相変圧器容量の3分の1程度」では過剰な容量になることから，現在では負荷の設備容量(無効電力)に合わせて選定することとされている．SC容量が過剰になると，自家用設備が過度な進み力率負荷となり，電力系統の送電端電圧に比べ受電端電圧が高くなる「フェランチ効果」(「**4部の3. 力率改善**」で解説)の要因となることから留意が必要である．

コンデンサ設備には，次の理由から直列リアクトル(**写真13**)を施設することとされており，直列リアクトルの容量は一般的にはコンデンサ容量の6％とされている．

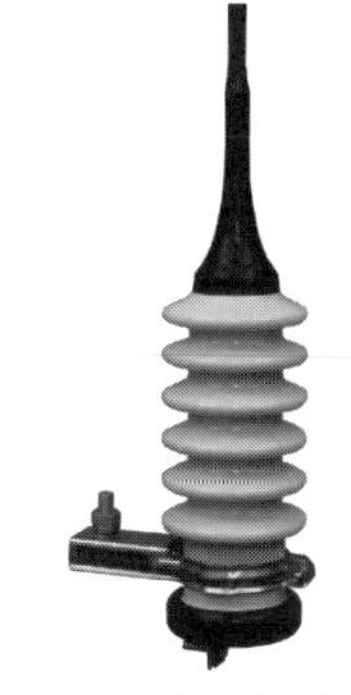
写真14　酸化亜鉛形避雷器
出典：(株)戸上電機製作所

<直列リアクトル設置の目的>

① 高調波電流の拡大防止.
② コンデンサ設備開閉時の突入電流抑制.
③ 電圧波形ひずみの改善.

(12) 避雷器(LA)

LAは，雷だけではなく電路の開閉に伴い発生する過電圧から受電設備の絶縁を保護するため，区分開閉器や変圧器など受電機器に極力近い場所に施設する．特に屋外に設置されているGR付きPASは雷害の影響を受けやすい環境にあり，波及事故の原因にもなっていることから，LAをPAS本体付近に設置するかLA内蔵形とすることで確実に保護できるよう対策することが望ましい．

LAには炭化ケイ素(SiC)と直列ギャップで構成される弁抵抗形と酸化亜鉛素子(ZnO)を用いた酸化亜鉛形(**写真14**)の2種類があるが，最近は雷サージ電流に対する応答性が良く，小型軽量な直列ギャップなし酸化亜鉛形が主に採用されている．

電気設備の技術基準の解釈(以下：電技解釈)第37条において，受電電力500 kW以上の需要場所の引込口への施設義務はあるが，北関東や日本海側などの多雷地域以外でも開閉過電圧などの内部過電圧の対策のためには，LAを施設することが望ましい．高圧受電設備規程では，屋外に施設するLAには酸化亜鉛形避雷器(JEC 2374 (2015))が推奨されている．

3 電力会社の配電設備

送配電系統の概要

自家用電気工作物の保安を確保するには，当該受電設備だけで完結するものではなく，電源設備である送配電設備の供給信頼度も大きく関係する．

例えば，付近の停電を含めた受電設備の停電時に，配電線の事故か送電線の事故か，どんなリレーが動作したか，事故原因が何かがわかることで，復旧時間の目安，復旧までの対応，瞬時電圧低下の対策などを検討することが可能となり，電気保安の面からその意義は大きい．

ここでは，自家用電気工作物の電源設備である送配電系統の特徴，送配電設備の構成や特徴について3点説明する．

(1) 広域連系

日本の電力系統は，**図1**のように北海道から九州まで各電気事業者の発電所や基幹送電系統が互いに連系しており，平常時，緊急時にかかわらずそれぞれのエリア間で電力の融通を可能としている．これにより，周波数の維持や発電予備力の低減など，電力の安定供給に大きく貢献している．

自家用電気工作物も日本全国に網羅されている電力系統の一部であり，例えば，静岡県にある自家用電気工作物で短絡事故が発生したときに流れる短絡電流は，富士川以西～九州（60 Hz供給エリア）まで連系する電力系統に接続された発電設備（電気事業用の発電設備や再エネなど太陽光発電設備）から供給されるということである．

瞬時電圧低下

夏の晴れている地域で瞬時電圧低下が発生することがあるが，これはその地域までの送電線ルート途中への落雷が原因となっていることが多い．

架空地線または送電線に落雷があると，送電線と鉄塔間に1線地絡故障（フラッシオーバ）が発生し，遮断器が動作するまでの間（0.07～2秒間）に大きな故障電流が流れる．その間は下位の系統（当該送電線が連系する変電所）に瞬間的な電圧低下が発生するため，雷が発生していない地域の各需要家も影響を受けることになる．

(2) 供給信頼度

一般に電力の品質は「電圧と周波数」といわれる．電圧が変動やひずみの少ない正弦波で，一定の周波数（50 Hzまたは60 Hz）が使用者側にとって品質の良い電力といえる．

もう1つ電力供給の重要な要素として停電がある．一定の電力を安定して供給できる度合いを表すのが供給信頼度であり，供給信頼度が高い＝停電しにくいということを意味している．具体的には以下の2つの指標が用いられる．

① 1需要家あたりの停電ひん度（停電回数/年）
② 1需要家あたりの停電時間（停電時間/年）

参考に，日本とアメリカ・カリフォルニア州の年間停電回数と停電時間を**表1**に示す．設備構成や気象条件などにより一概に比較はできないが，特に停電時間に大きな違いがあることがわかる．

電力会社は必要な供給信頼度を確保するため，設備事故や自然災害などに伴う停電時に停電範囲の縮小化や早期送電を目的として，以下の考え方で設備計画・保全を実施している．

〈東京電力パワーグリッドの例（地域供給系統）〉

■ 送電系統

a．単一設備事故の場合には，短時間に供給回復ができることを原則とする．

b．需要密度が高いなど停電の社会的影響が高い地域に対しては，単一設備事故の場合において，極力供給支障を生じないようにする（配電系統も同じ）．

■ 配電系統

高圧配電系統においては，単一設備事故の場合

図 1　広域連系系統（2014 年 7 月末現在）

出典：電気事業連合会

に事故区間を除く健全区間に対して，短時間に供給回復ができることを原則とする．

この場合，自動化配電線においては，多段切替をも考慮し健全区間に対して，短時間に供給回復が可能なように計画する．

※ 単一設備事故とは，電力系統を構成する発電機 1 台，変圧器 1 台，送・配電線 1 回線など設備 1 単位の事故をいう．ただし，母線 1 区間の事故は除く．

出典：東京電力パワーグリッド(株)

表 1　年間停電回数と停電時間（2016 年実績）

		日本	カリフォルニア州
1 口あたりの停電回数（回/年・口）		0.18	1.31
	事故停電	0.14	1.05
	作業停電	0.03	0.26
1 口あたりの停電時間（分/年・口）		25	219
	事故停電	21	124
	作業停電	4	95

・電力広域的運営推進機関の資料をもとに作成
・日本は自動再閉路を除き，カリフォルニア州は 5 分以上の停電を対象

(3) 定電圧送電方式

各需要家で使う電気機器は，定格電圧で使用することがもっとも効率が良く性能を発揮できることから，電力系統では送・受電端電圧を一定に維持する「定電圧送電方式」が広く採用されている．

電圧降下は式(1)に示すとおり，電流の大きさに比例するため，何も対策をしないと需要が多いほど電圧が下がってしまい，各電気機器が使えなくなってしまう．そのようなことがないよう，各設備で後述する電圧調整対策をとっている．

$$v = I(R\cos\theta + X\sin\theta) \qquad 式(1)$$

配電方式

高圧配電系統は需要の種類により配電方式が決定されている．形状から分類すると，樹枝状（放射状）方式，ループ方式，ネットワーク方式に分けられる．それぞれの特徴は以下のとおりである．

(1) 樹枝状方式

図2のように幹線から樹枝状に分岐線を出す方式である．高圧配電線の幹線および分岐線には高圧需要家と低圧需要家のどちらも接続されるが，配電地域（配電線）によりその割合が大きく異なる．この方式は大部分の高低圧配電線で用いられている．

幹線には，事故の際に停電エリアを縮小化するために幹線を分割できるよう自動区分開閉器を設け，隣接する配電線幹線とは連系用の常時開路の自動連系開閉器を設置している．これにより，設備事故の際は相互に救済を受けることが可能な系統構成となっている．これを多分割多連系方式といい，架空大容量配電線では6分割3連系方式，一般容量配電線では3分割3連系方式（全体を3つの区間に分割し，それぞれの区間が隣接配電線と連系開閉器で連系）などがある（自動化方式として別に記載する）．

(2) ループ方式

図3のようにループ状に施設する方式で，供給エリア内に2方向から電源が供給されるため，樹枝状方式に比べ供給信頼度が高いことから需要密度の高い地域で採用される．ループの構成には1回線ループ，2回線ループおよび多重回線ループがある．

幹線には樹枝状方式と同様に自動区分開閉器を施設し，ループ点の結合（連系用）開閉器で事故の際に救済を行う．保護方式が複雑になることから，開閉器を常時開放しておく常時開路方式が一般的である．高圧地中系統はループ方式を採用している．

ループ方式は電力損失や電圧降下は小さいが，建設費が高く保護方式が複雑になる．

(3) ネットワーク方式

① レギュラーネットワーク方式

この方式は**図4**に示すように，複数回線の22～33 kV特別高圧地中配電線からおのおの分岐して，高負荷密度地域の繁華街など多数の低圧需要家を対象とした供給方式である．

変圧器二次側は，ネットワークプロテクタを通

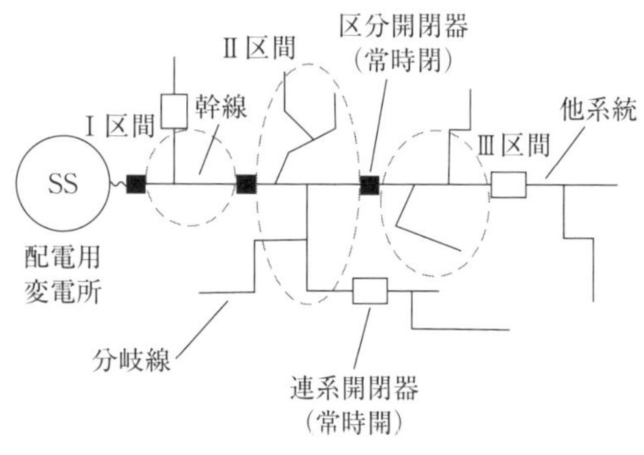

図2　樹枝状方式（3分割3連系）

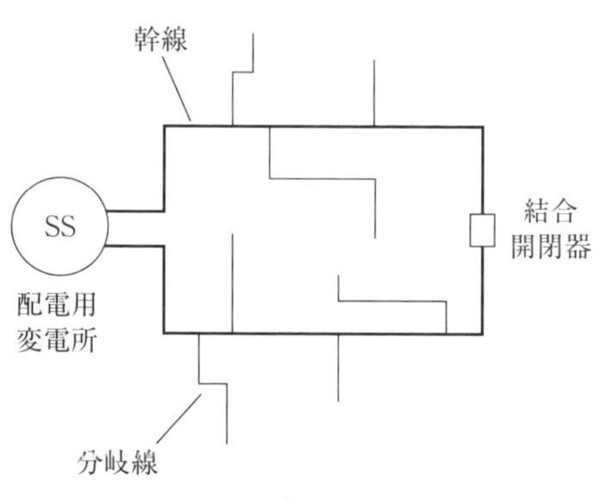

図3　ループ方式（2回線）

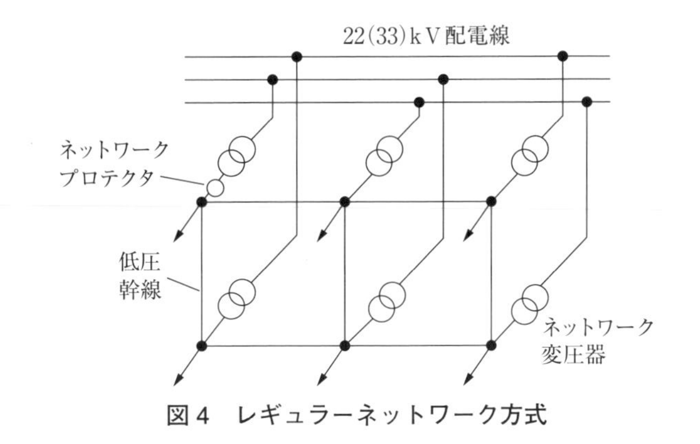

図4　レギュラーネットワーク方式

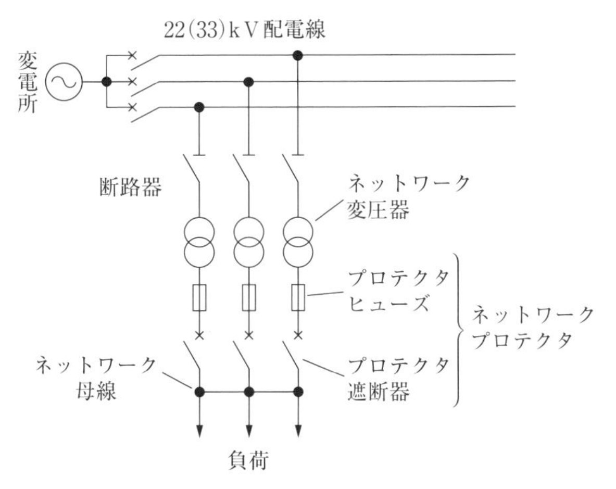

図5　スポットネットワーク方式

してグリッド状（網目状）の低圧幹線で構成されている．1つの変圧器が故障した場合でも，低圧幹線がグリッド状で連系しているため，他の変圧器から供給することが可能となり，停電に対する信頼度が高い．

② スポットネットワーク方式

この方式は**図5**に示すように，2または3回線の22～33 kV特別高圧地中配電線からおのおの分岐して，大規模ビルなど高負荷密度大容量負荷への供給を対象とした供給方式である．

受電用変圧器は負荷に合わせ，22(33)kV/6 kVまたは22(33)kV/420 Vが選択される．

変圧器二次側は，レギュラーネットワーク方式と同様にネットワークプロテクタを介して低圧母線または高圧母線が構成されている．

この方式の特徴は，受電用遮断器が省略でき，配電線が1回線停電してもほかの配電線から無停電で供給が可能となるため，供給信頼度がもっとも高いことである．

表2　高圧配電線の容量（東京電力パワーグリッドの例）

種　別			幹線容量［A］	
			常時容量	短時間容量
架空系統	大容量配電線	自動化	510	600
		その他	450	600
	一般配電線	アルミ線	270	360
		銅線	230	300
地中系統	大容量配電線	自動化	480	600
		その他	400	600
	一般配電線		260	400

出典：東京電力パワーグリッド(株)

配電系統の容量

配電系統は供給するエリア，負荷の種類により効率的な設備となるよう（低稼働とならない），経済的な観点から容量を決めている．架空系統，地中系統とも一般容量と大容量に大別され，架空系統を例にすると一般配電線は常時容量が230～270 A（概ね2 500 kW），大容量配電線は450～510 A（概ね4 500 kW）となる（**表2**）．

架空配電設備

(1) 支持物

支持物には，主にPC（プレストレス）鉄筋コンクリート柱が使用されており，コンクリート内部に緊張した鉄筋を入れることであらかじめ圧縮応力を与え，風圧荷重に対する強度を確保している．

車道が整備されていない山間部などの運搬困難箇所では，分割式の鋼管組立柱（パンザーマスト）や複合柱を使用している．長さは一般に8～16 mとなっている．河川横断などの長径間箇所では鉄塔も用いられる．

支持物の根入れ（電柱の埋設深さ）は電技解釈第59条に従い，長さの1/6以上とされている（例：14 m柱では2.4 m）．

(2) 電線

架空電線は，重量およびコスト面から主にアル

写真1　高圧架空ケーブル（CVT-SS）

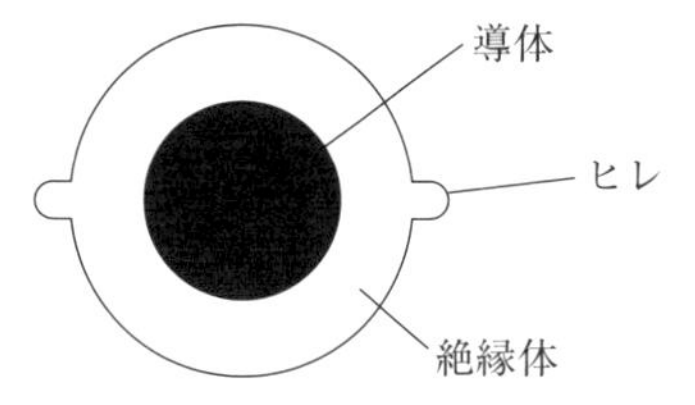

図6　難着雪電線（断面図）

表3　架空電線の標準（東京電力パワーグリッド）

<table>
<tr><th rowspan="2">区分</th><th rowspan="2">電線種類</th><th colspan="3">電線太さ</th><th rowspan="2">適用区分</th></tr>
<tr><th>銅電線</th><th>アルミ電線</th><th>耐塩害アルミ電線</th></tr>
<tr><td rowspan="2">22 kV配電線</td><td>HCVT-SS</td><td>200 mm^2</td><td>—</td><td>—</td><td>大容量系統に使用</td></tr>
<tr><td>CVT-SS</td><td>100 mm^2</td><td>—</td><td>—</td><td>一般に使用</td></tr>
<tr><td rowspan="4">高圧配電線</td><td>SN-OC</td><td>—</td><td colspan="2">HAl 240 mm^2</td><td>大容量系統幹線に使用</td></tr>
<tr><td>SN-OE</td><td>—</td><td>ACSR 120 mm^2
ACSR 32 mm^2</td><td>ACSR/AC 120 mm^2
ACSR/AC 32 mm^2</td><td>一般に使用</td></tr>
<tr><td>HCVT-SS</td><td>200 mm^2</td><td>—</td><td>—</td><td rowspan="2">OC，OE 線では施設困難な場合に限定使用</td></tr>
<tr><td>CVT-SS</td><td>100 mm^2</td><td>—</td><td>—</td></tr>
<tr><td>高圧引込線</td><td>SN-OE</td><td>—</td><td>ACSR 120 mm^2
ACSR 32 mm^2</td><td>ACSR/AC 120 mm^2
ACSR/AC 32 mm^2</td><td>一般に使用</td></tr>
</table>

出典：東京電力パワーグリッド(株)

ミ線が使われているが，高層ビルの火災対策，樹木との離隔確保が必要な場所では架空ケーブル（CVT-SS など）（**写真1**）を，引張強度が必要な長径間箇所では硬銅線が用いられる．高圧用の OC 線は，絶縁体に架橋ポリエチレンを使用しており，OE 線に比べ耐熱性が高く許容電流が大きいため，大容量配電線に用いられる．現在では，雪害対策として電線側面にヒレを取り付けた難着雪電線（SN 電線）が採用されている（**図6**）．

電線太さの選定では，短期間での需要増加による太線化が必要とならないよう，将来の需要想定を考慮して選定する（**表3**）．短絡事故時には，遮断器が動作するまでの間，電線の常時許容電流を大きく超える電流が流れることになる．このような大きな電流でも，電線が溶断することなく，機械的応力や絶縁物の劣化に影響を与えないよう短時間許容電流（2 秒間）が規定されている．配電用変電所近傍の設備には，短絡事故時に最大短絡電流（12.5 kA）に近い電流が流れる場合があり，負荷電流は小さくても耐短時間許容電流（瞬時許容電流）を有する太い電線（120 mm^2 以上）を施設する必要がある．短絡電流は電線だけではなく，直列に接続されている変圧器などの機器も，瞬時許容電流と機械的強度を合わせもつ必要がある．

（3）碍子

架空電線と支持物や建造物との絶縁のため，高圧線から低圧引込線までの電線の支持に碍子が用いられる．主に磁器製が用いられるが，低圧引込線など一部では樹脂製碍子も用いられている．高圧線では中実碍子や耐帳碍子，低圧線では引留碍子，柱上変圧器の高圧引き下げ線には高圧ピン碍子（**写真2**）が用いられる．中実碍子や耐張碍子の絶縁階級は 10 号絶縁（雷インパルス耐電圧 100 kV），高圧ピン碍子は 6 号絶縁（雷インパルス耐電圧 60 kV）となる．

雷害対策として，雷による高圧断線を予防するため，送電線用のアークホーンの原理を活用した放電クランプ付き中実碍子や直列ギャップを用いた限流クランプも導入されている（**写真3**）．

（4）柱上変圧器

高圧配電線の電圧 6.6 kV を 100 V または 200 V に降圧し，各低圧需要家に配電するために電柱上に設置する変圧器．変圧器および低圧線の過電流保護のため，非限流ヒューズを用いた高圧カットアウト（写真2）を組み合わせて使用する．

一般に定格容量 10～100 kV·A の単相変圧器が用いられており，電灯負荷では 1 台を，動力負荷

写真２　柱上変圧器（三相４線式異容量Ｖ結線）

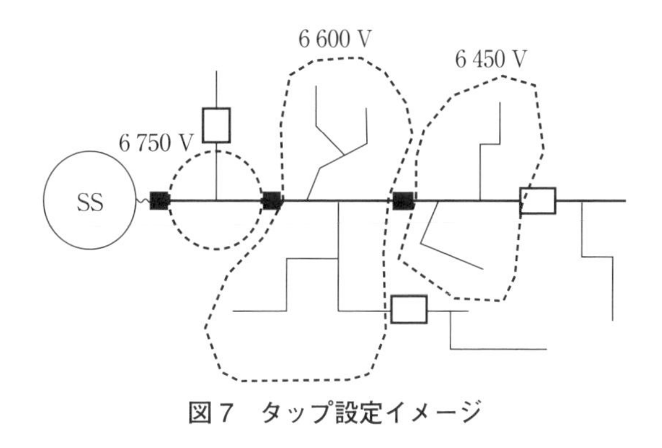

図７　タップ設定イメージ

表４　電圧の値

標準電圧	維持すべき値
100 V	101 ± 6 V を超えない値
200 V	202 ± 20 V を超えない値

※電気事業法施行規則第 38 条第 1 項

写真３　放電クランプ付き中実碍子と限流クランプ

写真４　気中開閉器

では同容量の２台を組み合わせてＶ結線として，三相４線式では容量の異なる２台を異容量Ｖ結線として利用している（地上用変圧器は異容量Ｖ結線のみ）．

各変圧器には電圧タップが内蔵されており，当該地点の高圧配電線の電圧に従ったタップを設定する（**図７**）．タップは 6 300 V から 6 900 V まであり，低圧需要家の供給地点の電圧が電気事業法施行規則第 38 条に基づく電圧（**表４**）を維持できるよう設定される．

(5) 開閉器

負荷の増減に伴う系統変更，線路の保守や停電に伴う停電区間の縮小化のために設置している．遮断器ではないため，短絡電流のような大きな電流の開閉はできない．

操作方式として手動式と自動式があり，用途別では区分用，連系用，引込用があり，消弧媒体の違いにより気中開閉器（**写真４**），真空開閉器，ガス開閉器がある．

真空開閉器は気中開閉器に比べ開閉能力が高いことから，変電所引出口など重要な箇所に適用されている．ガス開閉器は小型化が可能なことから，停電工事用の開閉器として使用される．

(6) 避雷器（LA）

雷や線路の開閉により生じる過電圧から設備を保護するため，開閉器や変圧器等の機器，線路末端箇所等に設置する（写真 4）．電技解釈第 37 条では，変電所引出口，受電電力 500 kW 以上の需要設備の引込口など重要箇所への設置が義務付けされている．耐雷素子として，特性要素に酸化亜鉛（ZnO）素子を用いており，最近では避雷効果を高めるために，酸化亜鉛素子を開閉器や変圧器内部に取り付ける機器内蔵（**写真 5**）としている．

一方，避雷器の効果的な取り付けや碍子への限流素子の取り付けにより，架空地線（GW）の取り付けを省略する地域もある．

写真 5　変圧器内蔵の耐雷素子
出典：(株)明電舎

(7) 分路リアクトル（ShR）

系統の進み無効電力を補償して休日夜間など軽負荷時のフェランチ効果による電圧上昇を防止するため，変電所や系統の必要な箇所に設置（**写真 6**）する．

設置場所の配電線電圧上昇を検知すると自動で投入され，進み無効電力を補償することにより電圧上昇を抑制する．

(8) 高圧自動電圧調整器（SVR）

長亘長配電線の電圧降下を補償するため，変電所から遠距離に供給する高圧配電線に設置されている．内部に配電用変電所と同様の線路電圧降下補償器（LDC）が内蔵されており，線路インピーダンスを模擬して，負荷電流に応じて自動でタップを調整することで二次側送り出し電圧を調整する（**写真 7**）．タップ幅は 150 V 幅のため段階的な電圧調整となる．

以前は三相 V 結線のため，二相の電圧だけを調整することで電圧不平衡による零相電圧が生じやすい状況にあったが，近年は Y 結線となったことで電圧不平衡がなくなった．

また，太陽光発電設備による逆潮流にも対応可

写真 6　分路リアクトル（ShR）

写真 7　高圧自動電圧調整器（SVR）

能な製品が開発されたことや自動化対応により系統運用の向上が図られている．

低圧配電線の電圧調整用として，SVR と同様の機能をもつ低圧自動電圧調整器（LVR）や自動タップ切換装置が付いた柱上変圧器も設置されている．

地中配電設備

建設設備費，保守費用面から架空配電線を基本とするが，以下の条件では地中設備を採用している．

① 道路法や航空法などの法令や協定などの制約がある場合

② 設備建設や保守上の制約がある場合

・高速道路や主要国道横断箇所，軌道横断箇所，長亘長の河川横断箇所など

・変電所からの引出口

地中設備は架空設備と異なり，歩車道下や歩道上など公衆の間近に設置されることから，異常時の安全確保に，より注意が払われた設備となっている．例えば地上機器は，短絡事故時にもガスなどの放出がない気密・防爆構造となっている．

地中配電系統は架空系統とは異なり，配電方式がいわゆるループ配電方式となっており，事故設備を切り離すことで双方向からの受電を可能とするよう，各機器は π 送り（π 接続）（**図 8**）となっている．

（1）ケーブル

配電線では基本的に CVT ケーブルを使用しており，負荷電流やケーブルの熱容量に合わせて太さを選定している（**表 5**）．6.6 kV ケーブルの太さは 60〜500 mm^2 が使われており，多条数のケーブルが敷設される変電所引き出し口では，放熱性が悪いため熱容量によりケーブルの許容電流が決まる．

近年では，ケーブル埋設箇所が地下水の影響を受けやすい場所には，水トリー劣化を防止するため遮水層付きケーブルを使用している．

埋設方式は電験三種で学習したように，管路式または暗きょ式（C.C.Box，電線共同溝，洞道）が選択されている．C.C.Box では，防護管の所有者が電線管理者ではなく道路管理者となる．

（2）地上用変圧器（パッドマウント変圧器）

無電柱化地域の低圧需要家に供給するための変圧器．通常は歩道上に設置され（**写真 8**），内部は三相 4 線式 V 結線変圧器（単相変圧器 2 台）と低圧幹線保護用の限流ヒューズが内蔵されている．容量は 20＋80 kV･A，30＋70 kV･A などが多い．

変圧器には 2 方向から電源ケーブルが引き込まれ（π 送り），低圧分岐装置に低圧ケーブルが引き出される構造となっている（自動車事故で倒されても，高低圧ケーブルを切り離すことで系統の

表 5　ケーブルの種類

電圧	種類	公称断面積［mm^2］
22 kV	CVT ケーブル	100，150，200，250，325，400，500
6.6 kV	CVT ケーブル	60，150，250，325，500

出典：東京電力パワーグリッド(株)

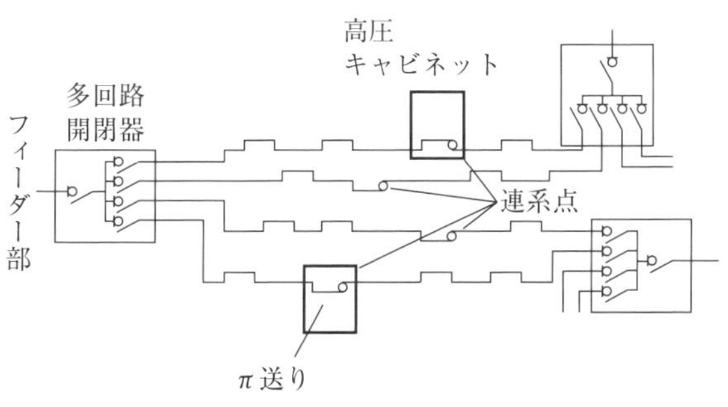

図 8　地中配電系統の形態例
出典：東京電力パワーグリッド(株)

写真 8　地上用変圧器（右）（左は多回路開閉器）

セクション（突き合わせ箇所）とすることができる）.

(3) 多回路開閉器

図8の地中配電系統で示したように，配電用変電所から引き出されたフィーダを複数方向に分岐させるための開閉器（5台）が内蔵された機器（**写真9**）である．開閉器を一括して収納することで，機器コストの低減と保安上の効率化を目的としている．現在は開閉器が自動化されており，制御所からの操作で動作する．大きさは地上用変圧器と同等となる．

(4) 供給用配電箱（高圧キャビネット）

無電柱化地域の高圧需要家に供給するための機器（**写真10**）．内部は断路器があり3方向にケーブルを引き出せる構造となっており，そのうち1方向から高圧需要家に引き出される（**図9**）．向かって左側の扉は電力会社側の設備となるため，電気主任技術者は操作することはできない．

右側の回路には，区分開閉器としてUGSを設置し，保安上の責任分界点としている．供給申し込み時点で設置場所を協議し，双方の保守上支障のない場所に設置する．

(5) 低圧分岐装置

地上用変圧器から引き出された低圧ケーブルを引き込み，引き込みケーブル保護用の限流ヒューズを介して各低圧需要家にケーブルを引き出している．1つの分岐装置から10本前後のケーブルを引き出すことができる．

一般的に地上用変圧器よりひと回り小さいサイズとなる．

配電系統の保護

我々の身近に面的に存在する電力設備は，台風や雷などの自然環境にさらされ，定期的な保全をするにもかかわらず，さまざまな要因で設備の故障が発生する．その際，公衆やほかの健全な設備に被害を及ぼさないように保護することが求められる．この際に重要な役割を担うのが保護継電器（装置）であり，それらに本来の役割を全うさせようとの考えを保護協調という．電力系統はそれぞれの保護装置が協調して動作することで，公衆

写真9　自動多回路開閉器

写真10　供給用配電箱

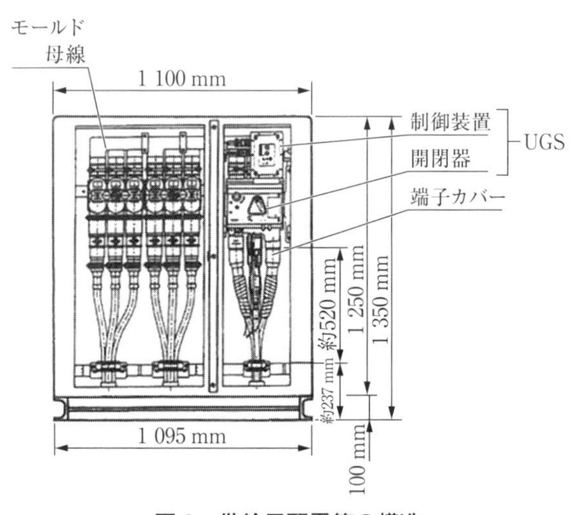

図9　供給用配電箱の構造

出典：（一社）日本電気協会：高圧受電設備規程（JEAC 8011-2020）Ⅱ-3図

安全と供給信頼度が維持される．保護協調の詳細は「**4部の1．波及事故**」を参照していただきたい．

(1) 過電流保護

① 高圧配電線の保護

高圧配電線の過電流保護として，配電用変電所に過電流継電器（OCR）と変流器（CT）を配置している．継電器には誘導形と静止形があるが，現在は静止形が主流となっている．

図10は配電用変電所OCRの動作特性例を表している．高圧受電設備に設置される静止形OCRとの協調をとるため，動作時限と動作電流が2段階となる段限時特性が採用されている．

② 低圧配電線の保護

低圧配電線の過電流保護として，変圧器一次側の高圧カットアウト（PC）に内蔵した非限流ヒューズを使用している．低圧配電線の短絡事故や変圧器の内部故障（レアショート）を高圧配電線に波及させないよう保護している．

③ 低圧引込線の保護

低圧引込線の短絡や過負荷に伴う過電流保護のため，電柱側引き出し箇所にツメ付きヒューズまたは密閉型ヒューズ（**写真11**）を施設している．ただし，単相3線式引込線では，中性線欠相時の負荷側異常電圧を防止するため，中性線にヒューズを取り付けてはいけない．

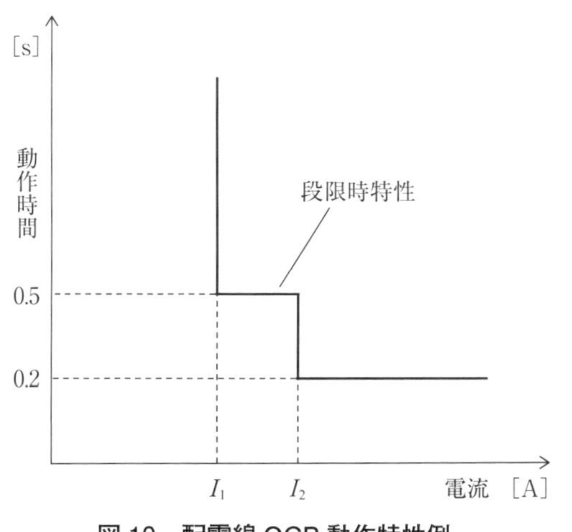

図10 配電線OCR動作特性例

(2) 地絡保護

一般に高圧配電系統は，三相3線式6.6 kV非接地方式であり，特別高圧系統の抵抗接地方式や直接接地方式とは異なる中性点接地方式となっている．

非接地方式は，地絡電流が小さい（数アンペアから十数アンペア）ため，電流の大きさだけでは事故回線を判定できない．そのため，地絡電流を検出する零相変流器（ZCT）のほかに接地形計器用変圧器（EVT）を組み合わせて，地絡時に流れる零相電流（I_0）とそれにより発生する零相電圧（V_0）を検出して地絡継電器（DGR）を動作させる（**図11**）．

雷サージ，樹木接触等の瞬間的な地絡，線路静電容量不平衡による常時残留零相電圧などが原因で発生する零相電流（I_0）や零相電圧（V_0）を検出したとき，それらの事象が瞬間的なものか永久

写真11 密閉型低圧引込ヒューズ

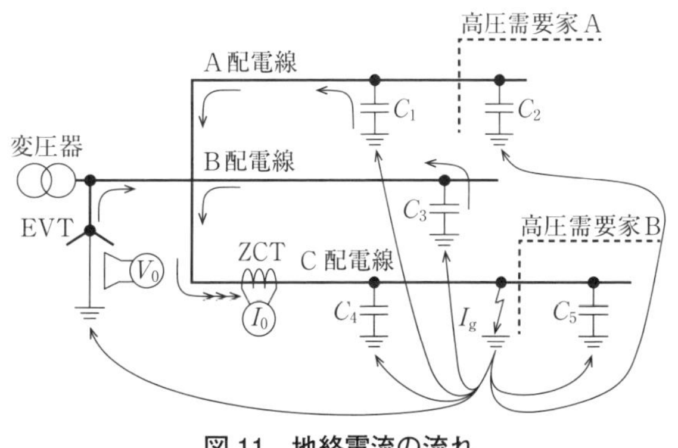

図11 地絡電流の流れ

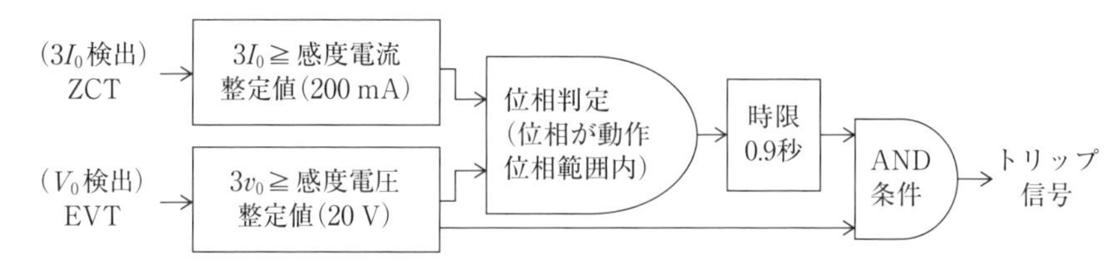

図12 配電用変電所DGRのトリップダイヤグラム

出典：川本浩彦：6 kV 高圧受電設備の保護協調 Q&A，p.170，エネルギーフォーラム，2007

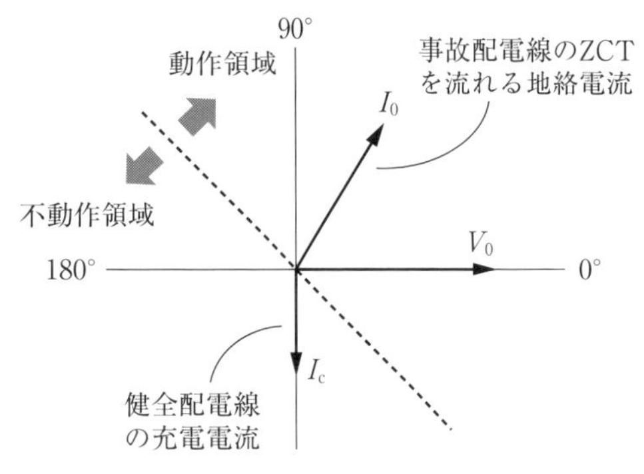

図13 DGR動作原理

表6 過電圧の概要

過電圧	内部過電圧（内雷）	開閉過電圧	・遮断器投入 ・断路器開放 ・進み小電流遮断 ・間欠アーク地絡
		短時間過電圧	・1線地絡時の健全相対地電圧 ・負荷遮断
	外部過電圧（外雷）		・直撃雷 ・誘導雷 ・逆フラッシオーバ

地絡事故かを見極めるため，**図12**に示す判定フローにより遮断器トリップの判断をしている．

具体的には零相電流（I_0）と零相電圧（V_0）の値が整定値以上で，零相電流の位相が動作範囲（零相基準入力に対し－30～135°）にあり，その状態が0.9秒以上継続した状態になると遮断器にトリップ信号が発出される（**図13**）．0.9秒は，永久地絡事故の検出，事故回線の確実な選択，高圧受電設備の構内事故の場合に受電設備のリレーを動作させるために必要な時限になっている．

(3) 絶縁協調

電力設備に発生する過電圧は，**表6**のとおり内部過電圧と外部過電圧がある．これらの過電圧に対する電力系統全体の絶縁について，合理的な協調を図り，安全かつ経済的な絶縁設計を行うことを絶縁協調という．

内部過電圧は開閉サージ電圧や1線地絡事故に伴う電力系統内部で発生する過電圧であり，これらは線路定数から計算により求めることが可能である．一方，外部過電圧は直撃雷や誘導雷などの雷サージに伴う過電圧となるが，過電圧の大きさや発生場所はさまざまであり，予測不可能という問題がある．

内部過電圧に対しては，碍子や各機器の設計段階での絶縁の確保により対策保護は可能だが，外部過電圧に対して碍子や各機器の絶縁レベルを一律に上げることは経済的に困難である．そこで，避雷器により機器の絶縁レベル以下に過電圧を制限することで系統全体の絶縁を保護しようという考えになっている．避雷器は絶縁協調の要である．

低圧線の過電圧保護として，変圧器へのB種接地工事がある．変圧器内部での高低圧混触事故により低圧線側に高圧が印加された場合，B種接地を通して地絡電流を流すことで，低圧側の対地電圧上昇を抑制する．低圧側の電圧上昇は，混触時に1秒以内に自動遮断することを条件に600 Vまで許容されている．

この際の地絡電流は，電力会社が電技解釈第17条の規定により配電用変電所各バンクの数値を算出し，それをもとにB種接地抵抗値を求める．

(4) 耐雷対策（過電圧保護）

停電事故でもっとも多い事故は1線地絡事故であり，その原因は雷となっている．送電設備は使用電圧が雷電圧に近く，常規電圧に対する耐絶縁性能が高いことから大きな脅威とはなっていない

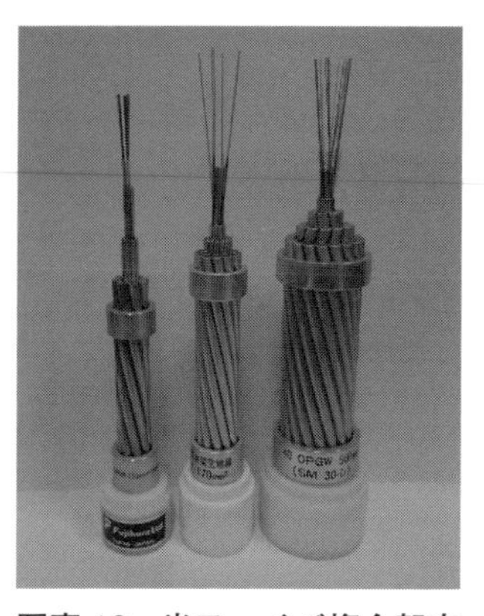
写真 12　光ファイバ複合架空地線（OPGW）
出典：(株)フジクラ

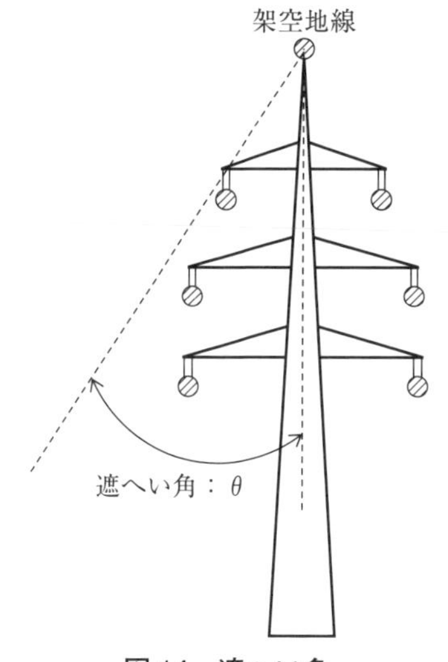

図 14　遮へい角

写真 13　架空地線（2 条施設）

が，雷はその大きさはもちろんのこと，いつどこに発生するかは気象条件によるため，直撃雷の影響を極小化する対策が重要となる．

ここでは，送配電線の耐雷対策設備を説明する．

■ 送電設備

① 架空地線（OPGW）

誘導雷および直撃雷から送電設備を保護するための設備．裸の鋼線となっており，内部に保安通信用の光ファイバを内包している（**写真 12**）．

架空地線の避雷効果を表す指標に遮へい角（**図 14**）がある．一般的には 45° 程度で遮へい効率は 90 % 以上とされており，基幹系統など重要幹線では 2 条施設（**写真 13**）とすることで，遮へい角を 0° またはマイナスにしている．

② 避雷器（アレスタ）

雷電圧が線路に加わると，アレスタは放電開始電圧時に雷電流を放電することで線路の電圧を一定以下に制限する．この電圧を制限電圧という．制限電圧を低く抑えることで各機器の雷インパルス電圧を下げることが可能となり，機器の価格を低減することができる．

③ 埋設地線（カウンタポイズ）

鉄塔に雷電流 I が流れると，鉄塔と大地との抵抗 R に比例して鉄塔の電位 V（$V=RI$）が上昇する（**図 15**）．鉄塔電位が電線の雷インパルス耐電圧（66 kV で 180 kV）を超えると，鉄塔から電線に逆フラッシオーバが発生する．これを防ぐため，鉄塔基礎の抵抗値は小さいほうがよく，一般的には 10 Ω 以下とされている．

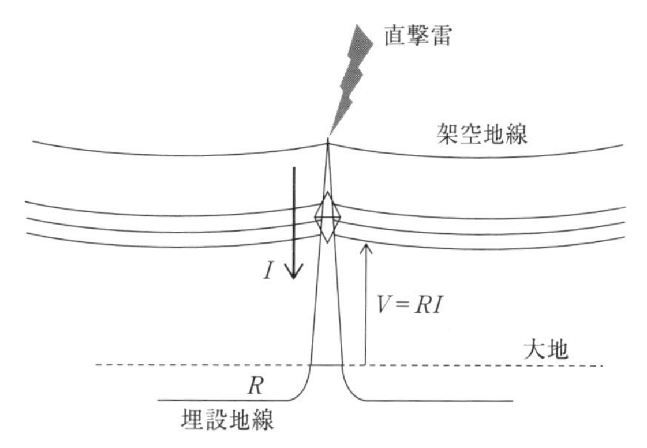

図 15　埋設地線

抵抗値を下げるため，地中に接地線を埋設する．これを埋設地線という．山間部の岩盤などの地盤では，抵抗値を下げるために費用がかかる．

④ アークホーン

雷サージに伴うフラッシオーバによる碍子破損を防ぐため，碍子の鉄塔側と電線側に金具を取り付けている．これをアークホーン（閃絡の角）という（**写真 14**）．

写真 14　アークホーン（66 kV 送電線）

写真 15　架空地線と高圧線

⑤ アーマロッド

フラッシオーバによる電線素線の損傷防止のため，電線と同種の材料を用いて電線支持部を補強する．

⑥ その他

並行 2 回線の両回線同時トリップを防止するため，回線間で絶縁に格差を設ける（アークホーンの上下の間隔を変えるなど）不平衡絶縁により，同時事故を防いでいる．

■ 配電設備

① 架空地線（GW）

誘導雷対策．雷サージを低減する仕組みは送電設備の架空地線と同じ（**写真 15**）．送電線と同じく裸鋼撚（より）線を使用しているが，OPGW のような光ファイバは内蔵していない．

最近は碍子型限流素子（限流クランプ）の普及などにより，新規施設を省略している地域もある．

配電線では架空地線と高圧線の結合率を高めるため，間隔を 1 m 程度，遮へい角を 45° 以内となるよう，高圧腕金の装柱を工夫している．

② 避雷器（LA）

配電設備の避雷器は，変圧器や開閉器などの機器のほか，架空線末端部などに施設している．最近の変圧器や開閉器は内部に避雷素子を内蔵した機器が主流となっている．

③ 放電クランプ

配電線は送電線と異なり電線に絶縁被覆があるため，被覆内に雷サージが侵入すると，絶縁被覆のため放電できず，アークスポットとなり断線のおそれがある．大きな雷電流の侵入に伴う電線の断線防止のため，碍子にアークホーンと同様の機能をもたせた放電クランプ付き中実碍子を使用している．雷電流侵入時は，碍子部から腕金に放電することで電線の過熱を防止している．

ただし，碍子から腕金への放電時に地絡・短絡状態となることから，リレーが動作し 1 分間の停電が発生するため，夏季の雷シーズンには複数回の停電が発生することが課題となっていた．

④ 限流クランプ

放電クランプのような腕金への放電（フラッシオーバ）ではなく，耐雷素子と同様に，雷サージを素子内で放電させる．そのためリレー動作することがなく，停電が発生しない．

⑤ その他

送電設備の不平衡絶縁と同様の考え方で格差絶縁方式がある．比較的機材の取り替えが容易な変圧器ブッシングの絶縁階級を 6 号（耐電圧 10 kV），ほかの設備を 10 号（耐電圧 60 kV）とするなど，機材により絶縁階級に格差を設けることで停電範囲の縮小化を図っている．

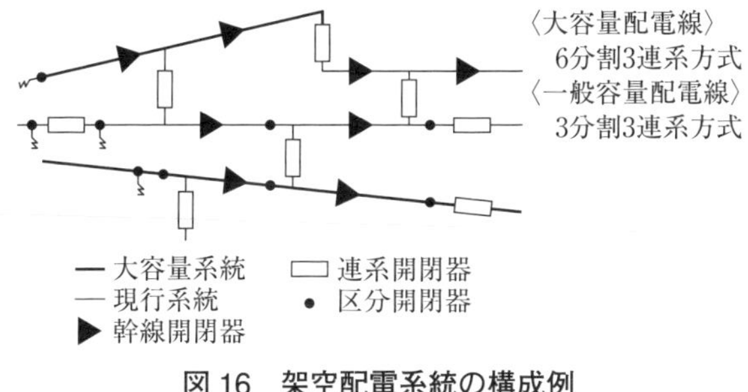

図 16　架空配電系統の構成例
出典：東京電力パワーグリッド(株)

(5) 配電自動化

配電系統は，前述したように樹枝状の構成となっているが，**図 16** のように幹線開閉器（区分用自動開閉器）により全体を複数の区間に分割し，それぞれの区間を連系用自動開閉器（常時開路）により隣接配電線と連系する，いわゆる多分割多連系方式で運用されている．配電自動化は，いずれかの区間で故障が発生した際に，当該事故区間を除いた区間（健全区間）を自動で早期に送電することで停電区間を縮小化することを目的としている．

一般に送配電系統で発生する故障は，雷や飛来物などの一時的な原因が多いことから，最初のリレー動作により遮断器が動作した後，一定時間後(60 秒）に再送電を行う自動再閉路方式（三相再閉路）を採用している．

事故時は，本自動化システムにより健全区間を隣接系統に切り替えを行うことで健全区間の早期復旧を可能としている．配電用変電所の変圧器（バンク）事故の際も，その変圧器から供給している配電線をほかの変圧器から供給している配電線に切替送電を行えるよう，各配電線の稼働率を調整している．

＜全区間の自動復旧手順＞

① 変電所リレー（OCR，DGR）動作
② 変電所遮断器動作
③ 1 分後再送電
④ 変電所から順次各区間に自動送電
⑤ 事故区間の開閉器投入時に再度リレー動作し変電所遮断器開放

写真 16　制御器

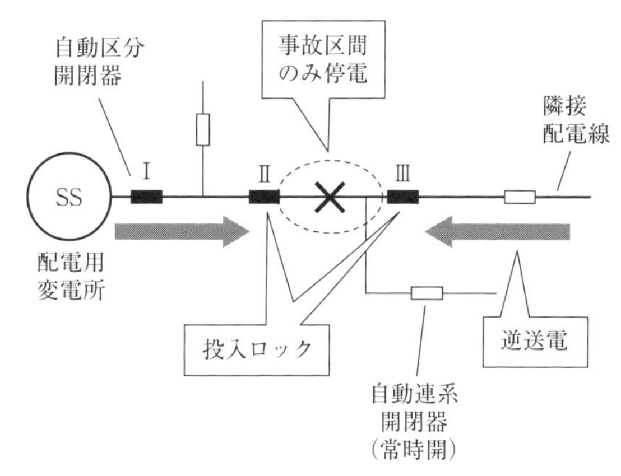

図 17　配電自動化の区間限定のイメージ

⑥ 事故区間電源側開閉器が投入ロック
⑦ 再々送電
⑧ 変電所から事故区間まで順次送電
　※事故区間以降は停電のまま
⑨ 健全区間隣接配電線から健全区間に逆送電

各幹線開閉器には制御器（**写真 16**）が設置されており，制御所からの指令と制御器内の時限カウントにより開閉器の制御を行っている．開閉器のロックは，投入動作後一定時限内に変電所リレーが動作したときは，その区間に事故原因があるとみなし，再投入を禁止するロジックとなっている(**図 17**)．これを投入ロックという．

このような方式を順送時限方式という．

配電線の電圧調整

配電線路の電圧は，電圧降下の近似式（「**1 部の**

4. 回路計算の基礎」で解説）のとおり，負荷電流の大きさと線路インピーダンスによって変動する．配電線は，日中と夜間，平日と休祭日では負荷電流に大きな変動があり，また，各配電線の供給エリアにより配電線の距離（線路インピーダンス）が大きく異なる．配電用変電所の各バンクから引き出される配電線数は，変圧器の容量（10～20 MV･A）により 4～7 回線程度であり，同一バンクから工業団地や商業エリアなど負荷分布，日負荷曲線が異なる配電線が引き出されるため，変電所側のみでの電圧調整では限界がある．

そこで，以下の方法を組み合わせることで各配電線の電圧調整を行っている．

（1）配電用変電所での調整

配電用変電所では，負荷変動に応じて送り出し電圧を調整する方式に加え，平日や休日などあらかじめ決まったスケジュールによるプログラム調整を組み合わせて自動で電圧調整を行っている．

重負荷時は変電所送り出し電圧を高めに調整し，夜間休日などの軽負荷時は低めに調整することで，適正電圧を維持している．これらは線路電圧降下補償器（LDC）と負荷時タップ切換装置付き変圧器（LRT）で行われる．

（2）配電線路での調整

① 柱上変圧器のタップ設定

亘長が長い配電線や負荷変動が大きい配電線では，変電所送り出し電圧の調整だけでは供給地点の電圧を規定値に収めることができないため，エリア単位で柱上変圧器のタップを設定する（**図18**）．一般的な変圧器タップは6 900 Vから6 300 Vまで 150 V ずつ段階的になっており，大幅な需要増や系統変更の都度，タップエリアの見直しが行われる．

タップ変更に伴う二次電圧は，以下の式で求められる．

$$\text{二次電圧} = \frac{\text{該当地点}}{\text{一次電圧}} \times \frac{105}{\text{タップ電圧}} \ [\mathrm{V}]$$

② 自動電圧調整器（SVR）

10 km を超えるような長亘長配電線では，柱上変圧器のタップ調整でも目標電圧を維持できないため，線路の途中に SVR を設置する．線路インピーダンスを模擬した制御器に CT 二次側電流を流して制御盤内で電圧降下を再現し，その電圧降下を補償するよう負荷側への送り出し電圧の調整を行い，負荷中心点の電圧を目標電圧に維持する．

③ 分路リアクトル（ShR）

休日夜間のフェランチ効果による電圧上昇対策として，近年は配電線への設置が拡大している．

2014 年の再生可能エネルギー固定価格買取制度（FIT 法）の創設により，配電系統に小規模からメガソーラーまで太陽光発電設備が急速に大量に普及拡大した．配電系統は，変電所から距離が遠ざかるに従って電圧が低下することを前提とした電圧管理を行っていたが，近年では大量の分散型電源やフェランチ効果の影響から電圧管理の困難さが増している．

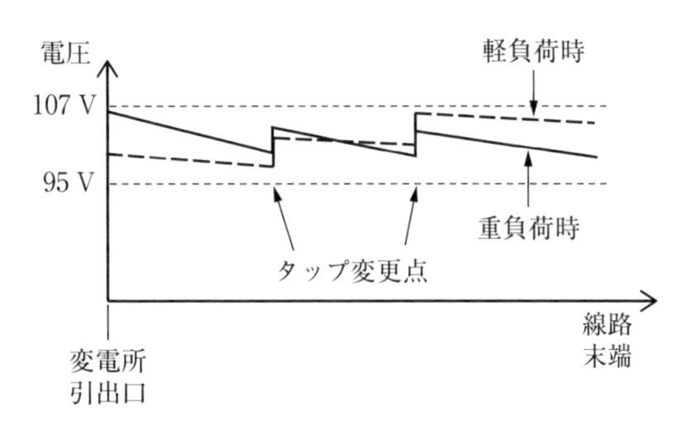

図 18　配電線での電圧降下イメージ

4 回路計算の基礎

交流回路計算の基礎的事項（電気主任技術者として最低限の知識は何か）を，かいつまんで説明する．電験三種の理論科目のおさらいになるため，回路計算や交流理論の基礎に不安のない読者は読み飛ばしていただいて構わない．

電気回路の諸定理

最初に回路計算の基本となる大事な定理や法則について，応用も含めて改めて説明する．

(1) 電気回路の基礎的事項

① 電気回路の基本

回路計算にあたり，いくつかの約束事を共有したい．直流ならびに交流回路計算の基本的なことであり，以後は，これらの基本事項を前提として話を進めることになる．

ア．「電流は電荷（自由電子）の移動」である．電荷を動かすには何らかの外力が必要であり，電気回路の場合は起電力（電源）となる．

電流の定義は，導体のある断面を単位時間に通過する電荷量とされており，1秒間に1クーロンの電荷が通過すると1アンペアの電流が流れるとしている．電流 I の定義式は，電荷 Q [C]，時間 t [s] とすると以下で示される．

$$I=\frac{Q}{t}\ [\mathrm{A}] \qquad 式(1)$$

電荷は回路の途中で注入または流出しない限り量は変わらない．そのため導体のある断面で電流の流れを見ると，その断面に流入する電流とその断面から流出する電流の大きさは等しい（増減がない）．これを電流の連続性という（図1）．あたり前と思うかもしれないが，回路計算の前提として大事な定理である．

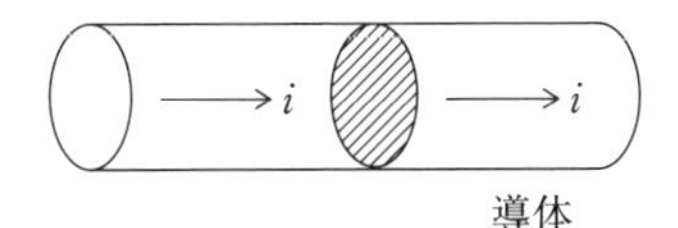

図1　電流の連続性

電気設備に発生するさまざまな電気的事象は，静電誘導，電気力線，電界，電位などの静電気の世界と，電流（動く電荷）が関係する磁気の世界が根底にある．回路計算で用いる定理や法則は，電流の本質を踏まえたうえで応用が可能となることを認識していただきたい．

電流が流れる（自由電子が動きやすい）物質を導体といい，電流が流れないビニルやプラスチックを絶縁体とよぶ．

イ．（等価回路上の）導線はどの場所でも同電位である（実際の電線には抵抗があるため，途中に負荷がなくても電圧降下を生じるが無視できる範囲）．つまり，等価回路上で同電位となっている箇所は1点に集約が可能となる．

回路計算では電流の本質を踏まえて定理や法則を使っていただきたいと述べたが，そのためには，各地点の電位がどうなっているかを考えることが大事である．特に交流回路計算では電位の取り扱いが重要となる．

図2の回路図では，点b～点d～点c～点eは導線でつながっており，すべてが5Vの起電力のマイナス側につながっているため，点bから点eの各点の電位は次の式で示される．

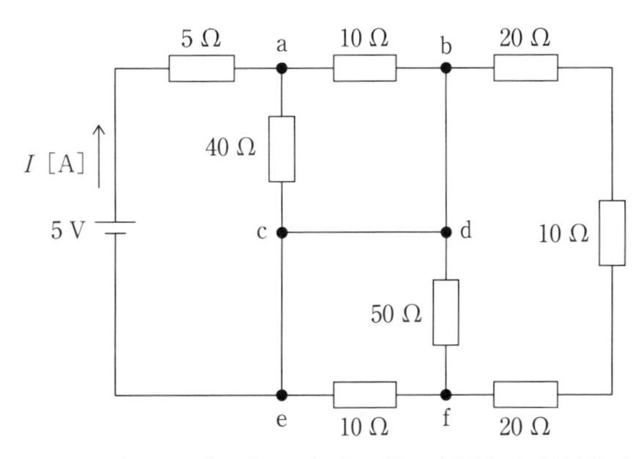

図2　回路図例（平成25年度　第三種電気主任技術者試験，理論科目，問8を改編）

$V_b = V_c = V_d = V_e = 0\ \mathrm{V}$

つまり，点 b から点 e 間には電位差がないため電流が流れることはなく，導線で短絡されており，右側の５つの抵抗が存在していないことと同じといえる．そこで，**図 3** のように描き換えることで計算がしやすくなる．このような考え方を回路の簡単化という．図２では描かれていないが，起電力のマイナス側は 0 V（基準電位）であるということを意識していただくために，アース記号を記入した．複雑な回路の電位を考えるときに，基準電位を明確にすることが大切である．

ウ．電流が流れる条件は，起電力があることと，電荷が動ける道（回路）があることである．回路があっても起電力がない，または，起電力はあっても電位差が生じていないときは，電流は流れない．ただし，電流は導線だけではなく，地面（大地）にも流れる（わずかだが絶縁体にも流れる）．文献によると地絡電流は地下 200～900 m を中心に流れるとされている（**図 4**）．

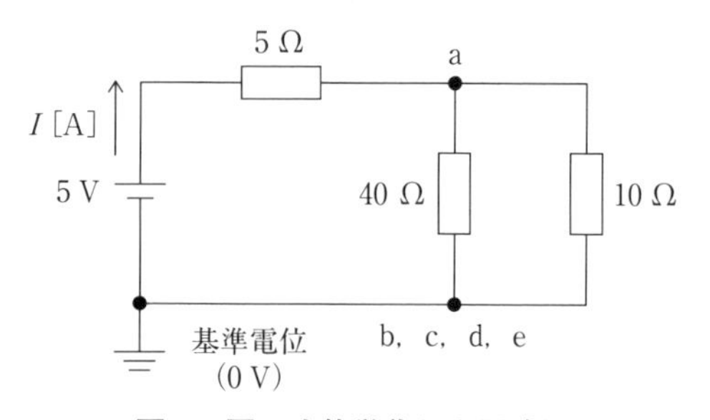

図３　図２を簡単化した回路図

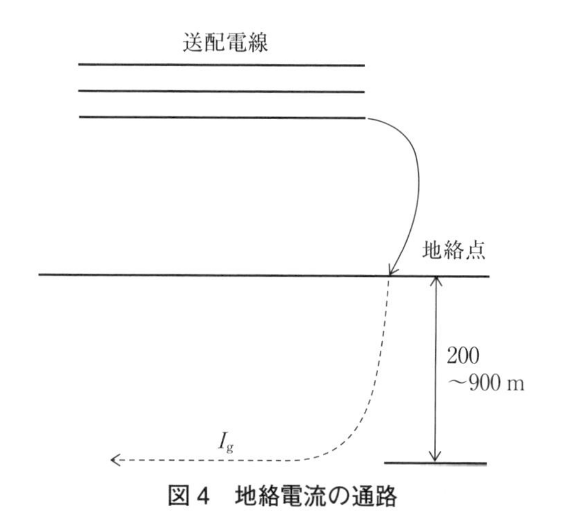

図４　地絡電流の通路

電流が流れるということは，導線だけではなく，自由電子が動くことができる金属製の物質，大地を含めて回路ができていると考える．

電気回路，機器，送配電線は抵抗，インダクタンス，静電容量，漏れコンダクタンスで表現でき，これらを線路定数という．

送配電線路における線路定数は，送配電線に三相平衡電流が流れた場合の数値であり，地絡電流などの不平衡電流の計算にはそのままでは適用できない．地絡電流計算には不平衡回路計算が必要となり，常時の状態で使用するインピーダンス（正相インピーダンス）ではなく零相インピーダンスを使うことになる．その場合の計算方法を対称座標法という．

エ．電位と電圧（電位差）

山の高さを表す「標高」は，**図 5** のように基準となる海面（東京湾平均海面）からの高さを表した量として測量法で規定されている．

電圧の大きさを表す表現に「電位」と「電圧」がある．電位は標高と同様に，ある基準と比べた電圧の大きさを表している．電気の取り扱いにおいては大地を基準電位（0 V）としている．

電圧は２点間の電位差を表しており，例えば線間電圧は２線間（黒線と白線など）の電位差であり，対地電圧は大地と回路上のある点の電位差を表す．

回路計算の際に，回路図に電位を表す矢印を描くが，矢印の矢の向きは電位の高いほうを表すと

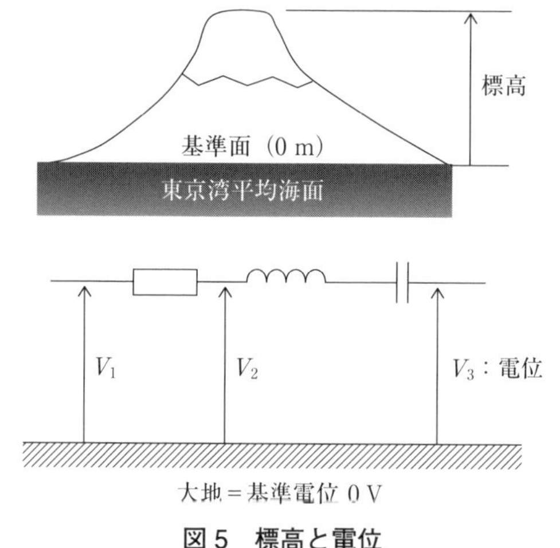

図５　標高と電位

の約束があるので，向きが重要となる．

図6(a)は起電力の場合で，起電力の＋（プラス）に向けて矢印を描く．このため電流の流れる方向と同じ向きになる．(b)は抵抗の場合で，電流は上から下に流れると仮定したとき，電位は電流が流れてくるほうが高いため，矢印は電流の向きと反対の向きで表す．このことから，(a)の起電力に対し素子に発生する端子電圧を逆起電力という．(c)はコンデンサに電荷が蓄積された場合で，起電力と同じく＋（プラス）の電荷が蓄積された上側の電極に向けて矢印を描く．

回路方程式を立てる際に，等価回路上に起電力の向きと逆起電力の向きを明確に示すことで，間違いを減らすことができる．

次に電位と電圧の表記方法について説明したい．特に三相交流回路計算で重要な事項である．

図7の V_a，V_b，V_c は各点の電位を表す．V_a は起電力の＋（プラス）側と同電位のため5Vとなり，V_c は起電力の－（マイナス）側と同電位のため0Vとなることは自明である．V_b は，a点の電位から3Ωの抵抗による電圧降下があるため，以下の式で求めることができる．

$$V_b = 5 - 3 \times 1 = 2\ \mathrm{V}$$

V_{ab} はb点を基準としたa点との電位差（ab間の電圧）を表しており，次の式で表せる．

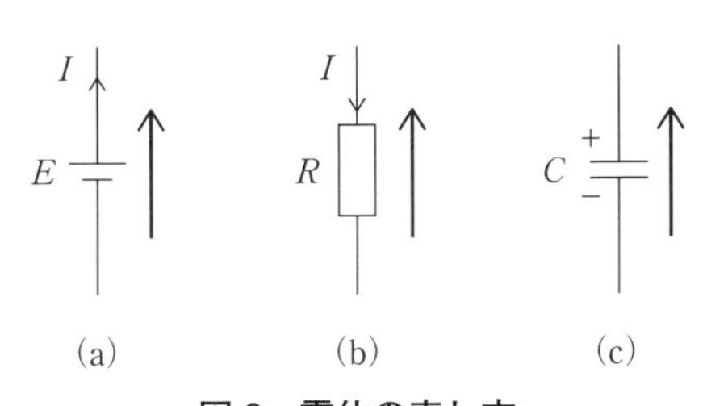

図6　電位の表し方

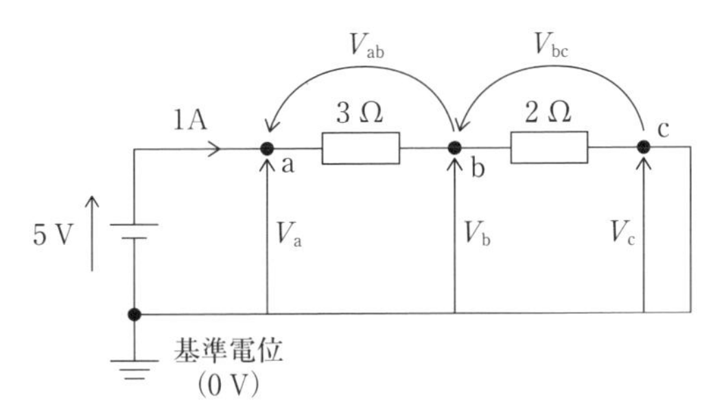

図7　電位と電圧

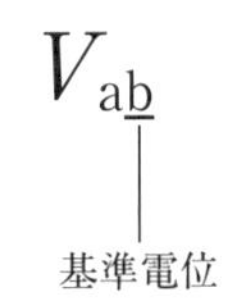

図8　添え字の意味

$$V_{ab} = V_a - V_b = 5 - 2 = 3\ \mathrm{V}$$

同様に V_{bc} は，c点を基準としたb点との電位差（bc間の電圧）を表す．

V_{ab} や V_{bc} の添え字は，基準とする電位を右側に書く（**図8**）．仮にa点とb点との電位差を V_{ba} とした場合，a点を基準としたb点との電位差となり，以下の式で表される．

$$V_{ba} = V_b - V_a = 2 - 5 = -3\ \mathrm{V}$$

$$\therefore V_{ba} = -V_{ab}$$

回路計算では電位が重要で，特に三相交流の取り扱い（相電圧と線間電圧）においても大変重要となるため，しっかり理解していただきたい．

② オームの法則

抵抗などの素子に流れる電流とその電流によって発生する端子電圧との関係を表したものがオームの法則である．複雑な回路網の計算でも，部分的にまたは最終的にオームの法則を用いることが多く，回路計算において有用な法則である．また，直列回路や並列回路の合成抵抗がなぜそうなるかもオームの法則から説明できる．

図9の回路において，起電力 E に抵抗 R をつなぐと電流 I が流れるが，このとき電流は，抵抗の端子電圧 V が起電力 E と同じ大きさになるように流れる．このとき回路には以下の式が成り立つ．

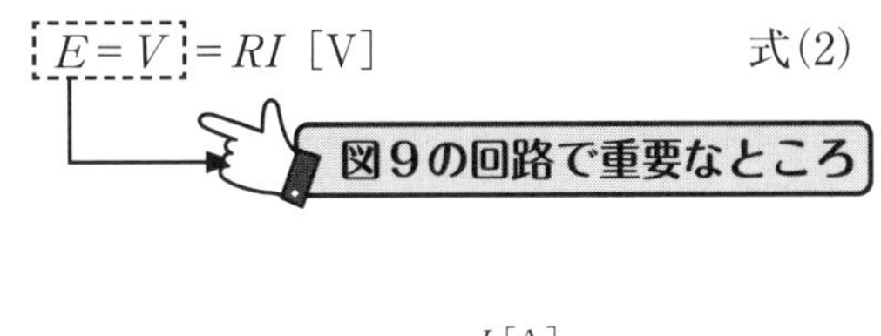

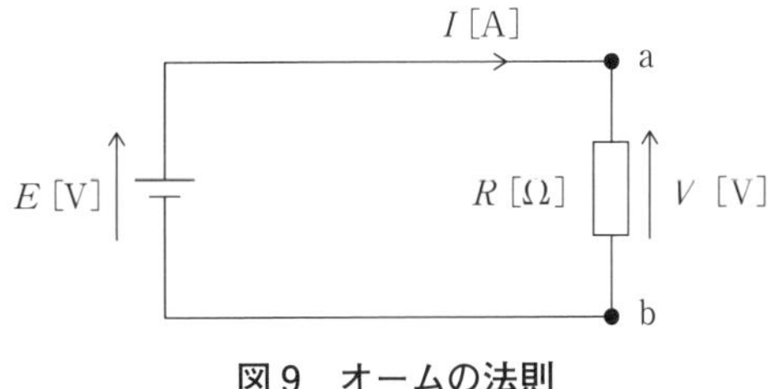

図9　オームの法則

電流が素子を通過することで電位が低下するため，回路内の点 b は点 a に比べ電位が低くなり，端子電圧 V を電圧降下という．起電力と電圧降下は，電気的な作用反作用（作用：起電力，反作用：電圧降下）のように回路内で平衡（素子が1つの場合）する．

式(2)において，素子に発生する端子電圧と電流が比例することを表したものが以下のオームの法則である．オームの法則は抵抗のような線形回路で成り立つ．

$$V = RI\ [\mathrm{V}] \qquad \text{式(3)}$$

③ キルヒホッフの電流則（第一法則）

電気回路の基本で説明したように，導線のある断面においては，その断面に流入する電流とその断面から流出する電流は等しくなる．同様に，「回路網の中のある節点（ノード）においても，そこに流れ込む電流と流れ出る電流は等しい」．これをキルヒホッフの第一法則といい，電流に関する法則のため「電流則」ともいう．**図 10** において定義を式に書くと，以下のとおり表される．

$$I_1 + I_2 = I_3 + I_4 \qquad \text{式(4)}$$

式(4)は，電流の向きを節点に流入する電流を正とおくと，以下のとおり書き換えることができる．

$$I_1 + I_2 - I_3 - I_4 = 0 \qquad \text{式(5)}$$

節点において電流の総和は常に 0 であるといえる．

交流回路においても，受電設備の分岐箇所（節点）においても電流則が成り立つ（成り立たなければならない）．ただし，交流回路は位相があるため，ベクトル和となる点に注意が必要となる．

$$\dot{I}_1 + \dot{I}_2 = \dot{I}_3 + \dot{I}_4 \qquad \text{式(6)}$$

後述するが，記号にドット（・）を付けることでベクトル量を表す．上式は，単なる代数和としてはいけない．

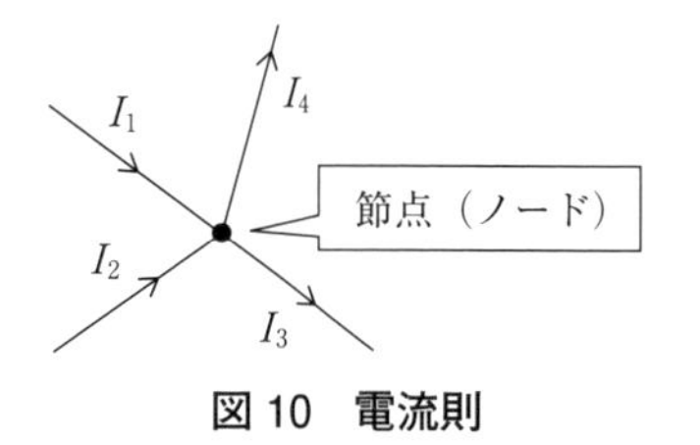

図 10　電流則

④ キルヒホッフの電圧則（第二法則）

オームの法則で説明したように，1つの起電力と1つの素子の閉回路では，必ず電圧が平衡する．同様に「回路網中のある閉回路において，起電力と逆起電力は平衡する」．これをキルヒホッフの第二法則といい，電圧に関する法則のため「電圧則」ともいう．

図 11 の回路における電圧則を式に表すと，以下のとおりとなる．

$$E_1 + E_3 + E_4 = R_1I_1 + R_2I_2 + R_3I_3 + R_4I_4 \qquad \text{式(7)}$$

起電力の和＝逆起電力の和

また，閉回路のある点からスタートして，電圧の上昇下降を経て元の地点に戻ると，電圧の増減がない元の電位になる（ならないとエネルギーの保存則に反する）．例えば点aをスタートして，回路内に描いた矢印の向きを正としたとき，起電力や逆起電力の向きが同じ場合は正，反対向きの場合は負で表すと，式(7)は以下の式に書き換えることができる．

$$-R_1I_1 + E_1 - R_2I_2 - R_3I_3 + E_3 - R_4I_4 + E_4 = 0 \qquad \text{式(8)}$$

⑤ キルヒホッフの法則の応用

次に，キルヒホッフの法則を具体的にどのように扱うか，図の例題を使って2つの応用例を説明する．キルヒホッフの法則は交流回路でも同様に成り立つ．

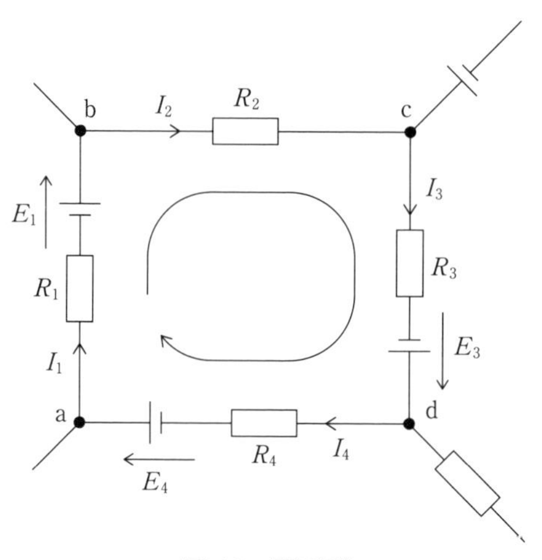

図 11　電圧則

ア．ループ法（枝電流法）

回路内の各閉回路に，電圧則に基づく式を立て電流を求める方法である．**図 12** の回路において，各枝に流れる電流を求める手順を以下に示す．

手順 1：各電流の向きを仮定する．

手順 2：各起電力，逆起電力の矢印を描く．

手順 3：節点 a に電流則を適用する．

$$I_1+I_2=I_3 \quad \text{式(9)}$$

手順 4：ループⅠに電圧則を適用して立式する．

$$\begin{aligned}24&=3I_1+12I_3\\&=3I_1+12(I_1+I_2)\\&=15I_1+12I_2 \quad \text{式(10)}\end{aligned}$$

手順 5：ループⅡに電圧則を適用して立式する．

$$\begin{aligned}16&=4I_2+12I_3\\&=4I_2+12(I_1+I_2)\\&=12I_1+16I_2 \quad \text{式(11)}\end{aligned}$$

手順 6：手順 4，5 で求めた連立方程式を解いて I_1 と I_2 を求める．

$$15I_1+12I_2=24$$
$$12I_1+16I_2=16$$
$$\therefore I_1=2\ \text{A}$$

式(10)に I_1 を代入すると，

$$15\times2+12I_2=24$$
$$\therefore I_2=-0.5\ \text{A}$$
$$\begin{aligned}I_3&=I_1+I_2\\&=2-0.5=1.5\ \text{A}\end{aligned}$$

$$I_1=2\ \text{A}$$
$$I_2=-0.5\ \text{A}$$
$$I_3=1.5\ \text{A}$$

答

イ．節点電圧法（節点方程式）

回路中のある点の電位を求めて，その点との電位差から電流を求める方法である．ここで用いられる式を節点方程式という．

電流則を適用して節点の電位を求める方法であり，回路計算の本質的な方法といえる．方程式の数は「節点－1」でよいこと，連立方程式を解かなくてよいことなど計算効率からもメリットがある．

手順 1：節点の一方の電位を V［V］，他方を基準電位 0 V とおく．

手順 2：**図 13** の節点 a に電流則を適用する．

$$I_1+I_2=I_3$$

手順 3：各枝の素子にオームの法則を適用して，電流を求める式を立てる．このとき，電流の向きに従い各点の電位と起電力の向きを考え電圧の符号を決める．

$$\text{各枝の電流}=\frac{\text{各枝間の電位差}}{\text{抵抗}}$$

$$I_1=\frac{24-V}{3}$$

※ I_1 は b 点から a 点に向かって電流が流れると仮定したので，各点の電位は，b 点が 0 V，起電力と 3 Ω の抵抗の間が 24 V，a 点の電位は 24 V より 3 Ω の抵抗の電圧降下だけ下がった V［V］と考え，マイナスとおく．

I_2 と I_3 も同様に立式する．

$$I_2=\frac{16-V}{4}$$

$$I_3=\frac{V-0}{12}$$

手順 4：手順 3 で立てた式を電流則に適用する．

$$I_1+I_2=I_3$$

$$\frac{24-V}{3}+\frac{16-V}{4}=\frac{V}{12}$$

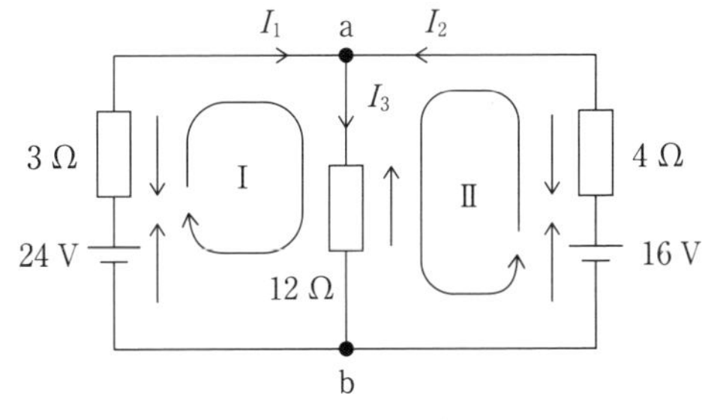

図 12　ループ法

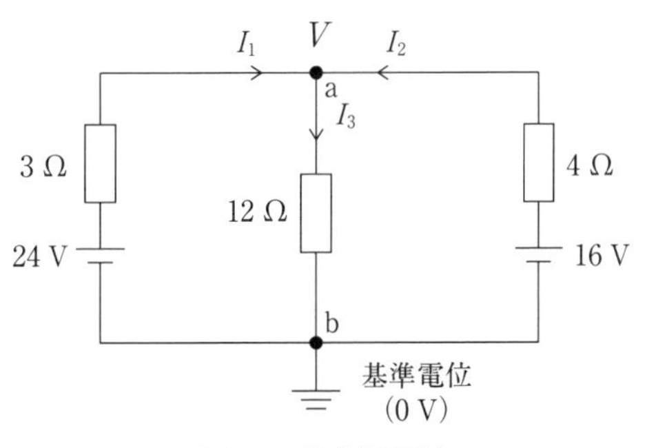

図 13　節点電圧法

上式を節点方程式という．

$$4(24-V)+3(16-V)=V$$

$$\therefore V=18\ \mathrm{V}$$

手順5：節点方程式により求めた電位Vを各枝の電流の式に代入する．

$$I_1=\frac{24-V}{3}$$

$$=\frac{24-18}{3}=2\ \mathrm{A}$$ 答

$$I_2=\frac{16-V}{4}$$

$$=\frac{16-18}{4}=-0.5\ \mathrm{A}$$ 答

$$I_3=\frac{V}{12}$$

$$=\frac{18}{12}=1.5\ \mathrm{A}$$ 答

(2) テブナンの定理

キルヒホッフの法則が基本法則であることに対し，テブナンの定理は，電源や素子が複数ある複雑な回路網において，ある部分の電流を求めたいときに効率的に計算ができる定理といえる．

テブナンの定理を表した回路をテブナン等価回路（**図14**）といい，以下の定義式が示される．

$$定義式：I=\frac{V_0}{R_0+R} \qquad 式(12)$$

複雑な回路網について，図の電源 V_0 を，内部抵抗 R_0 をもつ1つの電圧源とみなすことで，ある素子（枝）に流れる電流を単純な直列回路として立式して求めることが可能になる．ここで，

V_0：端子ab間を開放したときに現れる端子電圧

R_0：端子abから回路網を見た合成抵抗

図15の回路の真ん中の枝に流れる電流 I をテブナンの定理を使って求めてみる．

端子ab間を開放したときに現れる端子電圧 V_0 は，**図16**からキルヒホッフの電圧則より求められる．

起電力は24Vと16Vの2つがあるが，24Vを正の向きとすると16Vは逆向きとなるためマイナスの符号とする．閉回路内のループ電流 I_ℓ の向きを図のように仮定すると，

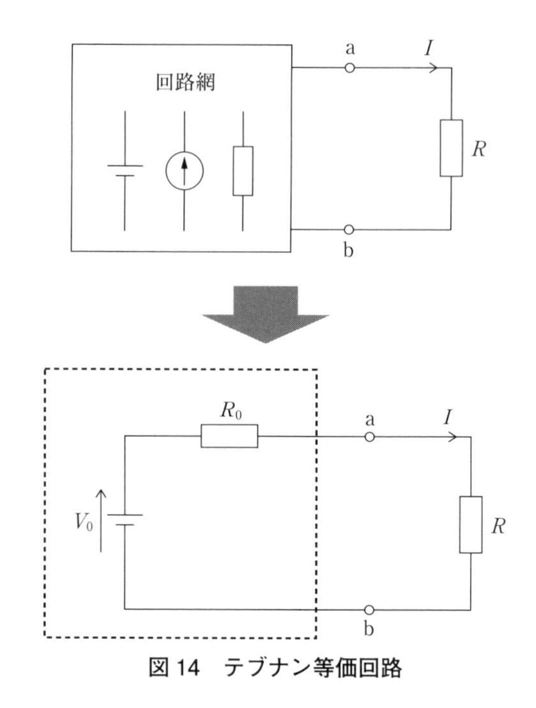

図14　テブナン等価回路

$$24-16=3I_\ell+4I_\ell$$

$$\therefore I_\ell=\frac{8}{7}\ \mathrm{A}$$

端子bの電位 V_b を基準電位（0V）にとり，ループ電流 I_ℓ から端子aの電位 V_a を求めると，

$$V_\mathrm{a}=24-3\times\frac{8}{7}=16+4\times\frac{8}{7}$$

$$=\frac{144}{7}\ \mathrm{V}$$

$$\therefore V_0=V_\mathrm{ab}=V_\mathrm{a}-V_\mathrm{b}$$

$$=\frac{144}{7}-0=\frac{144}{7}\ \mathrm{V}$$

ここまでの計算結果により，テブナン等価回路は**図17**のように表され，テブナン定義式を用いて電流を求めることができる．

$$I=\frac{V_0}{R_0+R}=\frac{\frac{144}{7}}{\frac{12}{7}+12}=\frac{144}{96}=1.5\ \mathrm{A}$$ 答

(3) 重ね合わせの理

複数の電源をもつ回路において，ある素子に流れる電流はそれぞれの電源が単独にある場合に流れる電流を足し合わせたものに等しいとの考え．

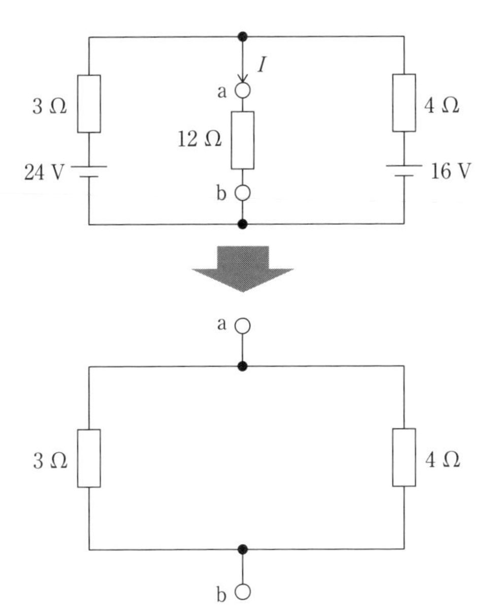

仮においた端子 ab から回路網を見た合成抵抗 R_0 は，両側の電源を短絡することで下図の並列回路で示される．

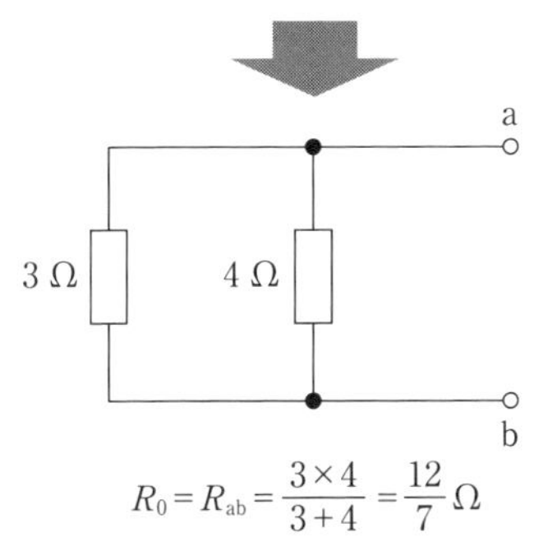

$$R_0 = R_{ab} = \frac{3 \times 4}{3+4} = \frac{12}{7}\,\Omega$$

図 15　回路の変形

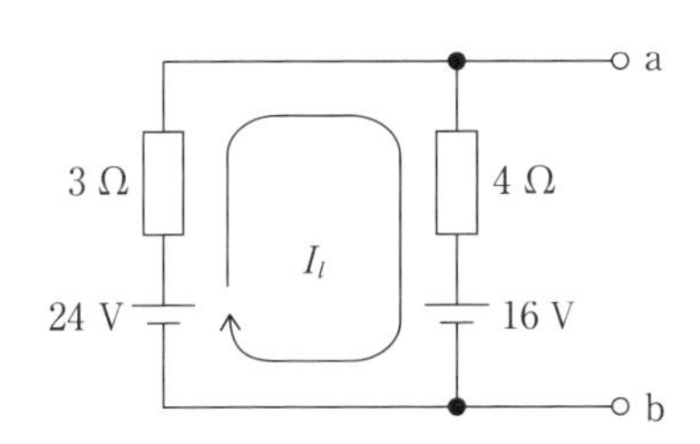

図 16　端子電圧 V_0 を求める回路図

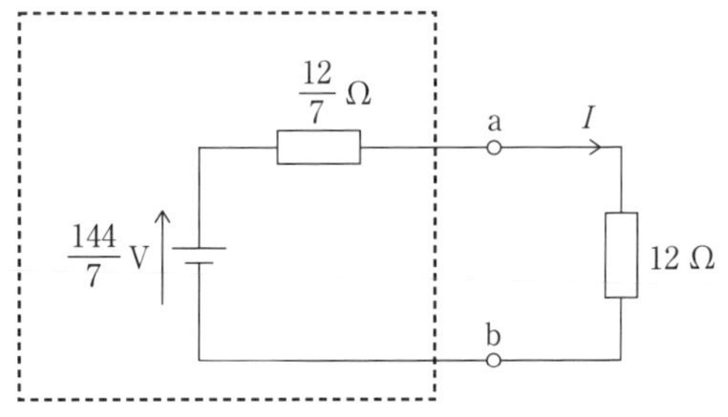

図 17　テブナン等価回路

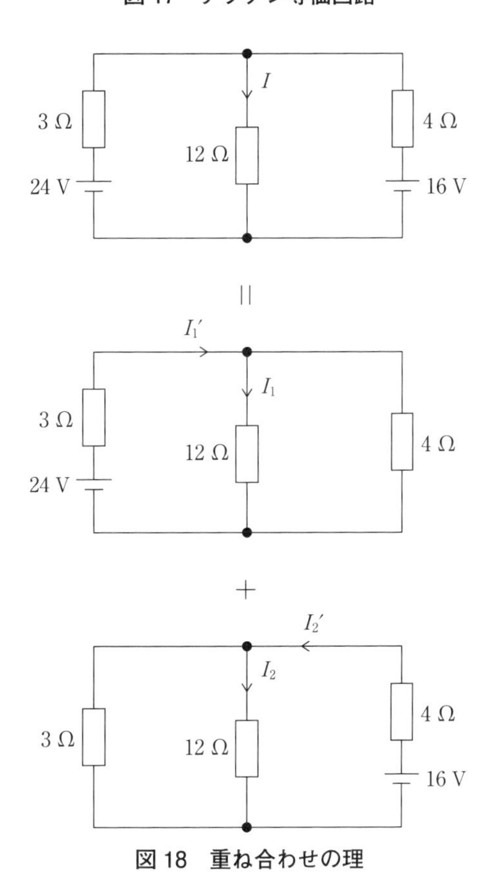

図 18　重ね合わせの理

計算にあたっては，対象とする電源以外の電圧源は短絡，電流源は開放して等価回路を考える．

図 18 のとおり，I_1 と I_2 は，一方の電源を短絡した回路として分流計算により求める．

$$I_1 = I_1' \times \frac{4}{12+4}$$

$$= \frac{24}{3 + \frac{12 \times 4}{12+4}} \times \frac{4}{12+4}$$

$$= \frac{24}{6} \times \frac{4}{16} = 1.0\ \mathrm{A}$$

$$I_2 = I_2' \times \frac{3}{12+3}$$

$$= \frac{16}{4 + \frac{12 \times 3}{12+3}} \times \frac{3}{12+3}$$

$$= \frac{240}{96} \times \frac{3}{15} = 0.5\ \mathrm{A}$$

$$\therefore I = I_1 + I_2$$

$$= 1.0 + 0.5 = 1.5\ \mathrm{A}$$ 答

ベクトルと複素数表現

(1) 交流の表し方（瞬時値と実効値）

図19は単相交流波形を表しており，正弦波交流起電力の発生原理から，起電力の瞬時値 e は以下の式で表される．

$$e=E_{\mathrm{m}}\sin\omega t\ [\mathrm{V}] \qquad \text{式(13)}$$

上式で E_{m}[V]は最大値，ω は角周波数 [rad/s] を表す．最大値の添え字は maximum の頭文字の m を表している．電流の瞬時値も同様に小文字の i [A] と表記する．

一般的に用いている電圧 100 V や 6 600 V，電圧計や電流計など指示計器の表示は実効値であり，添え字を付けずに V や I の大文字で表す．

実効値の定義は**図20**のように，直流起電力 E [V] の電源と交流起電力 e [V] の電源にそれぞれ R [Ω] の抵抗をつなぐと，時間 t [s] において抵抗に熱エネルギー（電力量）が発生する．このとき発生する電力量が等しいとき，この直流の電圧 E [V] または電流 I [A] を実効値という．

図20において，それぞれの回路の周期 T の電力量が等しいとしたとき，以下の式が成り立つ．

$$I^2RT=\int_0^T i^2R\mathrm{d}t\ [\mathrm{J}]$$

よって，実効値 I は以下の式で表される．

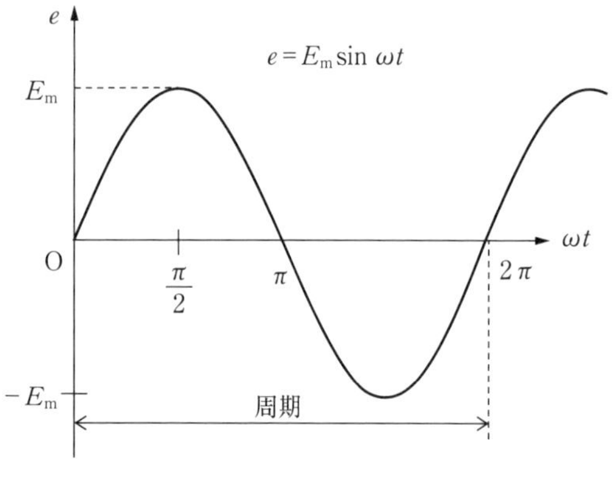

図19　正弦波交流起電力

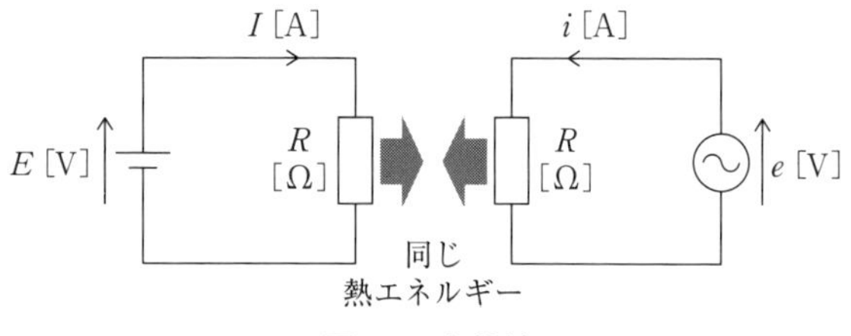

図20　実効値

$$I=\sqrt{\frac{1}{T}\int_0^T i^2\mathrm{d}t}\ [\mathrm{A}]$$

ただし，$i=I_{\mathrm{m}}\sin\omega t$ [A]（I_{m} [A]：最大値）

上式を文字で表すと，

$$I=\sqrt{(I_{\mathrm{m}}\sin\omega t)^2\text{の平均値}}$$

となり，瞬時値の2乗和（square）の平均（mean）の平方根（root）から，実効値を rms 値や E_{rms}，I_{rms} と表記する場合もある．

ここで，i^2 の平均を1周期で考えると，

$$i^2=I_{\mathrm{m}}^2\sin^2\omega t=\frac{I_{\mathrm{m}}^2}{2}(1-\cos 2\omega t)$$

［倍角の公式 $\cos 2\alpha=1-2\sin^2\alpha$ から，

$$\therefore \sin^2\alpha=\frac{1-\cos 2\alpha}{2}$$ ］

右辺カッコ内の第2項は1周期を平均するとゼロになるので，以下のとおり書き直すと，

$$I=\sqrt{\frac{I_{\mathrm{m}}^2}{2}}=\frac{I_{\mathrm{m}}}{\sqrt{2}}$$

$$\therefore\quad I=\frac{I_{\mathrm{m}}}{\sqrt{2}}\ [\mathrm{A}] \qquad \text{式(14)}$$

交流における実効値は，最大値の $1/\sqrt{2}$ となることがわかる．よって瞬時値の式は以下のとおり書き直すことができる．

$$i=I_{\mathrm{m}}\sin\omega t=\sqrt{2}\,I\sin\omega t\ [\mathrm{A}] \qquad \text{式(15)}$$

電圧の場合も同様に，

$$e=E_{\mathrm{m}}\sin\omega t=\sqrt{2}\,E\sin\omega t\ [\mathrm{V}] \qquad \text{式(16)}$$

実務とのつながり

- 一般的に用いる電圧や電流の大きさは実効値である．
- 多くの計測器の表示は実効値である．
- 実効値の $\sqrt{2}$ 倍が最大値であり，高圧 6 600 V のケーブルや機器には，周期的に最大値として約 9 340 V の電圧がかかっている．

(2) 複素数

交流計算では，常に位相を意識することが重要であり，そのために複素数を自在に操れる（変換できる）ことが必須となる．

複素数は実部と虚部を組み合わせた数字で，以下の式で表される．

$\alpha = a + \mathrm{j}b$ 　式(17)

ここで a を実部（リアルパート），b を虚部（イマジナリーパート），j を虚数単位という．通常虚数単位は i を使うが，電気工学では電流の瞬時値 i と混同しないよう j を使い，虚部の前におく．

また，虚部の符号を反対にしたものを共役複素数と呼び，$\bar{\alpha}$ は「α（アルファ）バー」と読む．複素電力の計算でよく使われる．

$\bar{\alpha} = a - \mathrm{j}b$ 　式(18)

複素数は複素平面上で表すことで位置ベクトルの x 軸，y 軸に対応できることから，交流回路計算では複素数をさまざまな関数を使って表現している．

図 21 で，複素数 $\dot{Z}$（$= a + \mathrm{j}b$）を，O を始点として複素平面上の点（$a + \mathrm{j}b$）を結ぶと，大きさと向きをもったベクトルとして表すことができる．記号にドット（・）を付けることでベクトル量を表す．

大きさ（絶対値）Z は，ピタゴラスの定理から以下のとおり表すことができる．

$|\dot{Z}| = Z = \sqrt{a^2 + b^2}$ 　式(19)

また偏角 θ は以下の式で示される．

$$\theta = \tan^{-1}\frac{b}{a} \text{ [rad]}$$

$$\because \frac{b}{a} = \tan\theta$$

上式の $\tan^{-1}$ は「アークタンジェント」とよぶ．

交流計算では，電圧，電流，電力の各ベクトルを複素平面上に表すことで，有効分（実軸）と無効分（虚軸）とに分解することができる．また，複素平面上に直角三角形をつくることでピタゴラスの定理が使えるため，簡単な計算は方程式を立てずにベクトルだけで計算が可能となる．

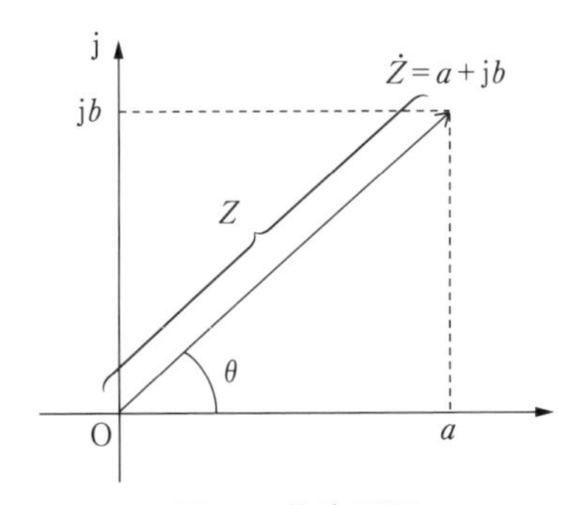

図 21　複素平面

(3) ベクトルの表し方

交流計算において，ベクトルの大きさは実効値，偏角は位相角を，実部は有効分を，虚部は無効分を意味する．ベクトルの表し方は図 21 で表した直交座標表示（$\dot{Z} = a + \mathrm{j}b$）のほかに，以下の 3 つの表し方がある．

① 極座標表示

$\dot{Z} = a + \mathrm{j}b$

$\quad = Z\angle\theta$ 　式(20)

ただし，$Z = \sqrt{a^2 + b^2}$

$$\theta = \tan^{-1}\frac{b}{a}$$

② 三角関数表示

三角関数を用いると，実部と虚部は図 21 よりそれぞれ $a = Z\cos\theta$，$b = Z\sin\theta$ と表されるので，

$\dot{Z} = a + \mathrm{j}b$

$\quad = Z\cos\theta + \mathrm{j}Z\sin\theta$

$\quad = Z(\cos\theta + \mathrm{j}\sin\theta)$ 　式(21)

③ 指数関数表示

指数関数表示は，三角関数表示にオイラーの公式（$\varepsilon^{\mathrm{j}\theta} = \cos\theta + \mathrm{j}\sin\theta$）を用いることで以下の式で表すことができる．

$\dot{Z} = Z(\cos\theta + \mathrm{j}\sin\theta)$

$\quad = Z\varepsilon^{\mathrm{j}\theta}$ 　式(22)

各表記方法で虚部または角度が＋（プラス）で表されているのは，ベクトルが直交座標上（複素平面上）の第一象限および第二象限にあることを意味している．ベクトルを描く際，位相の遅れや進みの定義を明確にしておく必要がある．

力率と位相

(1) 位相

交流回路は直流回路と異なり，リアクトルやコンデンサに交流電流が流れると，各素子に発生す

る逆起電力と電流に位相（差）が生じる．この位相差により電圧，電流，電力は有効分と無効分に分けて考える必要があり，その計算のために複素数が必要となる．位相の理解は交流回路計算において大変重要である．

いま，以下の式で表される電圧 e［V］と電流 i［A］について，**図 22** に瞬時値の波形，ベクトル図を示す．

$e=\sqrt{2}E\sin\omega t$［V］

$i=\sqrt{2}I\sin(\omega t-\theta)$［A］

瞬時値の式に書かれている ωt や $(\omega t-\theta)$ を位相または位相差という．θ を位相角といい，単位は［rad］（ラジアン）で表す．位相角 θ の符号は，マイナスは遅れ，プラスは進みを表す．図 22 のような波形では，角度0° を基準に左を進み，右を遅れとしているため，電流 i は電圧 e より位相が θ［rad］遅れであることを表している．

ベクトル図では反時計方向を進み，時計方向を遅れとしている．

位相差は相対的な表現であり，基準を何にとるかで表現が違ってくる．**図 23** で $\dot{E}_3$ を基準とすると $\dot{E}_1$ は θ_3［rad］進み，$\dot{E}_2$ は $(\theta_2+\theta_3)$［rad］進みといえる．

ある回路網中で，大きさは同じだが位相が違っている 2 点の電圧 $\dot{V}_1$，$\dot{V}_2$ がある．**図 24** のようにベクトル図で表すと，両者には位相差 φ［rad］により電位差 ΔV が生じることが一目瞭然にわかる．その間にインピーダンスがあれば，電位差 ΔV により電流が流れる．特別高圧受電設備のループ切換時などには配慮が必要となる理由である．

直流回路では，電流は電位の高いほうから低いほうに流れるが，交流では位相が進んでいるほうから遅れているほうに電流（有効電力）が流れる．例えば，系統連系している太陽光発電設備では，連系点の系統電圧に比べ発電側の位相を進ませることで系統側に電力を供給している．

（2）基準ベクトル

ベクトル図を描く際は，電圧や電流に含まれる実部と虚部を表すため複素平面上で表す必要があり，基準となるベクトルを決めてそのベクトルから描くと描きやすい．一般的に基準ベクトルは実軸（x 軸）上に描く．

直列回路では，各素子に共通なのは電流なので，電流を基準ベクトルとするが，並列回路では電圧が共通となるため，電圧を基準ベクトルとして描くことを基本としている．

電圧降下計算や短絡電流計算の際は，等価回路を送電端（変電所または変圧器側）と受電端（需要家側または構内末端）で表す必要があるため，その場合は受電端電圧を基準ベクトルとする（**図25**）．

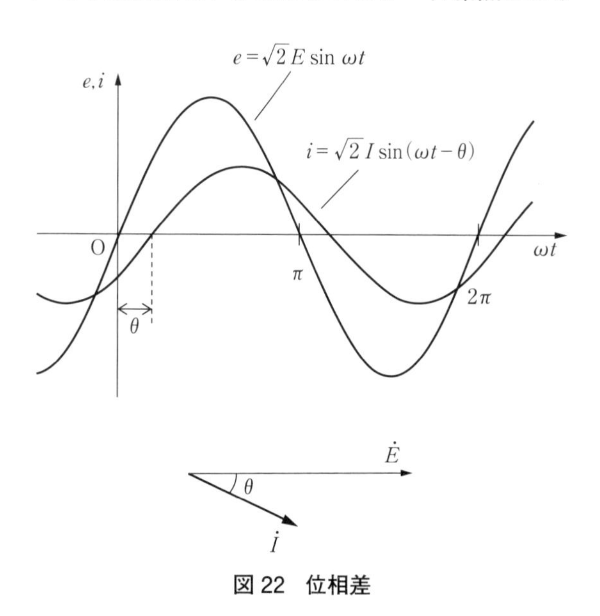

図 22　位相差

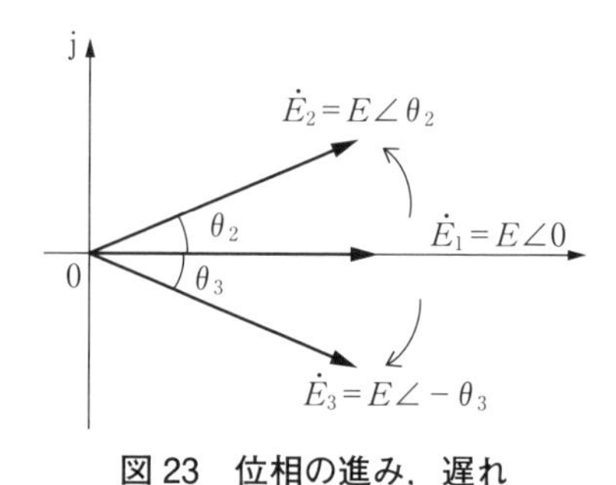

図 23　位相の進み，遅れ

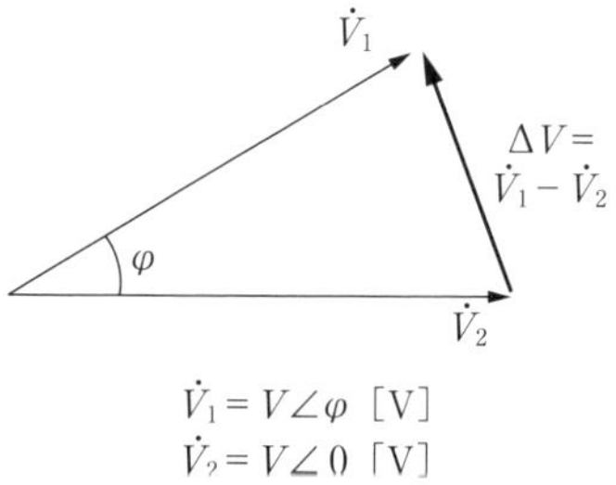

$\dot{V}_1$

$\Delta V=\dot{V}_1-\dot{V}_2$

φ

$\dot{V}_2$

$\dot{V}_1=V\angle\varphi$［V］

$\dot{V}_2=V\angle 0$［V］

図 24　大きさが同じ電圧

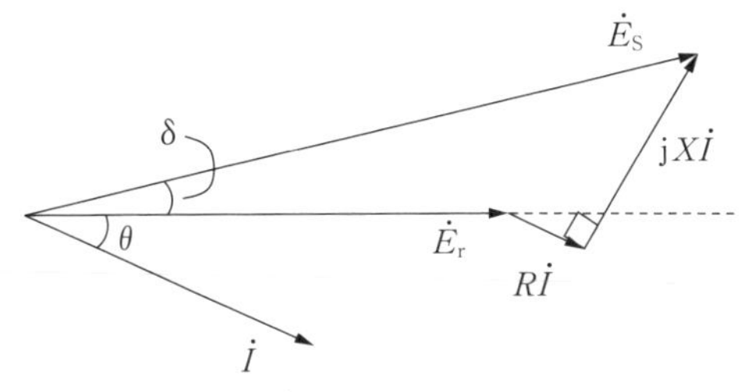

(a) 電圧 $\dot{E}_r$ が基準ベクトルの場合

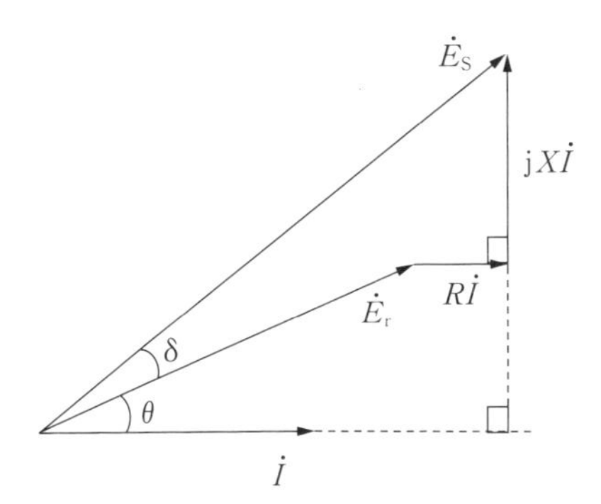

(b) 電流 $\dot{I}$ が基準ベクトルの場合

図 25　基準ベクトル

位相を表現する際は，基準ベクトルを基準に，遅れまたは進みと表現する．

相電圧と線間電圧

電力系統は，大電力を効率良く送電するため三相交流を使用している．三相交流は三相 3 線式で送電または配電されている．ここでは，交流の主流である三相交流の基礎的事項について説明したい．

(1) 三相交流

三相 3 線式は，大部分の送電線路や動力負荷に供給する配電線路に用いられており，以下の特徴がある．

① 同一の電圧・電力・損失・距離の場合の電線の重量比は，単相 2 線式の 75 % であり，電線の使用量を節約できる．

② 同一の電圧・電流の場合の電線 1 本あたりの送電電力は単相 2 線式の 115 % であり，効率的である．

③ 三相交流から単相交流を取り出すことができる．

④ 回転磁界が容易に得られる．

三相交流は位相が 120° ずつ異なる 3 つの単相起電力が組み合わさった交流であり，3 つの単相交流回路で説明することができる．

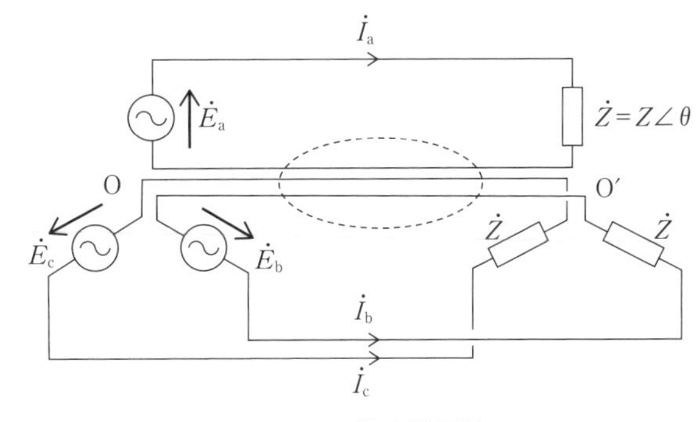

図 26　三相交流回路

図 26 のように，$\dot{E}_a$，$\dot{E}_b$，$\dot{E}_c$ の各単相起電力に負荷 $\dot{Z}$ を接続すると電流 $\dot{I}_a$，$\dot{I}_b$，$\dot{I}_c$ が流れる．各起電力の瞬時値は以下のとおり表される．

$$e_a=\sqrt{2}E\sin\omega t\ [\mathrm{V}] \quad \text{式(23)}$$

$$e_b=\sqrt{2}E\sin\left(\omega t-\frac{2}{3}\pi\right)\ [\mathrm{V}] \quad \text{式(24)}$$

$$e_c=\sqrt{2}E\sin\left(\omega t-\frac{4}{3}\pi\right)\ [\mathrm{V}] \quad \text{式(25)}$$

各電圧は，実効値が E で位相が $\frac{2}{3}\pi$ ずつ異なるため，指数関数表示では以下の式で示される．

$$\dot{E}_a=E\varepsilon^{j0} \quad \text{式(26)}$$

$$\dot{E}_b=E\varepsilon^{-j\frac{2}{3}\pi} \quad \text{式(27)}$$

$$\dot{E}_c=E\varepsilon^{-j\frac{4}{3}\pi} \quad \text{式(28)}$$

各電流は，オームの法則より，

$$\dot{I}_a=\frac{\dot{E}_a}{\dot{Z}}=\frac{E}{Z\varepsilon^{j\theta}}=\frac{E}{Z}\varepsilon^{-j\theta}=I\varepsilon^{-j\theta} \quad \text{式(29)}$$

$$\dot{I}_b=\frac{\dot{E}_b}{\dot{Z}}=\frac{E\varepsilon^{-j\frac{2}{3}\pi}}{Z\varepsilon^{j\theta}}=\frac{E}{Z}\varepsilon^{-j\left(\frac{2}{3}\pi+\theta\right)}=I\varepsilon^{-j\left(\frac{2}{3}\pi+\theta\right)} \quad \text{式(30)}$$

$$\dot{I}_c=\frac{\dot{E}_c}{\dot{Z}}=\frac{E\varepsilon^{-j\frac{4}{3}\pi}}{Z\varepsilon^{j\theta}}=\frac{E}{Z}\varepsilon^{-j\left(\frac{4}{3}\pi+\theta\right)}=I\varepsilon^{-j\left(\frac{4}{3}\pi+\theta\right)} \quad \text{式(31)}$$

と表され，大きさは同じ I で，位相が各電圧から θ 遅れの電流となることがわかる．また，**図 27** のベクトル図からもわかるように，電流のベクトル和は以下の式で表されるとおりゼロとなる．

$$\dot{I}_a+\dot{I}_b+\dot{I}_c=0 \quad \text{式(32)}$$

よって，図 26 中央の点線で囲った部分の電線には電流が流れない，つまり各単相回路の帰りの電線は不要でよいことになり，**図 28** の三相平衡回路として表すことができる．

図 28 の中央の O−O′ 間の点線は本来なくてよいが，回路計算の便宜上必要な電線であり，これを仮想中性線という．また O，O′ を中性点という．

(2) ベクトルオペレータ *a*

三相各相の電圧や電流は，前述した指数関数表示のほかに，ベクトルオペレータ a を使うことでさらに簡略して表現できる．

$$\dot{E}_{\mathrm{a}} = E\varepsilon^{\mathrm{j}0} = E(\cos 0 + \mathrm{j}\sin 0) = E \qquad \text{式(33)}$$

$$\dot{E}_{\mathrm{b}} = E\varepsilon^{-\mathrm{j}\frac{2}{3}\pi} = E\left\{\cos\left(-\frac{2}{3}\pi\right) + \mathrm{j}\sin\left(-\frac{2}{3}\pi\right)\right\} = E\left(-\frac{1}{2} - \mathrm{j}\frac{\sqrt{3}}{2}\right) = a^2E \qquad \text{式(34)}$$

$$\dot{E}_{\mathrm{c}} = E\varepsilon^{-\mathrm{j}\frac{4}{3}\pi} = E\left\{\cos\left(-\frac{4}{3}\pi\right) + \mathrm{j}\sin\left(-\frac{4}{3}\pi\right)\right\} = E\left(-\frac{1}{2} + \mathrm{j}\frac{\sqrt{3}}{2}\right) = aE \qquad \text{式(35)}$$

上式からベクトルオペレータ a は，複素数として次の式で表される．

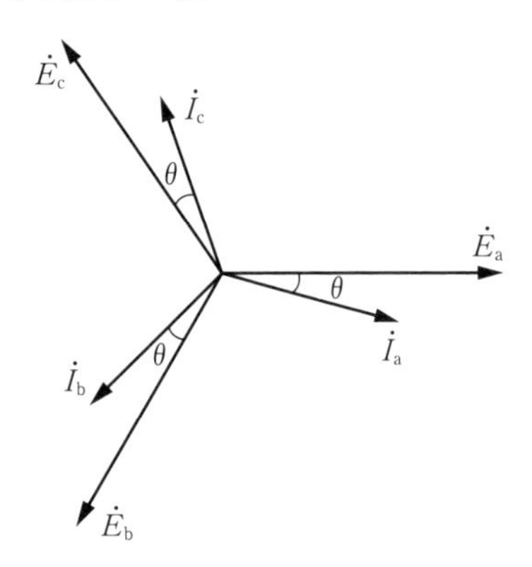

図 27　三相交流のベクトル図

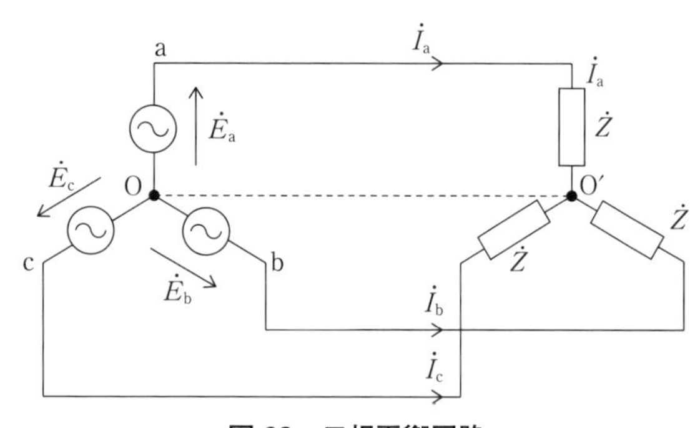

図 28　三相平衡回路

$$a = -\frac{1}{2} + \mathrm{j}\frac{\sqrt{3}}{2} \qquad \text{式(36)}$$

$$a^2 = -\frac{1}{2} - \mathrm{j}\frac{\sqrt{3}}{2} \qquad \text{式(37)}$$

式(36)，式(37) を複素平面上で表すと，**図 29** のとおり表され，ベクトル図から以下の式が成り立つ．

$$E + a^2E + aE = 0$$

$$E(1 + a^2 + a) = 0$$

$$\therefore 1 + a + a^2 = 0 \qquad \text{式(38)}$$

ベクトルオペレータは，あるベクトルに a をかけると位相を $\frac{2}{3}\pi$（120°）進ませ，a で割ると $\frac{2}{3}\pi$（120°）遅らせることができる．

(3) 結線方式

三相交流では，変圧器や負荷の結線方式により電圧と電流の表し方が違うため，各結線の正しい理解が必要である．

電力系統の変電所の結線方式は，発電所の昇圧用変圧器に Δ−Y 結線が使われる以外は，超高圧変電所から配電用変電所まで Y−Y−Δ 結線が広く採用されている．

① 星形結線（Y 結線）

星形結線は Y 結線またはスター結線という．この結線の特徴を以下に示す．

- 中性点を接地できるため，地絡保護が容易になる．

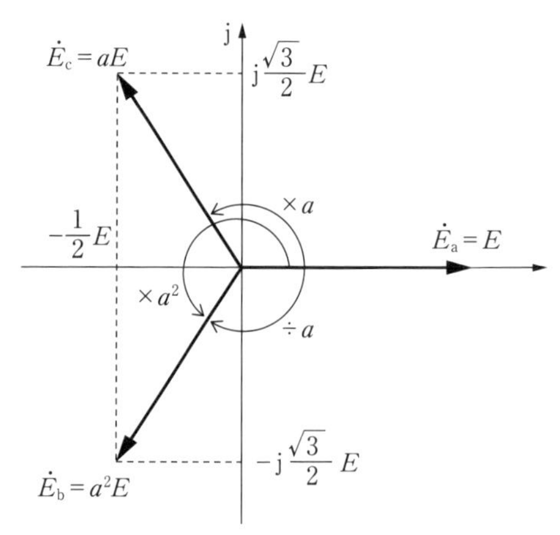

図 29　ベクトルオペレータ

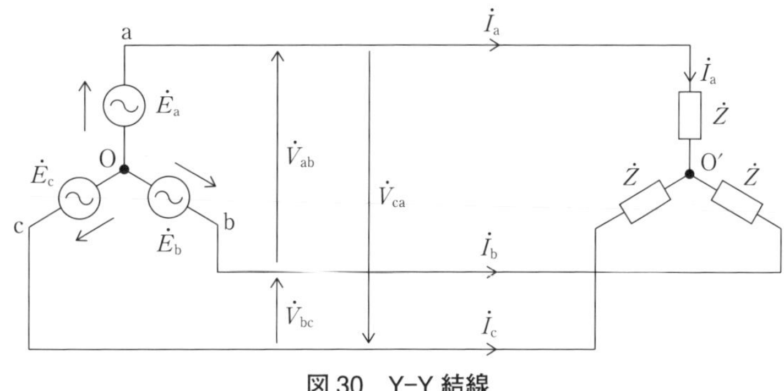

図 30　Y–Y 結線

・相電圧が線間電圧の $1/\sqrt{3}$ 倍となり，機器の絶縁が容易である．
・中性点を接地すると，系統に第 3 調波電流が流れるため通信線に誘導障害を与える．これを防ぐため，送電用変圧器では Δ 結線の三次巻線を設け，Y–Y–Δ 結線としている．

図 30 は電源側，負荷側とも Y 形で接続された Y–Y 結線（線路インピーダンスは無視）を表している．$\dot{E}_a$，$\dot{E}_b$，$\dot{E}_c$ を相電圧，$\dot{V}_{ab}$，$\dot{V}_{bc}$，$\dot{V}_{ca}$ を線間電圧という．電源，負荷の各相に流れる電流を相電流，各線に流れる電流を線電流といい，図で明らかなように，Y–Y 結線では相電流と線電流は同じ電流となる．

Y 結線における相電圧と線間電圧の関係は，三相交流（もしくは交流理論）の肝の 1 つなので，しっかりと理解していただきたい．

図 31(a)のとおり，相電圧 $\dot{E}_a$，$\dot{E}_b$ と線間電圧 $\dot{V}_{ab}$ を例にとって説明する．「**電気回路の諸定理 (1) 電気回路の基礎的事項**」で説明したように，線間電圧 $\dot{V}_{ab}$ は，b 点の電位（$\dot{E}_b$ [V] ≠ 0 V）に対する a 点の電位（$\dot{E}_a$ [V]）となるので，以下の式で求めると，

$$\begin{aligned}\dot{V}_{ab} &= \dot{E}_a - \dot{E}_b \\ &= E - a^2E = E(1-a^2) \\ &= E\left\{1-\left(-\frac{1}{2}-\mathrm{j}\frac{\sqrt{3}}{2}\right)\right\} \\ &= E\left(\frac{3}{2}+\mathrm{j}\frac{\sqrt{3}}{2}\right) \\ &= \sqrt{3}\,E\left(\frac{\sqrt{3}}{2}+\mathrm{j}\frac{1}{2}\right)\end{aligned}$$

$$\therefore \dot{V}_{ab} = \sqrt{3}\,E\varepsilon^{\mathrm{j}\frac{\pi}{6}} \qquad \text{式(39)}$$

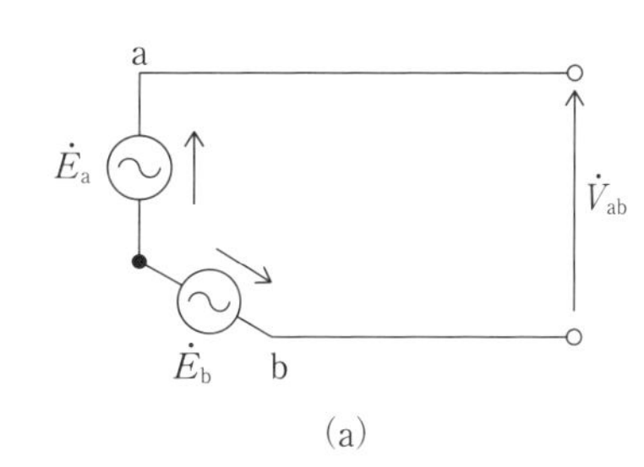

(a)

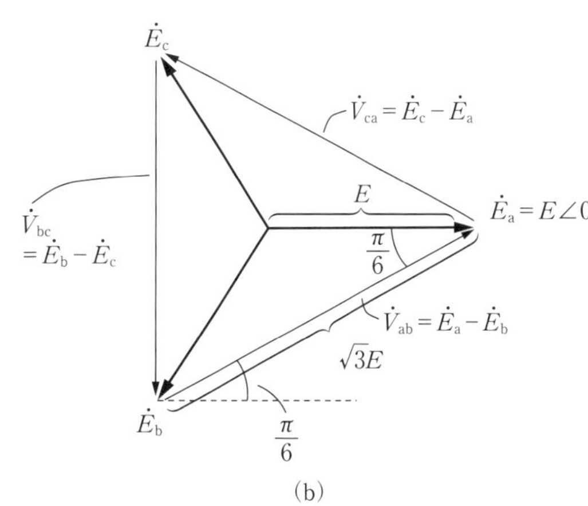

(b)

図 31　相電圧と線間電圧

$$\left(\begin{aligned}&\because \theta = \cos^{-1}\frac{\sqrt{3}}{2} = \frac{\pi}{6} \\ &\varepsilon^{\mathrm{j}\frac{\pi}{6}} = \cos\frac{\pi}{6} + \mathrm{j}\sin\frac{\pi}{6} \\ &\qquad = \frac{\sqrt{3}}{2} + \mathrm{j}\frac{1}{2}\end{aligned}\right.$$

線間電圧は相電圧と比べ，大きさが $\sqrt{3}$ 倍で位相が $\frac{\pi}{6}$ 進みということが図(b)でもわかる．

実務とのつながり

・一般に電圧とは，線間電圧を指している．（動力の 200 V や高圧 6 600 V など）

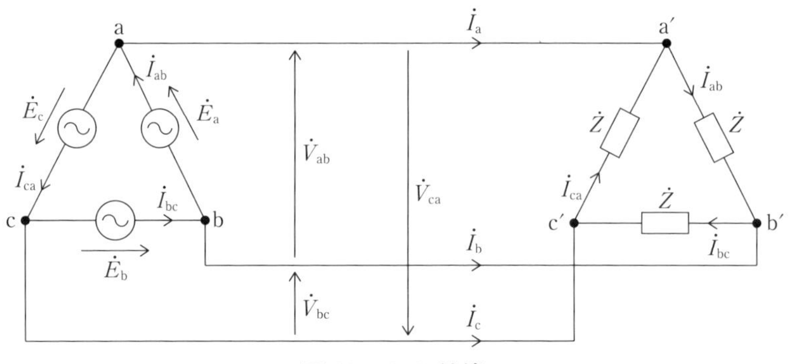

図 32　Δ–Δ 結線

・(線間電圧) $V=\sqrt{3}\times$(相電圧)E

・線間電圧は相電圧より位相が $\frac{\pi}{6}$ [rad] (30°) 進んでいる.

・相電圧は対地電圧と等しい.

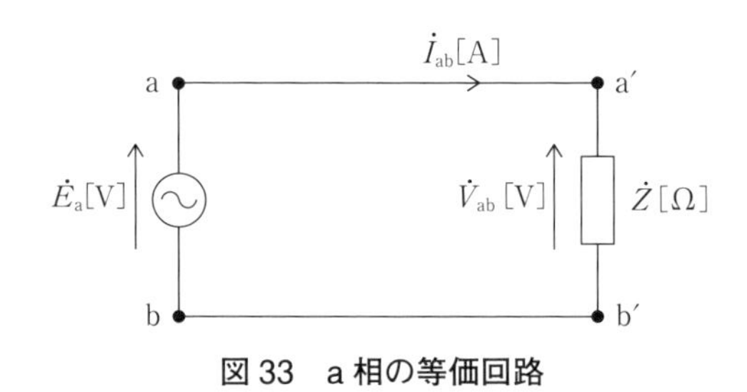

図 33　a 相の等価回路

② 三角結線 (Δ 結線)

三角結線は Δ (デルタ) 結線ともいう. この結線の特徴を以下に示す.

・巻線内に第 3 調波電流が流れるため, 相電圧 (または誘導起電力) が正弦波になる.
・単相変圧器の場合, 1 台が故障しても V 結線として運転できる.
・中性点が接地できないため, 地絡保護用に接地用変圧器が必要となる.

図 32 は電源側, 負荷側とも Δ 形で接続された Δ–Δ 結線 (線路インピーダンスは無視) を表している. Δ–Δ 結線では, 図から明らかなように, 相電圧 ($\dot{E}_a$, $\dot{E}_b$, $\dot{E}_c$) と線間電圧 ($\dot{V}_{ab}$, $\dot{V}_{bc}$, $\dot{V}_{ca}$) はそれぞれ等しい (場所により名称を変えているだけ).

一方電流は, 相電流 ($\dot{I}_{ab}$, $\dot{I}_{bc}$, $\dot{I}_{ca}$) と線電流 ($\dot{I}_a$, $\dot{I}_b$, $\dot{I}_c$) とでは大きさも位相も異なる. それぞれの関係について説明する.

図 32 の各節点 a と a′, b と b′ を見ると, 「**電気回路の諸定理 (1) 電気回路の基礎的事項**」で説明したように, 導線でつながっているだけなので同電位であることがわかる.

つまり, 各負荷のインピーダンス $\dot{Z}$ には各起電力の相電圧 ($\dot{E}_a$, $\dot{E}_b$, $\dot{E}_c$) が直接加わっているため, 相電流は**図 33** の単相回路から次の式で求めることができる. また, 各負荷のインピーダンス $\dot{Z}$ が等しいことから, 各相電流は大きさが等しく位相が 120° ずれた三相平衡電流となる.

$$\dot{I}_{ab}=\frac{\dot{E}_a}{\dot{Z}} \qquad \text{式(40)}$$

$$\dot{I}_{bc}=\frac{\dot{E}_b}{\dot{Z}} \qquad \text{式(41)}$$

$$\dot{I}_{ca}=\frac{\dot{E}_c}{\dot{Z}} \qquad \text{式(42)}$$

また, 負荷側の各節点 (a′, b′, c′) において, キルヒホッフの電流則を適用すると各線電流は以下の式で表される. 各相電流が平衡しているため, 各線電流も平衡することがわかる.

$$\dot{I}_a=\dot{I}_{ab}-\dot{I}_{ca} \qquad \text{式(43)}$$

$$\dot{I}_b=\dot{I}_{bc}-\dot{I}_{ab} \qquad \text{式(44)}$$

$$\dot{I}_c=\dot{I}_{ca}-\dot{I}_{bc} \qquad \text{式(45)}$$

上式についてベクトル図を描くと**図 34** のようになる. 各線電流は各相電流 ($\dot{I}_{ab}$, $\dot{I}_{bc}$, $\dot{I}_{ca}$) と比べ, 大きさが $\sqrt{3}$ 倍で位相が $\frac{\pi}{6}$ 遅れということがわかる.

実務とのつながり

・(線電流) $=\sqrt{3}\times$(相電流)

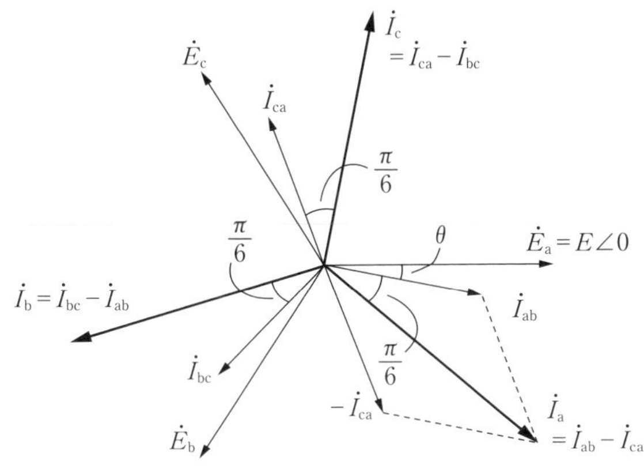

図 34　相電流と線電流

・線電流は相電流より位相が $\frac{\pi}{6}$［rad］（30°）遅れている．

交流電力

（1）有効電力，無効電力，皮相電力，力率

交流は直流と異なり，電圧と電流に位相差があることから，電圧の実効値と電流の実効値の積で表される電力を含め，合わせて3種類の電力がある．

交流電力は，電圧や電流と同様に瞬時値の理解が大切である．**図 35** の RL 直列回路に起電力 e［V］を加えた場合の電力を例に説明する．

回路に電流 i［A］が流れると負荷（$R+jX_L$）には逆起電力 v［V］が発生する．電圧と電流の瞬時値の積で表される交流電力を瞬時電力 p［W］といい，以下の式で示される．

$$v = e = \sqrt{2}\,V\sin\omega t\ \text{[V]}$$
$$i = \sqrt{2}\,I\sin(\omega t - \theta)\ \text{[A]}$$
$$p = vi$$
$$= \sqrt{2}\,V\sin\omega t\cdot\sqrt{2}\,I\sin(\omega t-\theta)$$
$$= 2VI\sin\omega t\cdot\sin(\omega t-\theta)$$
$$= VI\cos\theta - VI\cos(2\omega t-\theta)\ \text{[W]}\quad\text{式(46)}$$

三角関数の公式 $2\sin\alpha\cdot\sin\beta = \cos(\alpha-\beta) - \cos(\alpha+\beta)$ より，$\omega t = \alpha$，$(\omega t-\theta) = \beta$ とおくと，

$$2\sin\omega t\cdot\sin(\omega t-\theta)$$
$$= \cos\{\omega t-(\omega t-\theta)\} - \cos\{\omega t+(\omega t-\theta)\}$$
$$= \cos\theta - \cos(2\omega t-\theta)$$
$$\therefore \sin\alpha\cdot\sin\beta = \frac{1}{2}\{\cos\theta - \cos(2\omega t-\theta)\}$$

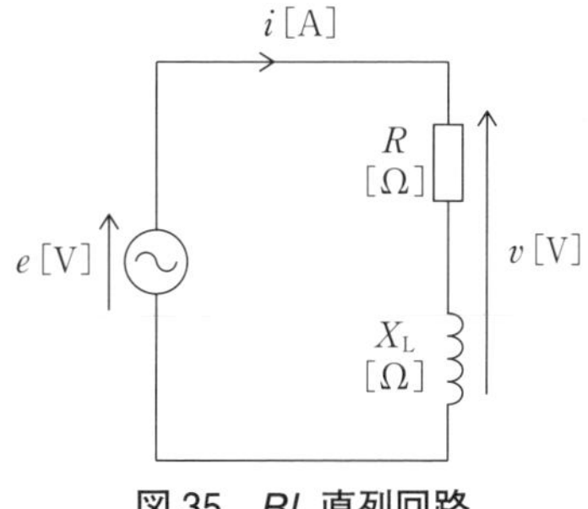

図 35　RL 直列回路

式(46)の第 1 項は時間に関係しない一定の量で，第 2 項は 1 周期を平均するとゼロになる．

交流電力 P の定義は，「瞬時電力の 1 周期間の平均値」とされているので，式(46)から第 2 項を除いた以下の式で表される．

$$P = VI\cos\theta\ \text{[W]}\qquad\text{式(47)}$$

この平均電力 P は，負荷で照明を点灯しモータを動かし，IH クッキングヒータでお湯を沸かすなど電気機器で消費されるため消費電力または有効電力という．

図 36 は電圧 v，電流 i，瞬時電力 p，平均電力 P を表している．瞬時電力 p の正（プラス）の面積と負（マイナス）の面積の差が平均電力 P となる．また，電圧 v の最大値 V_m と電流 i の最大値 I_m の積が，瞬時電力 p の最大値になっていない（$V_mI_m \neq P_m$）ことがわかる．つまり，電圧と電流に位相差があると，電圧と電流の積で表される電力に比べ平均電力（有効電力）は小さくなる．

図35の逆起電力の実効値 V と電流の実効値 I の積で表される電力を，見かけの電力という意味で皮相電力 S といい，以下の式で示される．

$$S = VI\ \text{[V·A]}\qquad\text{式(48)}$$

皮相電力 S は変圧器や発電機の容量表示に使われており，使用電圧により電気機器の体格（サイズ）が判断しやすく価格の目安となる．

皮相電力 S は負荷に電力エネルギーとして供給される電力であり，皮相電力 S に対する有効電力 P の割合を，「受電（または供給）電力を有効に使用する比率」という意味で力率といい，以下の式で示される．

$$\text{力率}\ \cos\theta = \frac{P}{S}\qquad\text{式(49)}$$

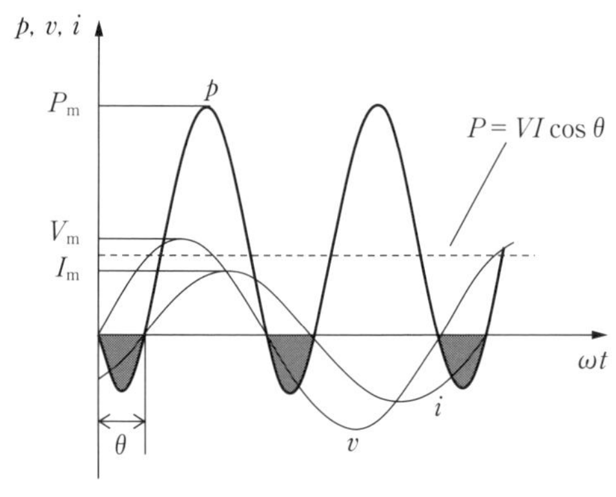

図 36　瞬時電力

ここで θ を力率角という．力率は0～1または0～100％で表され，1または100％に近いほど，受電電力が有効に活用されていることを表している．

有効電力は抵抗 R で消費される電力なのに対し，リアクトル（L）やコンデンサ（C）で必要な電力を無効電力 Q といい，以下の式で表される．機器で消費される電力ではないが，電圧維持のために必要な電力である．

$$Q = VI\sin\theta \ [\mathrm{var}] \qquad 式(50)$$

無効電力は，リアクトル（L）に起因するものを遅れ無効電力，コンデンサ（C）に起因するものを進み無効電力という．

(2) 三相電力

三相交流は，一相分の等価回路から単相回路として計算できることを述べたが，ここで一相分の各電力を相電圧 E で表すと，以下の式で表される．

一相分の有効電力　$P_1 = EI\cos\theta$ ［W］

一相分の無効電力　$Q_1 = EI\sin\theta$ ［var］

一相分の皮相電力　$S_1 = EI$ ［V・A］

三相電力は各相の電力の和として求めることができるため，有効電力 P_3，無効電力 Q_3，皮相電力 S_3 は一相分の電力の3倍として以下の式で表される．

$P_3 = 3EI\cos\theta$ ［W］

$Q_3 = 3EI\sin\theta$ ［var］

$S_3 = 3EI$ ［V・A］

上式の相電圧 E を一般的に使う線間電圧 V に変換すると，以下の式で表される．

$$P_3 = \sqrt{3}\,VI\cos\theta \ [\mathrm{W}] \qquad 式(51)$$

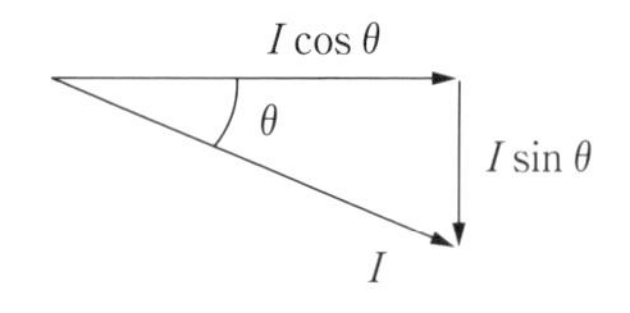

(a) 電流ベクトル

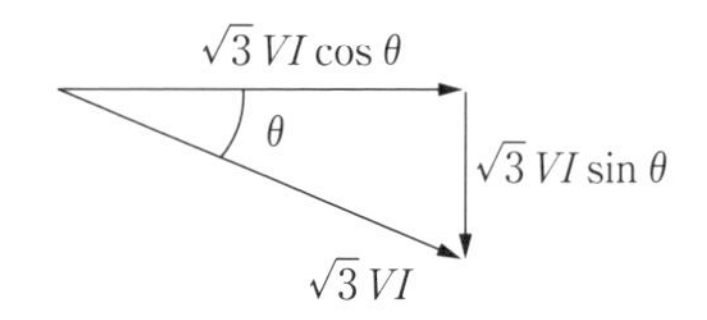

(b) 電流ベクトルに$\sqrt{3}\,V$をかける

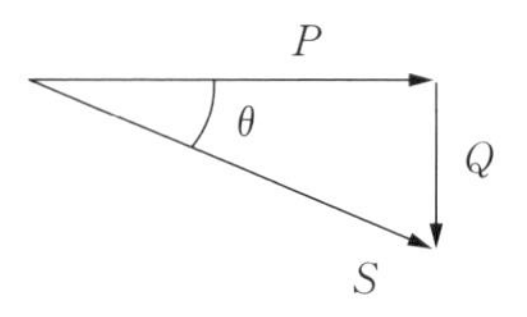

(c) 電流ベクトル（遅れ無効電力をマイナスで表現）

図 37　電力ベクトル

$$Q_3 = \sqrt{3}\,VI\sin\theta \ [\mathrm{var}] \qquad 式(52)$$

$$S_3 = \sqrt{3}\,VI \ [\mathrm{V \cdot A}] \qquad 式(53)$$

ここで，

$$3E = 3 \times \frac{V}{\sqrt{3}} = \sqrt{3}\,V$$

(3) 電力ベクトル

上述した各電力はベクトルで表すことで，よりイメージがつかみやすくなる．特に力率改善の説明では電力ベクトルが有用と考えられる．

図 37(a)では，一般的な遅れ力率の電流を有効分電流（$I\cos\theta$）と無効分電流（$I\sin\theta$）に分けて表現している．有効分電流とは複素数の実部にあたり実軸上に描く．無効分電流は虚部にあたり虚軸上に描く．(b)は，(a)の各電流ベクトルに$\sqrt{3}\,V$をかけることでそれぞれが交流電力となり，(c)のとおり描き換えることができる．

各電流成分と各電力との関係性をベクトルで示すことで，各電力の意味合いが理解しやすくなると思う．

なお，(c)のベクトルを電力ベクトルといい，次の式で示される．複素数で表現したものを複素電力という．

$$\dot{S}=P-\mathrm{j}Q \qquad \text{式(54)}$$

虚部のマイナス（−）は，この場合は遅れ無効電力を意味する．

電力ベクトルで明らかなように，無効電力 Q が大きくなると力率が悪く（力率角が大きく）なり，必要な有効電力に対して皮相電力が大きくなる．これは電流実効値が大きくなり，電圧降下や線路損失（I^2R）が増加することを意味する．

無効電力は遅れ進みとも虚軸上で表されるため，遅れと進みで相殺される．特に遅れ無効電力を進み無効電力で打ち消すことで無効電力を小さくすることを力率改善（「**4 部の 3．力率改善**」で解説）という．

送配電線の電気的特性

(1) 電圧降下

自家用電気工作物が接続される送配電線（構内配電線も含む）は，その亘長が短いため静電容量の影響を無視しても問題ないことから，線路抵抗と線路リアクタンスが 1 か所に集中した**図 38** の集中定数等価回路で表すことができる．それぞれ，

E_s：送電端相電圧

E_r：受電端相電圧

I：負荷電流

R：線路抵抗

X：線路リアクタンス

各電圧と電流の関係を表すベクトル図は，受電端相電圧を基準ベクトルとして**図 39** のとおり表せる．

ベクトル図より，送電端相電圧 E_s はピタゴラスの定理を用いて以下の式で表される．

$$E_s^2=(E_r+RI\cos\theta+XI\sin\theta)^2+(XI\cos\theta-RI\sin\theta)^2$$

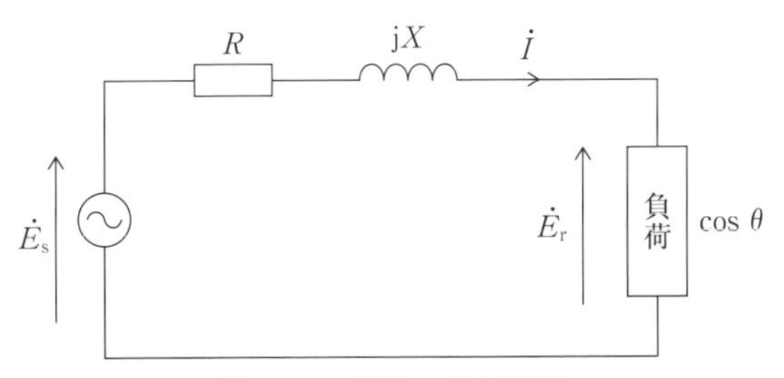

図 38　一相分の等価回路

$$E_s=\sqrt{(E_r+RI\cos\theta+XI\sin\theta)^2+(XI\cos\theta-RI\sin\theta)^2}$$

一般的に相差角 δ は小さいため無視して $\overline{\mathrm{OA}}\fallingdotseq\overline{\mathrm{OB}}$ とみなせるため，送電端相電圧 E_s は $\overline{\mathrm{AB}}$ を省略して次式の近似式として問題ない．

$$E_s\fallingdotseq E_r+RI\cos\theta+XI\sin\theta$$

$$\therefore v=E_s-E_r$$

$$\fallingdotseq E_r+RI\cos\theta+XI\sin\theta-E_r$$

$$=I(R\cos\theta+X\sin\theta)\ [\mathrm{V}] \qquad \text{式(55)}$$

上式は図38で示したように1線分の抵抗とリアクタンスによる電圧降下となる．送配電系統で一般に電圧というのは線間電圧をさすため，単相 2 線式では，往復の 2 線分となり，

$$\text{単相 2 線式：}v_2=V_s-V_r$$

$$=2v=2I(R\cos\theta+X\sin\theta)\ [\mathrm{V}] \qquad \text{式(56)}$$

と表される．

三相 3 線式では，相電圧と線間電圧の関係から，次式となる．いまどき電圧降下を手計算で行う機会は少ないと思うが，超重要な式でありパソコンの計算結果の検証のためにも，ベクトル図から近似式を導出できるよう理解を深めていただきたい．

$$\text{三相 3 線式：}v_3=V_s-V_r$$

$$=\sqrt{3}E_s-\sqrt{3}E_r=\sqrt{3}(E_s-E_r)$$

$$=\sqrt{3}v\fallingdotseq\sqrt{3}I(R\cos\theta+X\sin\theta)\ [\mathrm{V}]$$

$$V_s=\sqrt{3}E_s$$

$$V_r=\sqrt{3}E_r$$

$$v_3=\sqrt{3}I(R\cos\theta+X\sin\theta)\ [\mathrm{V}]$$

…近似式

式(57)

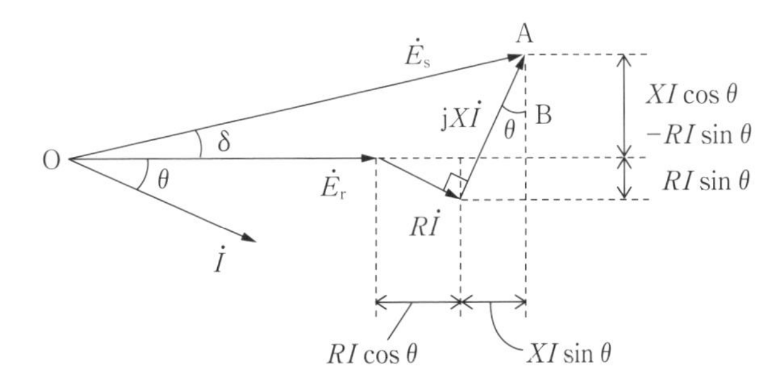

δ：相差角（送電端電圧と受電端電圧の位相差）

θ：受電端力率角

図 39　一相分のベクトル図

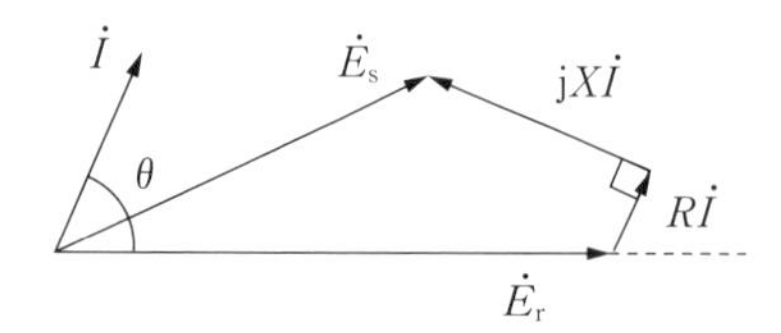

図 40　フェランチ効果のベクトル図

(2) フェランチ効果

一般的に負荷には誘導電動機や蛍光灯など遅れ力率の負荷が多いが，最近はパワエレやインバータ制御の普及により，機器の力率が 100 %に近いものが多くなっている．一方，進相用コンデンサは動力変圧器容量の 1/3 を標準とするとの一律的な考えから，負荷の実際の無効電力を超える無効電力が補償（供給）されている．そのため，休日夜間など軽負荷時に送配電系統に進み電流が流れ，送電端電圧よりも受電端電圧のほうが高くなるフェランチ効果（**図 40**）が問題となっている．図 39 の遅れ電流のベクトル図との違いに注目していただきたい．詳細は「**第 4 部の 3．力率改善**」で説明する．

%インピーダンス

(1) 定義

%インピーダンス（正しくは，百分率インピーダンス）は，**図 41** のインピーダンス Z [Ω] に定格電流 I_n [A] が流れたときに生じる電圧降下 ZI_n [V] が，定格相電圧 E_n [V] に対して何%になるかを表したものである．

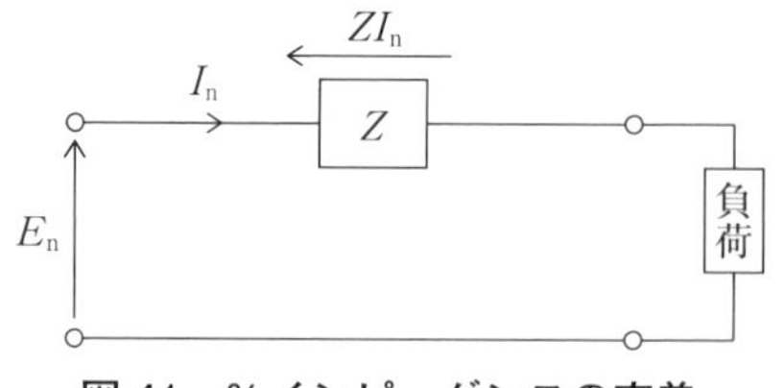

図 41　%インピーダンスの定義

$$\text{定義式}\quad \%Z=\frac{ZI_n}{E_n}\times 100\ [\%] \qquad \text{式(59)}$$

ここで，P_n [kV・A] を基準容量とよぶ．

一般的に基準容量は，発電機や変圧器等の機器では機器の定格容量（マシンベース）とし，電力系統（送配電線）では 10 MV・A または 1 000 MV・A を適用する．%インピーダンスを表す際は，単に何 [%] というのではなく，「10 MV・A 基準の%インピーダンス」であるとか，「マシンベースの%インピーダンス」というように，どの基準容量の%インピーダンスかを明確にする必要がある．

%インピーダンスは，遮断器容量を求める際の短絡電流計算のほか，変圧器の電圧変動率，変圧器の並行運転に伴う負荷分担計算などに用いられる．

%インピーダンスが小さいほうが変圧器などの機器の電圧変動率が小さくなるが，短絡故障の際の短絡電流が大きくなるというデメリットがある．

通常の実務では，相電圧 E_n や定格電流 I_n を用いることは少ないため，線間電圧 V_n や定格容量 P_n などを用いた実用式を以下に示す．

$$\%Z=\frac{ZI_n}{E_n}\times 100=\frac{\sqrt{3}\,ZI_n}{V_n}\times 100$$

$$=\frac{\sqrt{3}\,V_n I_n Z}{V_n^{\,2}}\times 100=\frac{P_n Z}{V_n^{\,2}}\times 100\ [\%]$$

ここで，V_n を [kV]，P_n を [kV・A] として表すと，

$$\%Z=\frac{1\,000P_n Z}{(1\,000V_n)^2}\times 100$$

$$\therefore \%Z=\frac{P_n Z}{10V_n^{\,2}}\ [\%]\text{(実用式)} \qquad \text{式(58)}$$

(2) 活用方法

%インピーダンスは，系統や機器などの基準となる設備容量（定格容量）により表されているため，計算にあたっては任意の容量 P_n に統一する必要がある．容量 P の%Z を任意の容量 P_n に換算する場合は，以下の式で求めることができる．

%インピーダンスは任意の容量に比例することを理解すれば，式(60)を暗記する必要はない．

$$\%Z'=\%Z\times\frac{P_n}{P} \qquad \text{式(60)}$$

%Z'：換算先の%インピーダンス
%Z：換算元の%インピーダンス
P_n：換算先の定格容量（基準容量）
P：換算元の定格容量

2部

機器・材料の選定

0 高圧受電設備の概要

高圧受電設備は，電力会社の高圧配電系統から分岐した高圧線を引き込んで使用するもので，一般的には6 600 Vで受電し，これを100 Vや200 Vに降圧して使用する．このように高圧を低圧に降圧して負荷設備に配電する設備を高圧受電設備という．一般には，50～2 000 kW程度の需要設備に適用される．

高圧受電設備は，開放型とキュービクル式に分類される．

開放型は，屋内または屋外に設置され，フレームパイプなどに高圧母線や計器用変成器，断路器，遮断器などを取り付け，さらに変圧器やコンデンサなどの機器を設置する．機器や配線の状況を確認しやすいので点検が容易である反面，次に述べるキュービクル式に比べて設置面積を多く必要とする．

一方，キュービクル式は，計器用変成器，断路器，遮断器，配電盤，変圧器，高圧母線などの構成機器を金属製の箱に収納したものである（**写真1，2**）．

日本産業規格JIS C 4620では「高圧の受電設備として使用する機器一式を金属箱内に収めたもの」と定義されている．この規格は，需要家が電力会社から受電するために用いるキュービクル式高圧受電設備で，公称電圧6 600 V，周波数50 Hzまたは60 Hzで系統短絡電流12.5 kA以下の回路に用いる受電設備容量4 000 kV･A以下のキュービクルについて規定している．

上記のように，キュービクル式高圧受電設備は充電部が接地された金属製の箱に収納されているので，感電事故や機器故障による事故が少ない．また，小型で専用の部屋を必要としないので，屋外，屋上，地下などにも比較的容易に設置できるなどのメリットがある．このため，多くの高圧受電設備で採用されている．

写真1，2は小容量キュービクルの例であるが，

写真1　キュービクルの外観

写真2　キュービクル正面扉を開けて年次点検を実施している状況

キュービクルを構成する「箱」(受電箱，配電箱)の数は，負荷設備の大きさや種類により変圧器の数や容量が変わるので，それに応じて変わってくる．

写真2のように，キュービクルの正面扉を開けると配電盤や各機器が設置されている．適切な点検・清掃などができるよう，キュービクルはその側面（場合により側面・背面）も扉を開放できる構造となっている．

高圧受電設備には負荷容量などに応じてバリエーションがあるが，以下に高圧受電設備を構成する主要機器の概要について説明する．

① 高圧引込線

電力会社の高圧配電系統から高圧受電設備の受電点までの電路のことである．引き込み方式には，架空引き込みと地中引き込みがある．

② 架空線による引き込み

自家用電気設備の構内に引込用の電柱（引込第1号柱）を建柱し，これを第1支持点とすることが多い（**写真3**）．

写真3　引込第1号柱における架空引込線の例

③ 地中線による引き込み

自家用設備の構内に高圧キャビネット（供給用配電箱）を設置する．電力会社との保安上の責任分界点は，高圧キャビネット内の自家用側（右側）の区分開閉器の電源側端子となる．

④ 区分開閉器

架空引き込みの場合は引込第1号柱に，地中引き込みの場合は高圧キャビネット内の責任分界点付近に設置する．架空引き込みの場合は，後述するPAS，地中引き込みの場合はUGSを設置することが一般的である．

⑤ 高圧引込ケーブル

区分開閉器から高圧受電設備の間は，単芯のCVケーブルをより合わせたCVTケーブルを使用することが一般的となっている．

⑥ 電力需給用計器用変成器（VCT）

当該需要家の負荷設備における使用電力量を測定するために，電力会社が受電設備内または引込第1号柱の上部に設置する．高電圧・大電流を低電圧・小電流に変換し，電力量計（Wh）への入力とする．電力量計とともに電力会社の資産であることに留意する．

⑦ 断路器（DS）

停電作業の際は，電路を開路して作業を行うが，その際に用いる機器である．安全面で非常に重要な点として，断路器は負荷電流を遮断することができない点があげられる．負荷電流が流れた状態で断路器を開放すると，アークが発生して作業者が火傷などの被災をし，周辺機器も損傷する．したがって，必ず断路器の負荷側にある遮断器を開放して，無負荷状態で断路器の操作を行う必要がある．

⑧ 主遮断装置

主遮断装置は，自家用電気設備に短絡などの事故が発生した際に，各種継電器の動作を受けて主遮断装置の負荷側を電力会社側から切り離す機器である．CB形では遮断器，PF＋LBS形では高圧限流ヒューズと高圧交流負荷開閉器を組み合わせたものを主遮断装置として使用する．

⑨ 保護継電器

一般に地絡継電器（GR）と過電流継電器（OCR）が使用される．

地絡継電器は，零相変流器（ZCT）で検出した高圧側の地絡電流が一定の値以上に達したときに地絡事故発生と判断して遮断器を動作させる（高圧受電設備の場合はPASやUGSを開放する）．地絡継電器には，方向性を考慮しない無方向性タイプ（GR）と，地絡電流の方向を検出する機能を備えた地絡方向継電器（DGR）がある．地絡方向継電器は自家用設備構内の地絡事故の場合のみに動作するもので，例えば，高圧CVTケーブルの亘長が長く，対地静電容量が大きい場合に採用される．

一方，過電流継電器は，変流器（CT）で計測した電流が設定値以上に達したときに短絡事故あるいは過負荷が発生したものと判断して遮断器を動作させる．短絡事故時の大電流に対しては瞬時に動作し，それほど大きくない過電流の場合は動作まで時間がかかるような動作特性（反限時特性）とする．

⑩ 変圧器

6 600 Vの高圧電気を，電灯用の100/200 Vや動力用の200 V，400 Vなど，負荷設備の使用電圧に合わせて降圧する機器である．高圧受電設備に使用される変圧器は，油入自冷式が一般的である．

⑪ 高圧進相コンデンサ（SC）・直列リアクトル（SR）

高圧進相コンデンサは，負荷で発生する遅れ無効電力を補償し，力率を改善するための機器である．直列リアクトルは，高圧進相コンデンサの電源側に，文字どおり直列に接続して使用する．高調波の影響による高圧進相コンデンサへの高調波電流の流入を抑制するとともに，コンデンサへの突入電流を抑制する効果がある．

⑫ 避雷器（LA）

雷などによる異常電圧に起因した受電設備の絶縁破壊を回避するための機器である．異常電圧による大電流を大地へ流し，その際，内部の特性要素によって異常電圧を低減する．最近では，前述の④区分開閉器（PAS）に内蔵されているものが多く採用されている．

⑬ 低圧配電盤

電圧計，電流計，配線用遮断器（MCCB）などから構成される．負荷設備の分電盤に至る低圧配線を送り出している．

⑭ 接地装置

高圧機器の外箱の保護接地として施設するA種接地，高低圧混触時の低圧系統の電圧上昇を抑制するために施設するB種接地，低圧機器の外箱などに施設するC種，D種接地がある．

図1に主遮断装置がCBの場合の単線結線図の

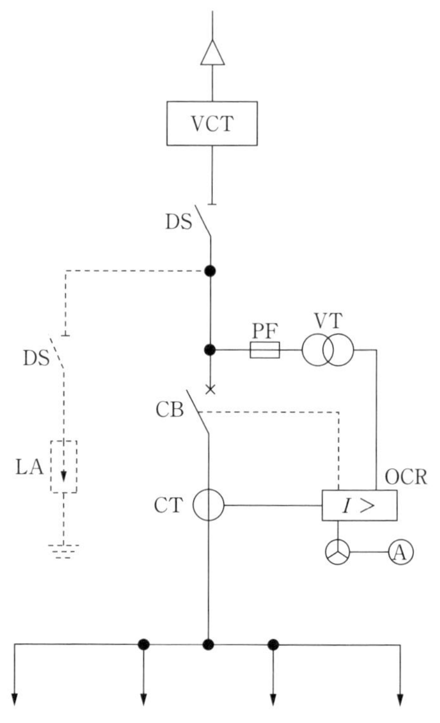

図1　CB形単線結線図の例（受電点にGR付きPASがある場合）
出典：(一社)日本電気協会：高圧受電設備規程（JEAC 8011-2020）1140-2図

例（受電点にGR付きPASがある場合）を示す．避雷器（LA）が点線となっているが，これは引込ケーブルが比較的長い場合に付加することを意味する．

この場合，避雷器はCBよりも電源側に接続されていることに注意する必要がある．すなわち，CBを開放しても避雷器や電源側の電路は充電されており，これを停止されたものと勘違いして不用意に避雷器や断路器に触れてしまうことのないように注意する（上記の内容は，単線結線図を見れば明らかであるが，現場でいざ高圧受電設備に相対すると勘違いするリスクがある）．

試験（出題例）

（平成25年度 第三種電気主任技術者試験，法規科目，問10）

図は，高圧受電設備（受電電力500〔kW〕）の単線結線図の一部である．

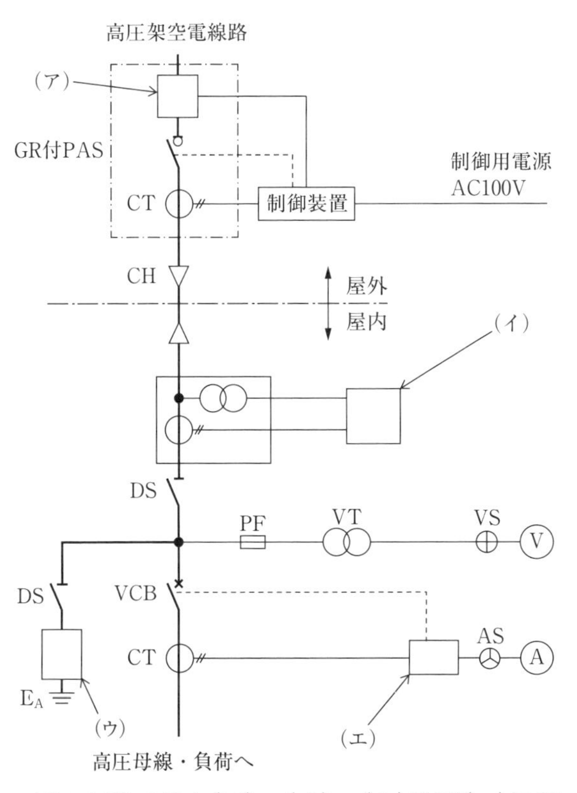

図の矢印で示す(ア)，(イ)，(ウ)及び(エ)に設置する機器及び計器の名称（略号を含む）の組合せとして，正しいものを次の(1)～(5)のうちから一つ選べ．

	（ア）	（イ）	（ウ）	（エ）
(1)	ZCT	電力量計	避雷器	過電流継電器
(2)	VCT	電力量計	避雷器	過負荷継電器
(3)	ZCT	電力量計	進相コンデンサ	過電流継電器
(4)	VCT	電力計	避雷器	過負荷継電器
(5)	ZCT	電力計	進相コンデンサ	過負荷継電器

【解答】

高圧受電設備の主要機器の構成について，単線結線図をベースに問われた問題である．

問題の図にあるように，各機器は日本語による名称でなく英語の略称で出題されている．これらの略称は実務において必須なので，主要な機器の英語略称や電気用図記号（JIS C 0617）はしっかりと記憶しておくことをおすすめしたい．

本問の解答は以下のとおりとなる．

（ア）ZCT（零相変流器）
（イ）電力量計（Wh）
（ウ）避雷器（LA）
（エ）過電流継電器（OCR）

答（1）

1 PAS・UGS

学習
テブナンの定理

試験
地絡電流計算

実務
年次点検・地絡継電器の方向性

受電柱の区分開閉器連動の地絡継電器は，方向性（DGR），無方向性（GR）のどちらを選べばよいのだろうか？

学習

PAS（Pole mounted Air insulated Switch）やUGS（Underground Gas insulated Switch）などの高圧交流負荷開閉器は，前述のように，区分開閉器として電力会社との責任分界点付近に設置される．

ここでは，実務上必要なPAS，UGSの基礎知識，テブナンの定理を用いた一線地絡電流の計算，地絡継電器（GR）と地絡方向継電器（DGR）の概要について学習する．

種類

PASやUASのASは気中開閉器（Air insulated Switch）を意味しており，消弧媒体に空気を使用している．引込第1号柱に区分開閉器として施設される高圧気中負荷開閉器には密閉形と露出形があるが，現在ではほとんど密閉形が設置されている（**写真1**）．密閉形は鉄箱で開閉器などを収納した構造で一般用と塩害用があり，耐雷素子やVT内蔵の負荷開閉器がある．

また，UGSのGSはガス開閉器（Gas insulated Switch）を意味しており，消弧媒体に六フッ化硫黄（SF_6）ガスを使用している．SF_6ガスは絶縁性が高く消弧性能が優れていることから，機器が小型軽量化となる．高価であるが高信頼度が求められる箇所に採用される．

負荷開閉器は，文字どおり負荷電流以下の電流を遮断する機能を有するが，短絡電流などの大電流は遮断できない点に留意する．

設置

PASは，需要家構内の事故が電力会社の配電線に波及する，いわゆる「波及事故」の防止対策のために責任分界点に設置することが推奨されており，いまやその設置は常識となっている．

架空引き込みの場合はPASを引込第1号柱に設置する（**図1**）．PAS内の単線結線図は**図2**の通りである．

一方，地中引き込みの場合は，UGSが**写真2**のように高圧キャビネット内の右側に設置される．左側は電力会社の設備であり，扉も鍵も別になっている．高圧キャビネット内の単線結線図は**図3**のとおりである．

写真1　過電流ロック形（SOG動作）GR付き高圧気中負荷開閉器（PAS）
出典：(株)戸上電機製作所

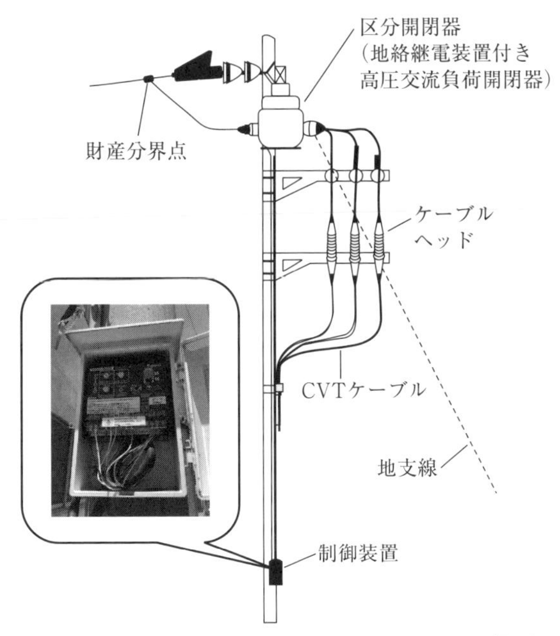

図1　地絡継電装置付き区分開閉器と制御装置（架空引き込みの場合）

写真2　地絡継電装置付き区分開閉器とSOG制御装置（地中引き込みの場合）

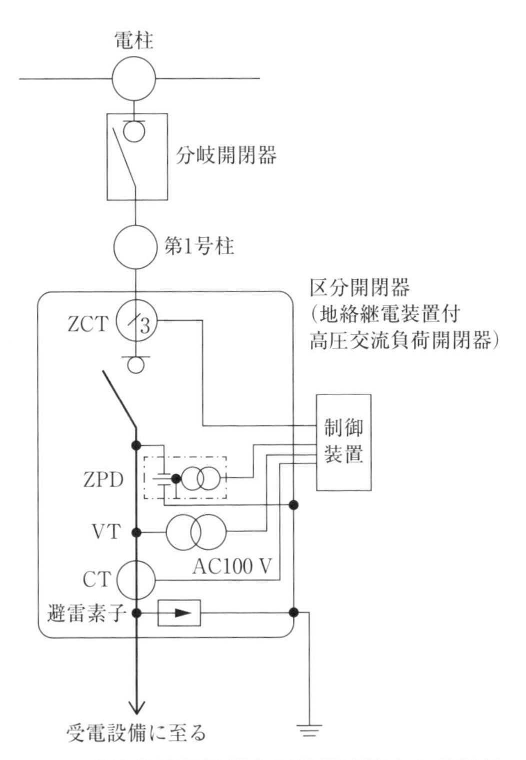

図2　地絡継電装置付き区分開閉器内の単線結線図（架空引き込みの場合）

出典：(一社)日本電気協会：高圧受電設備規程（JEAC 8011-2020）1140-1図（その1）

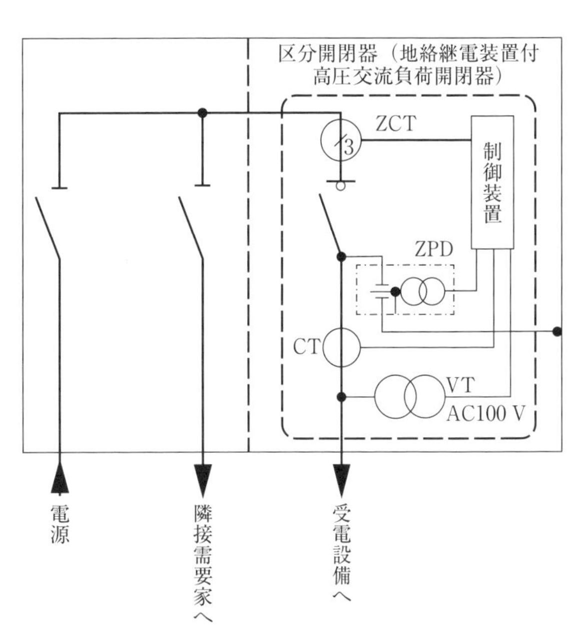

図3　高圧キャビネット内の単線結線図（地中引き込みの場合）

出典：(一社)日本電気協会：高圧受電設備規程（JEAC 8011-2020）1140-1図（その2）

架空引き込み，地中引き込みのいずれも図中に(SOG)制御装置がある．このSOGは，蓄勢(Storage)，過電流（Over current），地絡（Ground）を意味する．SOG制御装置は，高圧受電設備における地絡事故の発生時は速やかにPASを開放する．一方，短絡電流を検出した場合は，開閉器を開放させずに動作を止めておき（蓄勢し），電力会社の配電用変電所における過電流継電器が動作し，高圧配電線が停電して無電圧になった段階で開閉器を開放させる．

繰り返しになるが，PASやUGSはあくまで負荷開閉器であり，短絡電流などの大電流を遮断する能力を有していないので，短絡電流が流れなくなるまで待ってから開閉器を開放する必要がある．

以上の動作により，停電発生の1分後に配電用変電所の遮断器が再投入されるまでにPASは開放され，高圧受電設備内の短絡事故点が除去されるので，再送電時には配電用変電所の過電流継電器は動作しないことになる．

電気関係報告規則では，再送電が可能（再閉路成功）となった場合は波及事故扱いとならないので，電気事故報告の対象外となる．

選定

① JIS C 4605，JIS C 4607などに適合するものであること．

② 過電流ロック機能を有するものであること．

③ トリップ装置は，過電流蓄勢トリップ付き地絡トリップ形（SOG）であること．

④ 塩害および大気汚損に対して支障なく，かつ長期間使用に耐えるものであること．

⑤ モールドコーンを使用した口出し線方式であること（主に関東地区，省庁仕様，塩害地区）．

⑥ 外箱は耐食性に優れ，厚さ2.3 mm以上の鋼板製，またはこれと同等以上の金属製であること．なお，強塩害地区ではステンレス製の外箱が望ましい．

⑦ 避雷器および操作用電源変圧器（VT）内蔵形を採用すること．または，極力PAS設置付近に避雷器（LA）を設置すること．

⑧ 定格電流，定格短時間耐電流などの例は，**表1**のとおりである．

表1　高圧交流負荷開閉器（区分開閉器）の定格例

定格電圧（kV）	7.2			
定格電流（A）	200	300	400	600
定格短時間耐電流（kA）（1秒）	8，12.5			
制御装置	SOG（地絡検出：方向性又は無方向性）			

〔備考〕定格短時間耐電流は，系統（受電点）の短絡電流以上のものを選定すること．

出典：(一社)日本電気協会：高圧受電設備規程（JEAC 8011-2020）1215-1表

地絡故障

地絡故障（地絡事故）は，樹木など，他物との接触などが原因となり，線路が大地とつながって大地に電流が流れる現象である．

高圧受電設備の停電事故の大半はこの地絡事故である．地絡事故は放置すると事故が拡大して被害が大きくなるだけでなく，感電や漏電による災害を招く危険がある．このような危険を未然に防ぐために地絡保護装置を設置し，事故を速やかに早期に検出して遮断する必要がある．

高圧受電設備において地絡故障が発生した場合，この故障によって電力会社の高圧配電線に影響が及ばないよう保安上の責任分界点に近い場所に地絡継電装置付き高圧交流負荷開閉器であるPASやUGSを設置する．地絡継電器の設定は，通常は感度電流を200 mA，動作時間を0.2秒以下とすれば，電力会社の配電用変電所における地絡継電器との協調がとれることが多いが，電力会社に確認のうえ決定する必要がある．

地絡電流の大きさは接地方式によって大きく異なる．地絡電流は対称座標法によって求められるが，計算が煩雑になることから，ここではテブナンの定理を用いて，地絡故障のなかでもっとも多く発生する一線地絡電流を簡易に求める方法について説明する．

非接地方式線路の地絡故障

我が国の高圧配電系統は一般に非接地方式が採用されている．この非接地方式線路において一線地絡事故が発生した場合を考える．

図4において，周波数をf [Hz]，一線あたりの対地静電容量をC [F]，線間電圧をV [V]（通常は$V=6\,600$ Vである）とする．なお，高圧配電線路や配電用変電所の変圧器のインピーダンスは，Cによる容量性リアクタンスX_c（$=1/2\pi fC$）に比べて十分小さいので無視する．

図4の非接地方式線路における一線地絡事故時の等価回路は，テブナンの定理より**図5**のように

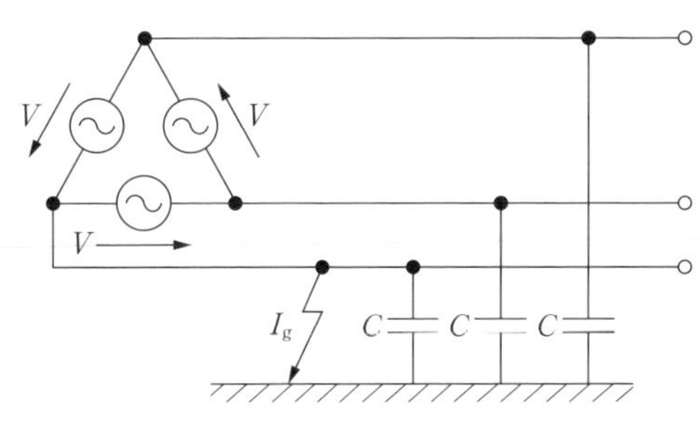

図 4　非接地方式線路における一線地絡事故

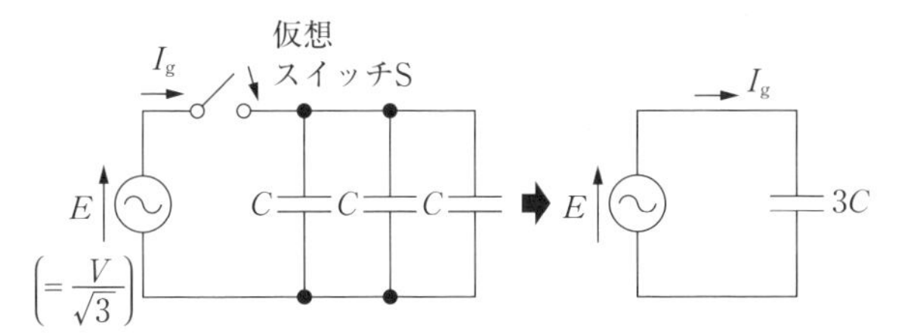

図 5　非接地方式線路における一線地絡事故時のテブナン等価回路

なる．

まず，地絡事故点において「仮想のスイッチS」を考える．通常状態ではこのスイッチSは開いており，一線地絡事故の発生時に閉じる（＝地絡電流 I_g が流れる）と考える．Sが開いているとき，すなわち通常状態では，このSには高圧配電線の一線と大地間の電圧，すなわち相電圧 $E\,(=V/\sqrt{3})$ [V] が現れている．また，Sから高圧配電線路を見たとき，対地静電容量 C が3個（三相分）並列に接続されていると考える．

図5の等価回路における容量性リアクタンスを X_c [Ω]，周波数を f [Hz]（$\omega=2\pi f$）とすると，Sが閉じたとき，すなわち一線地絡事故が発生したときに流れる電流 I_g の大きさは，図5より，

$$I_g=\frac{V/\sqrt{3}}{X_c}=\frac{V/\sqrt{3}}{1/3\omega C}=\sqrt{3}\,\omega CV \ [\mathrm{A}]$$

となる．

抵抗接地方式線路の地絡故障

送電系統や配電系統の一部は電源変圧器の中性点を，抵抗器をとおして接地する．

図6のように線間電圧を V [V]，中性点を抵抗 R_n [Ω] で接地し，地絡事故点における地絡抵抗値を R_g [Ω] とした場合の一線地絡電流は，非接地方式線路の場合と同様にテブナンの定理によって求められる．

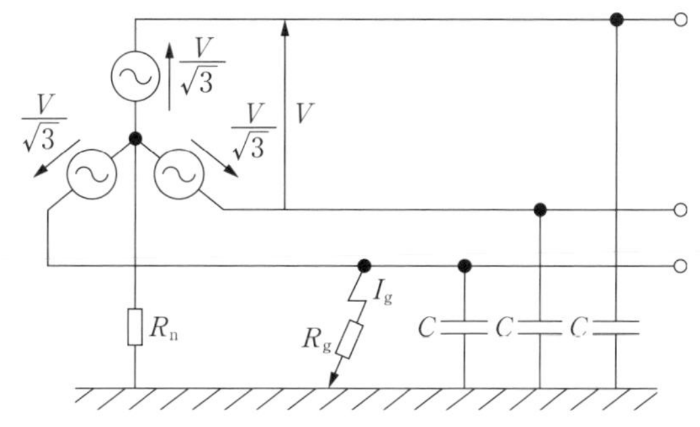

図 6　抵抗接地方式線路における一線地絡事故

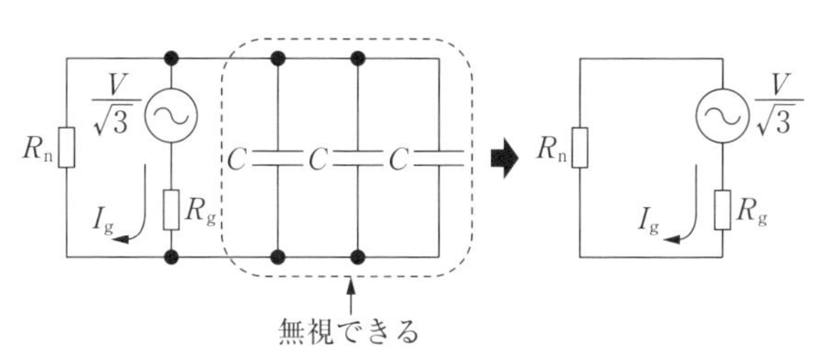

図 7　抵抗接地方式線路の一線地絡事故時のテブナン等価回路

図6の抵抗接地方式線路における一線地絡事故時の等価回路は，テブナンの定理より**図7**のようになる．

一般に配電用変電所の変圧器の接地抵抗値 R_n や地絡抵抗値 R_g は，対地静電容量 C による容量性リアクタンス X_c（$=1/2\pi fC$）に比べて十分小さく，$X_c \gg R_n$，R_g なので，対地静電容量 C は無視してよく，簡易的に次式で地絡電流 I_g の大きさが求められる．

$$I_g\cong\frac{\frac{V}{\sqrt{3}}}{R_n+R_g} \ [\mathrm{A}]$$

 試験（出題例）

（平成28年度 第三種電気主任技術者試験，法規科目，問13）

図は，線間電圧 V [V]，周波数 f [Hz] の中性点非接地方式の三相3線式高圧配電線路及びある需要設備の高圧地絡保護システムを簡易に示した

単線図である．高圧配電線路一相の全対地静電容量を C_1［F］，需要設備一相の全対地静電容量を C_2［F］とするとき，次の(a)及び(b)に答えよ．

ただし，図示されていない負荷，線路定数及び配電用変電所の制限抵抗は無視するものとする．

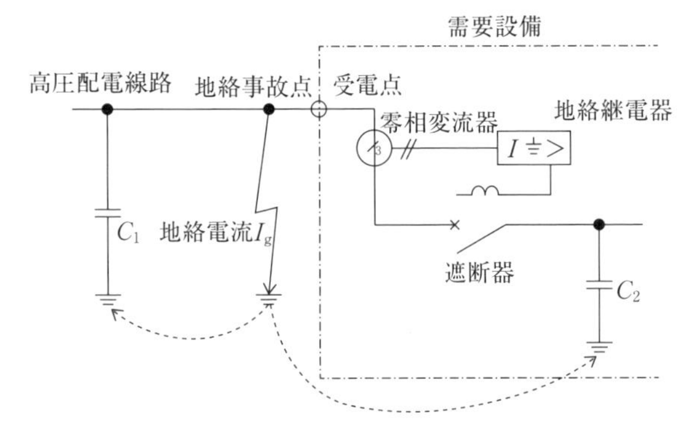

(a) 図の配電線路において，遮断器が「入」の状態で地絡事故点に一線完全地絡事故が発生し地絡電流 I_g［A］が流れた．このとき I_g の大きさを表す式として正しいものは次のうちどれか．

ただし，間欠アークによる影響等は無視するものとし，この地絡事故によって遮断器は遮断しないものとする．

(1) $\dfrac{2}{\sqrt{3}}V\pi f\sqrt{(C_1{}^2+C_2{}^2)}$

(2) $2\sqrt{3}\,V\pi f\sqrt{(C_1{}^2+C_2{}^2)}$

(3) $\dfrac{2}{\sqrt{3}}V\pi f(C_1+C_2)$

(4) $2\sqrt{3}\,V\pi f(C_1+C_2)$

(5) $2\sqrt{3}\,V\pi f\sqrt{C_1C_2}$

(b) 上記(a)の地絡電流 I_g は高圧配電線路側と需要設備側に分流し，需要設備側に分流した電流は零相変流器を通過して検出される．上記のような需要設備構外の事故に対しても，零相変流器が検出する電流の大きさによっては地絡継電器が不必要に動作する場合があるので注意しなければならない．地絡電流 I_g が高圧配電線路側と需要設備側に分流する割合は C_1 と C_2 の比によって決まるものとしたとき，I_g のうち需要設備の零相変流器で検出される電流の値［mA］として，最も近いものを次の(1)～(5)のうちから一つ選べ．

ただし，$V=6\,600$ V，$f=60$ Hz，$C_1=2.3$ μF，$C_2=0.02$ μF とする．

(1) 54　(2) 86　(3) 124
(4) 152　(5) 256

【解答】

中性点非接地方式の三相 3 線式高圧配電線路において，題意より需要設備内の遮断器が「入」の状態であるから，地絡電流 I_g は問題の図の点線のように左右（高圧配電線路側と受電設備側）に分流すると考える．この場合，テブナンの定理を用いると，一線完全地絡事故発生時の等価回路は**図 8** のようになる．

等価回路を考える際のポイントは，本問は中性点非接地方式であるため配電用変電所の変圧器の接地抵抗値 R_n は ∞ Ω とすること（「開放」扱いとなり，等価回路には現れてこない），題意より「一線完全地絡事故」であるから，地絡事故点における地絡抵抗値 R_g は 0 Ω とすることである．

(a) 図 8 の等価回路におけるインピーダンスを Z［Ω］とすると，一線地絡電流 I_g［A］の大きさは次式で求まる．

$$I_g=\frac{V/\sqrt{3}}{Z}\ [\mathrm{A}] \qquad 式(1)$$

まず，インピーダンス Z［Ω］を求める．この高圧配電線路は三相 3 線式なので，地絡事故点から見ると，C_1，C_2 ともに 3 つずつが並列に接続されていると考え，それぞれを 3 倍する．また，等価回路における $3C_1$，$3C_2$ は静電容量の並列接続なので，合成対地静電容量は $3(C_1+C_2)$ となる．

以上より，Z は次のように求まる．

$$Z=\frac{1}{2\pi f\cdot 3(C_1+C_2)}\ [\Omega] \qquad 式(2)$$

式(2)を式(1)へ代入すると，

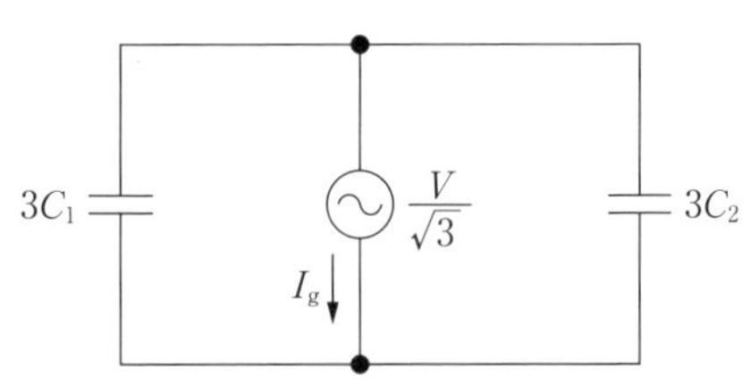

図 8　中性点非接地方式高圧配電線路における一線地絡事故のテブナン等価回路

$$I_g = \frac{V}{\sqrt{3}} 2\pi f \cdot 3(C_1 + C_2) = \frac{\sqrt{3}}{3} V 2\pi f \cdot 3(C_1 + C_2)$$

$$= 2\sqrt{3} V\pi f (C_1 + C_2) \ [\mathrm{A}]$$

となる．　**答（4）**

(b) まず，(a)で求めた I_g の式に与えられた各値を代入して地絡電流の値を求めると，

$$I_g \cong 2\sqrt{3} \times 6\,600 \times 3.14 \times 60 \times (2.3 \times 10^{-6} + 0.02 \times 10^{-6})$$

$$\fallingdotseq 9.981\,3 \rightarrow 9.98 \ \mathrm{A}$$

角周波数を ω [rad/sec]，需要設備の零相変流器で検出される電流を I_2 [A] とすると，I_g は，容量性リアクタンスである $1/3\omega C_1$ と $1/3\omega C_2$ の比によって分流するので，次のように求められる．

$$I_2 = \frac{1/3\omega C_1}{1/3\omega C_1 + 1/3\omega C_2} \cdot I_g = \frac{C_2}{C_1 + C_2} \cdot I_g$$

$$= \frac{0.02 \times 10^{-6}}{2.3 \times 10^{-6} + 0.02 \times 10^{-6}} \times 9.98$$

$$= 0.086\,03 \ \mathrm{A} \fallingdotseq 86 \ \mathrm{mA}$$

答（2）

実務

年次点検

高圧受電設備の年次点検は，保護具・防具など安全用具の外観点検にはじまり，測定機器の正常動作確認，関係者との事前打ち合わせ（ツール・ボックス・ミーティングなどを含む）を経て，停電操作に至る．

停電操作では，基本的に負荷側の機器，すなわち低圧遮断器，受電用遮断器，受電用断路器の順に開放操作を行ったあと，当該受電設備が架空引込の場合は，引込第1号柱に設置された区分開閉器（PAS）を開放する．

最近では低圧遮断器の操作時に発生するサージ対策として，現場の状況により，負荷側からでなく，受電用遮断器を先に操作する場合や区分開閉器を先に操作する場合があるので，関係者による事前打ち合わせにおいて十分に確認しておく．

地中引込の場合は，高圧キャビネット内のUGSを操作して開放する（**写真3**）．

写真3　UGSの操作状況

地絡継電器（GR）と地絡方向継電器（DGR）

地絡継電器（GR）には地絡電流の方向を判別するものとしないものがあり，前者は地絡方向継電器（DGR）とよばれる．

高圧自家用需要家構内の高圧ケーブル長が長くなると対地静電容量が大きくなり，電力会社起因の地絡事故や，ほかの高圧需要家による地絡事故でも零相変流器を通過する電流の大きさのみを見ているGRでは不必要に動作してしまう，いわゆる「もらい事故」となることがある．前述の出題例は，まさにこのケースを扱った問題である．

このような構外の地絡事故による不必要動作を防止するためにDGRを使用する．DGRは地絡電流の大きさを検出するだけでなく，地絡電流の方向も判断する．すなわち，零相電圧検出器（ZPD）から零相電圧を検出し，これを基準として零相変流器で検出した零相電流の位相を判別して動作する．

本内容の詳細については，「**4部の1．波及事故**」を参照いただきたい．

2 遮断器・負荷開閉器

学習	試験	実務
%インピーダンス	短絡電流計算	短時間耐量・過電流保護

%Z の意味を正しく理解できているかわからない．%Z と Is の関係式を丸暗記しただけで応用がきくのだろうか？

遮断器の定格容量選定にあたっては，受電点における短絡電流値（短絡容量値）が必要だが，どうすればよいか？

学習

高圧自家用構内で短絡事故が発生した場合，この事故が電力会社の高圧配電線にまで波及しないよう自動的に電路を遮断する主遮断装置を設置する．CB 形では遮断器，PF＋LBS 形では高圧限流ヒューズと高圧交流負荷開閉器を組み合わせる．

ここでは，実務上必要な遮断器の基礎知識，%インピーダンスを用いた短絡電流の計算，機器の短時間耐量，過電流保護の概要について学習する．

遮断器

(1) 機能

遮断器は電路の開閉はもちろんのこと，機器での過負荷や短絡電流のような非常に大きな故障電流を遮断できる．すなわち，電路で短絡故障が生じた際，保護継電器が動作し，その指令を受けて短絡電流を速やかに遮断し，故障電路を切り離すという重要な機能を有する．

ここで，短絡電流を遮断できる能力を遮断容量という．遮断器の遮断容量がその事故点における短絡容量に比べて小さいと，短絡事故発生時に短絡電流を遮断できないことになり，その結果として電力会社の高圧配電線への波及事故に至るとともに遮断器そのものや関連機器の損傷につながる．

現在，高圧受電設備に採用されている主遮断装置の形式には次のような種類がある．

① CB 形：真空遮断器（VCB），ガス遮断器など

② PF＋LBS 形：高圧限流ヒューズと高圧交流負荷開閉器の組み合わせ

従来は主に油入遮断器が使用されていたが，現在は，設備容量が 300 kV·A 程度以下の比較的小規模な高圧受電設備では，上記②の PF＋LBS 形が採用されることが多い．また，中規模以上の高圧受電設備では，上記①の真空遮断器が採用されることが一般的となっている．

表 1 に高圧交流遮断器の定格例を示す．主遮断装置として使用する CB は，JIS C 4603 に適合するものであって，前述のように，定格遮断電流が受電点における三相短絡電流以上のものであるこ

表 1　高圧交流遮断器の定格例

出典：(一社) 日本電気協会：高圧受電設備規程（JEAC 8011-2020）1240-2 表

定格電圧（kV）	7.2	
定格電流（A）	400，600	
定格遮断電流（kA）	8	12.5
（参考）遮断容量（MVA）	100	160
定格遮断時間（サイクル）	3，5	
据付方式	固定形（パネル取付形），引出形	

〔備考〕定格遮断電流は，回路の短絡電流以上のものを選定すること．

とが必須となる．

遮断容量の決定にあたっては，主遮断装置を設置する地点の遮断容量を知る必要がある．これは当該高圧受電設備が接続される配電系統によって異なるので，その需要場所を電力供給エリアとする電力会社との協議が必要となる．特に配電系統は高圧配電線の延長や変更などにより当該地点の短絡容量が変化することがあるので，電力会社が推奨する定格遮断電流 12.5 kA の主遮断装置を採用することが多い．

受電点における保護でもっとも留意しなければならない点は，高圧自家用需要家内の事故を配電系統へ波及させないということである．このためには，前述の地絡保護と同様に，電力会社配電用変電所の保護継電器と高圧需要家の保護継電器の間で協調をとらなければならない．

高圧需要家の受電保護方式は，段階時限による選択遮断方式がとられる．これは，保護継電器の動作時間を，配電線の末端に近いものほど短く設定することによって，事故が発生した場合，事故回路のみを選択的に遮断するという方式である．

例えば，PF＋LBS 形の場合の配電用変電所 OCR との協調イメージを**図 1** に示す．図 1 を見るとわかるように，PF（高圧限流ヒューズ）の遮断特性のカーブは，常に配電用変電所 OCR の特性カーブの下部にある．これにより，短絡事故発生時は常に PF が先に動作して，故障電路を遮断するので，電力会社の配電系統への波及事故を防止できることがわかる．この協調の考え方は主遮断装置を遮断器とした場合も同様である．

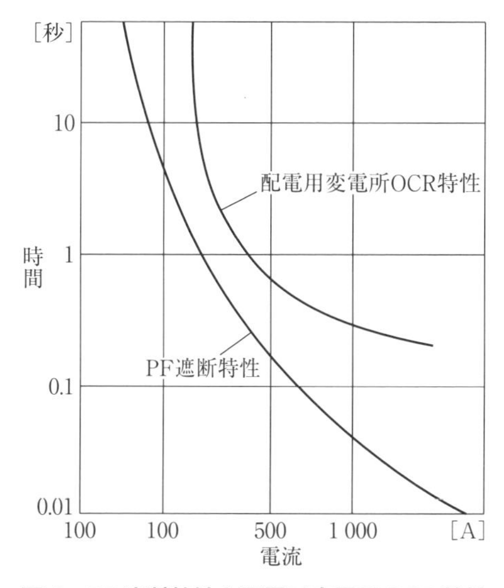

図 1　PF 遮断特性と配電用変電所 OCR 特性の協調イメージ

(2) 構造

CB 形の主流である真空遮断器は，高真空の容器内に可動電極・固定電極を収めた構造となっている．高真空の優れた絶縁耐力と消弧能力を利用して電流の遮断を行う．

真空容器内で可動電極が開極する際，電極より蒸発した粒子と電子によって構成されるアークが発生する．アークは，高真空内においては高速に拡散して消滅する．その後，電極間は高真空の優れた絶縁回復特性により良好な絶縁体となる．このように，真空遮断器は開極するだけで容易に大電流を遮断することができる．

また，真空遮断器は，消弧室構造がシンプルで小形・軽量，電極の消耗が少なく長寿命で保守が容易，低騒音，地球温暖化物質（SF_6 ガス）や可燃物質（油）を使用していないなどの特徴を有している．

真空遮断器の外観を**写真 1** に示す．

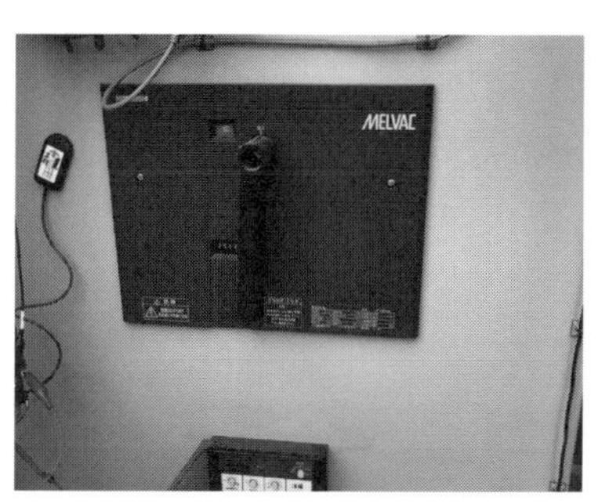

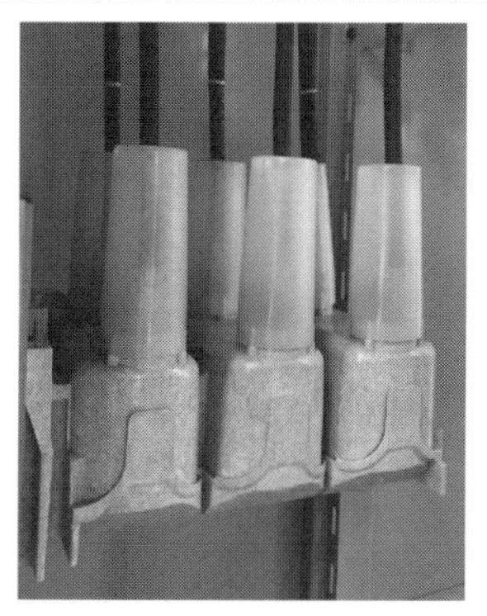

写真 1　パネル取付形真空遮断器の外観（上）とパネル裏側の遮断部（下）

負荷開閉器

(1) 機能

前述のように，高圧受電設備の容量が300 kV･A程度以下の場合の主遮断装置は，経済性を考慮し，遮断器でなく，PF＋LBS形とすることが多い．この方式では，LBSが負荷電流の開閉を，PFが短絡電流の遮断を受けもつ．PFは短絡電流のような大電流を，高速に限流遮断する能力を有する．

(2) 構造

LBSとPFの組み合わせによる主遮断装置の例を**写真2**に示す．短絡電流などの過電流が流れると，PF内部のヒューズエレメントが溶断し，当該電路が遮断される．

以前は地絡電流についても地絡継電器の動作により，その指令でLBSのトリップコイルが動作し，バネの力で開放される方式が用いられていたが，現在はPAS内蔵のZCTで地絡電流を検出し，PASを開放させる方式が一般的となっている．

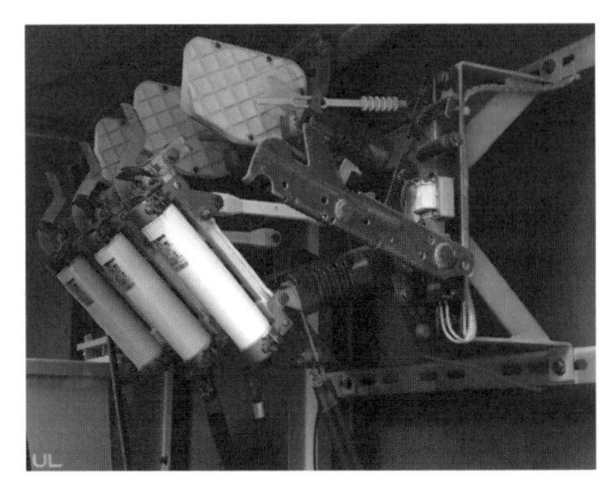

写真2　PF＋LBS形による主遮断装置の例（写真は開放状態）

LBSの選定・設置

高圧交流負荷開閉器は，以下の点に留意して選定する．

① JIS C 4605，JIS C 4611などに適合するものであること．

② PF＋LBS形の主遮断装置に用いる高圧交流負荷開閉器は，ストライカによる引き外し方式のものであること．

③ 相間および側面には絶縁バリアを取り付けたものであること．

④ 適正な定格のものを使用すること．

表2に限流ヒューズ付き高圧交流負荷開閉器の定格例を示す．

%インピーダンスの定義

「**1部の4．回路計算の基礎**」でも述べたが，%インピーダンス（%Z）は，**図2**に示すように，インピーダンスZ［Ω］に定格電流I_n［A］が流れたときに生ずる電圧降下（$=Z\times I_n$）と，定格電圧E_n［V］の比を%で表したものである．「百分率インピーダンス」や「短絡インピーダンス」といったよび方もある．

すなわち，

$$\%Z=\frac{ZI_n}{E_n}\times 100=\frac{ZP_n}{E_n^2}\times 100\ [\%]$$

上式において，P_nは定格容量であり，単相回路では，$P_n=E_nI_n$［V･A］である．

一方，三相回路の場合は，線間電圧$V_n=\sqrt{3}E_n$を用いる．このとき，定格容量P_nは，$P_n=\sqrt{3}V_nI_n$［V･A］と表せるので，

$$\%Z=\frac{ZI_n\times 100}{V_n/\sqrt{3}}=\frac{ZP_n}{V_n^2}\times 100\ [\%]$$

となり，式の形は単相回路の場合と同様になる．

表2　限流ヒューズ付き高圧交流負荷開閉器の定格例

出典：(一社)日本電気協会：高圧受電設備規程（JEAC 8011-2020）1240-4表　備考は省略

定格電圧（kV）		7.2
定格電流（A）		200
定格開閉容量	負荷電流（A）	200
	励磁電流（A）	10
	充電電流（A）	10
	コンデンサ電流（A）	10，15，30
定格投入遮断電流（kA）		12.5（限流ヒューズとの組合せ）

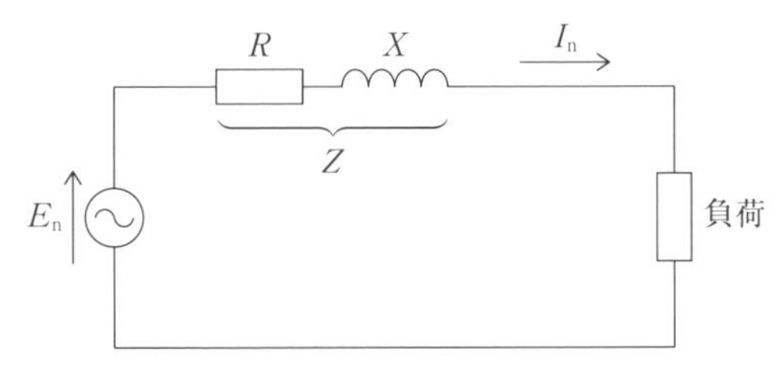

図2　%インピーダンスの定義を考える際に用いる単相回路

また，上式から，$\%Z$ は定格容量 P_n に比例することがわかる（$\%Z \propto P_n$）．また，$\%Z$ の計算を行う際の注意点として，基準となる容量に統一して計算しなければならないことに留意する．

三相短絡故障と%インピーダンス

単相回路において，電圧 E_n を印加し，インピーダンス Z を短絡したときに流れる短絡電流 I_s は，$I_s = E_n/Z$［A］である．

ここで，Z を $\%Z$ で表すと，

$$Z = \frac{\%Z \times E_n^2}{100 \times P_n} \ [\Omega]$$

となり，$P_n = E_n I_n$ を代入すると，短絡電流 I_s は，

$$I_s = \frac{E_n}{Z} = E_n \frac{100 E_n I_n}{\%Z \cdot E_n^2} = \frac{100}{\%Z} I_n \ [\mathrm{A}]$$

となる．三相短絡の場合も相電圧を使用して単相回路と同様に計算する．

上式から，仮に $\%Z = 100\,\%$ のとき，流れる短絡電流 I_s は定格電流 I_n に等しくなり，%インピーダンスの値が 100 %よりも小さければ（これが普通であるが），定格電流 I_n よりも大きくなることがわかる．

なかには%インピーダンスと短絡電流 I_s の関係式を丸暗記している技術者もいるかもしれないが，応用がきくように，前述の%インピーダンスの定義の式から短絡電流 I_s の導出までをしっかりと理解しておくことをおすすめしたい．

短絡容量と短絡電流

短絡容量とは，短絡電流を容量［V・A］で表現したものである．すなわち，三相回路における定格容量は $P_n = \sqrt{3} V_n I_n$ なので，三相短絡容量 P_s は，次式となる．

$$P_s = \sqrt{3} V_n I_s = \sqrt{3} V_n \frac{100 I_n}{\%Z} = \frac{100}{\%Z} P_n \ [\mathrm{V \cdot A}]$$

短絡電流の計算では，前述のように各 $\%Z$ を基準容量に統一することに加え，短絡事故点から電力系統側を見たときに，電源が複数ある場合は，これらの $\%Z$ を並列接続と考えて計算することがポイントである．

試験（出題例）

（平成 25 年度 第三種電気主任技術者試験，電力科目，問 17）

図に示すように，定格電圧 66〔kV〕の電源から送電線と三相変圧器を介して，二次側に遮断器が接続された系統を考える．三相変圧器の電気的特性は，定格容量 20〔MV・A〕，一次側線間電圧 66〔kV〕，二次側線間電圧 6.6〔kV〕，自己容量基準での百分率リアクタンス 15.0〔%〕である．一方，送電線から電源側をみた電気的特性は，基準容量 100〔MV・A〕の百分率インピーダンスが 5.0〔%〕である．このとき，次の(a)及び(b)の問に答えよ．

ただし，百分率インピーダンスの抵抗分は無視するものとする．

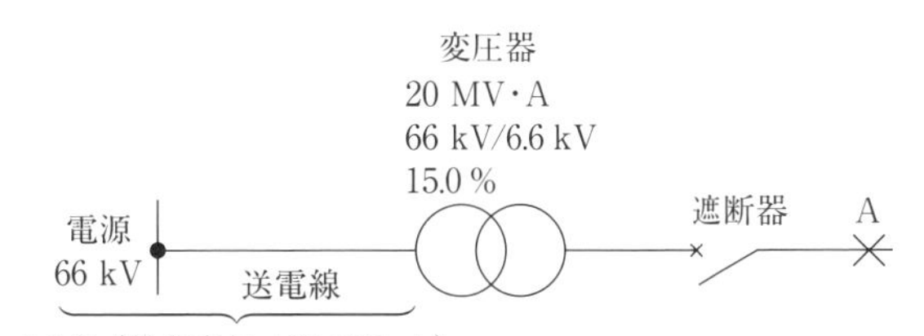

(a) 基準容量を 10〔MV・A〕としたとき，変圧器の二次側から電源側をみた百分率リアクタンス〔%〕の値として，正しいものを次の(1)～(5)のうちから一つ選べ．

(1) 2.0　(2) 8.0　(3) 12.5
(4) 15.5　(5) 20.0

(b) 図の A で三相短絡事故が発生したとき，事故電流〔kA〕の値として，最も近いものを次の(1)～(5)のうちから一つ選べ．ただし，変圧器の二次側から A までのインピーダンス及び負荷は，無視するものとする．

(1) 4.4　(2) 6.0　(3) 7.0
(4) 11　(5) 44

【解答】

(a) 題意より，10 MV·A を基準容量として（これを「10 MV·A ベースとして」ともいう），変圧器と送電線の％リアクタンスの換算を行うと，

$$変圧器の\%X_t = 15.0 \times \frac{10}{20} = 7.5\ \%$$

$$送電線の\%X_l = 5.0 \times \frac{10}{100} = 0.5\ \%$$

よって，変圧器の二次側から電源側を見た％リアクタンス（$\%X$ とする）の値は，

$$\%X = \%X_t + \%X_l = 7.5 + 0.5$$
$$= 8.0\ \%$$

答（2）

(b) まず，定格電流 I_n［A］を求める．このときに用いる電圧の値は，三相短絡事故点が A（変圧器の二次側）であることから，二次側線間電圧の 6.6 kV とする．基準容量は 10 MV・A なので定格電流 I_n［A］は，

$$I_n = \frac{10 \times 10^6}{\sqrt{3} \times 6.6 \times 10^3} \cong 875\ \mathrm{A}$$

したがって，求める三相短絡電流 I_s［A］は次式により求められる．

$$I_s = \frac{100}{\%Z} \times I_n = \frac{100}{8} \times 875 \cong 10\,900\ \mathrm{A}$$
$$= 10.9\ \mathrm{kA}$$

答（4）

実務

引込第 1 号柱の区分開閉器の選定

区分開閉器を選定する際の検討事項の1つとして定格短時間耐電流がある．区分開閉器の二次側で短絡事故が起きた場合，開閉器では短絡電流を遮断できないので，配電用変電所の遮断器が動作するまでの間，流れる短絡電流に耐える必要がある．この短絡電流は，電力会社に問い合わせて受電点の三相短絡容量を教えてもらい，その情報をもとに計算する必要がある．

区分開閉器以外にも高圧受電設備にはさまざまな機器類が使用されており，これらも短絡電流から保護されなければならないのは同様である．各機器やケーブルについては，**表 3** のように熱的・機械的な短絡強度が示されているので，それぞれの選定時に留意する必要がある．

過電流保護と保護協調

高圧受電設備における保護協調は，短絡事故などが発生した場合に設備の保護が確実に行われること，配電系統への事故の波及を防止することを目的としている．

前述のように，高圧受電設備における過電流保護協調は，段階時限による選択遮断方式が採用されている．この方式では，電路の区分点ごとに段階的に時間差を設ける．すなわち，負荷側保護継電器以下で発生した事故は負荷側保護継電器だけが動作して保護を行い，電源側の保護継電器は動作せず，ほかの健全回路へは継続して送電を可能とし，その結果として系統全体の供給信頼度を向上させるという考え方である．

過電流保護は，前述の地絡保護と同様に電力会社の保護方式に対応して時限協調をとる必要がある．この詳細については，「**4 部の 1．波及事故**」を参照いただきたい．

熱画像による機器の発熱状況確認

高圧受電設備の点検時において，各機器の過負荷や接触不良などによる過熱状態を把握すること

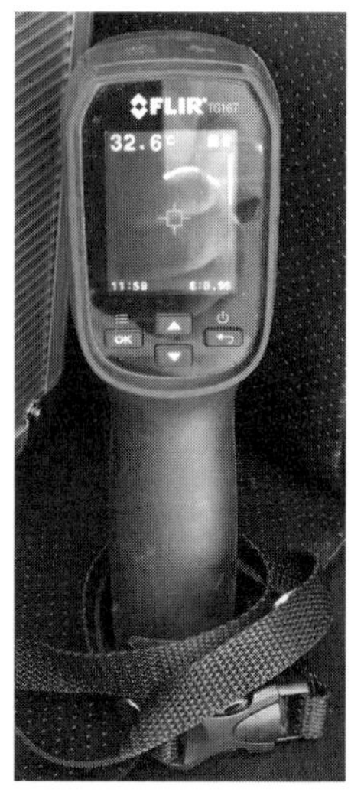

写真 3　赤外線サーモグラフィの一例

写真 4　LBS の架台における発熱事例

出典：横山電気管理事務所

は，重要なポイントの1つである．

これを簡易に確認する方法として，赤外線サーモグラフィによる温度測定があげられる．測定器の一例を**写真3**に示す．また，この測定器を用いて発見したLBSの架台における発熱事例（後日，取替工事を実施済み）を**写真4**に示す．

表3　各機器の短時間耐量

出典：(一社)日本電気協会：高圧受電設備規程（JEAC 8011-2020）2120-8表

名　称	熱的強度 （交流対称分実効値）	機械的強度 （波高値）	規　格
遮断器	定格短時間耐電流　1秒間 （定格遮断電流）	左記電流×2.5	JIS C 4603（2019） 「高圧交流遮断器」
	定格短時間耐電流　2秒間 （定格遮断電流）	左記電流×2.5又は左記電流×2.7*1	JEC 2300（2010） 「交流遮断器」
断路器	定格短時間耐電流　1秒間	左記電流×2.5	JIS C 4606（2011） 「屋内用高圧断路器」
	定格短時間耐電流　2秒間 （盤内で使用され，かつ，盤内設備と時間協調が取れる場合は1秒間を採用できる．）		JEC 2390（2013） 「開閉装置一般要求事項」
負荷開閉器	定格短時間耐電流　1秒間	左記電流×2.5	JIS C 4605（2020） 「1 kVを超え52 kV以下用交流負荷開閉器」 JIS C 4607（1999） 「引外し形高圧交流負荷開閉器」 JIS C 4611（1999） 「限流ヒューズ付高圧交流負荷開閉器」
高圧交流電磁接触器	定格短時間耐電流　0.5秒間	左記電流×2.0	JEM 1167（2007） 「高圧交流電磁接触器」
変圧器	自己インピーダンスで制限される電流（短絡電流）2秒間 ただし，%インピーダンス4%未満のものは定格電流の25倍	系統短絡インピーダンスのX/R比で倍率変化 最大で左記電流×2.55	JIS C 4304（2013） 「配電用6 kV　油入変圧器」 JIS C 4306（2013） 「配電用6 kV　モールド変圧器」
		左記電流×2.55	JEC 2200（2014） 「変圧器」
計器用変流器	定格耐電流　1秒間 （定格耐電流とは定格1次電流の倍数（定格過電流強度）で決められる値もしくは定格過電流に相当する電流をいう）	左記電流×2.5	JIS C 1731-1（1998） 「計器用変成器（標準用及び一般計測用）第1部　変流器」 JEC 1201（2007） 「計器用変成器（保護継電器用）」
	定格耐電流8又は12.5 kAを0.125秒間又は0.16秒間*2		JIS C 4620（2018） 「キュービクル式高圧受電設備」附属書A
零相変流器	定格1次電流の40倍　1秒間	—	JIS C 4601（1993） 「高圧受電用地絡継電装置」 JIS C 4609（1990） 「高圧受電用地絡方向継電装置」
	定格耐電流　1秒間 （定格耐電流とは定格1次電流の倍数（定格過電流強度）で決められる値もしくは定格過電流に相当する電流をいう）	左記電流×2.5	JEC 1201（2007） 「計器用変成器（保護継電器用）」
ケーブル	導体の計算断面積及び2120-11表の短絡時最高許容温度から計算で求められる（2120-26図にCV，CVTケーブルについて示す）	支持方式により決まりケーブル自身に関係ない	

〔備考1〕＊1は，直流分減衰時定数として45 msを採用する場合は2.5倍，120 msを採用する場合は2.7倍であることを示す．
〔備考2〕＊2は，3サイクル遮断器用の場合は0.125秒，5サイクル遮断器用の場合は0.16秒であることを示す．

3 高圧ケーブル

学習
線路の電圧降下

試験
電圧降下計算

実務
端末処理

会社の設計のエクセル資料に電圧降下式が埋め込まれているが，なぜ「$\sqrt{3}I\ (R\cos\theta + X\sin\theta)$」になるのか謎のまま数値のみ入力している．条件が変わったとき，どうすればよいのか？

実務はそれなりにこなしているが，ベクトル図の意味や描き方がわからず，聞かれるとドキッとしてしまう．

学習

区分開閉器から自家用受電設備までの引込線を地中線とする場合は，一般に高圧 CVT ケーブルを使用する．ここでは，実務上必要な高圧 CVT ケーブルの基礎知識，電圧降下を求める方法とベクトル図の描き方，ケーブルの端末処理などについて学習する．

種類

電力会社側の設備が架空線か地中線かにかかわらず，PAS や UGS などの区分開閉器から高圧受電設備までの高圧引込ケーブルは，現在，ほとんどのケースで CVT ケーブルが使用されている．

CVT ケーブルは従来の CV ケーブル（架橋ポリエチレン絶縁ビニル外装ケーブル）を 3 本より合わせた「トリプレックス」型の CV ケーブルで，絶縁体に架橋ポリエチレンを使用している．架橋ポリエチレンは，絶縁耐力が高く，誘電正接および誘電率が低いことに加え，耐熱性に優れた絶縁体である．

CVT ケーブルは，CV ケーブルに比べて放熱が良く，許容電流を 10 %程度大きくとれる．また，軽量で曲げやすいなど作業性が良く，端末処理も容易なことから，600 V から 500 kV の超高圧まで使用されるなど，現在の電力ケーブルの主流となっている．

構造

図 1 に 6 kV CVT ケーブルの断面図を示す．

高圧以上のケーブルの構造上の特徴として，低圧ケーブルにはない半導電層，金属遮へい銅テープなどがある．以下に CVT ケーブルの構成材料の概要について説明する．

① 導体：円形圧縮導体を撚線にして使用することにより，表皮効果の低減を図っている．

② 絶縁体：以前より CV（CVT）ケーブルは，

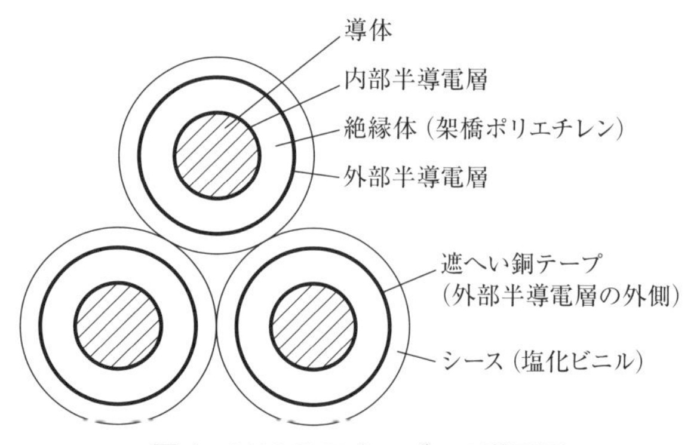

図 1　6 kV CVT ケーブルの断面図

絶縁体である架橋ポリエチレンの経年に伴う水トリー発生による絶縁破壊と，これによる地絡事故の配電系統への波及事故の防止が課題であった．そこで，ケーブルの製造工程における対策として，架橋方式を湿式から乾式に変更するとともに，内部半導電層，絶縁体，外部半導電層を同時に押し出すことによって成型するE—Eタイプ（**図 2**）が採用された．これらの対策により，ケーブル内部への異物や水分などの混入のおそれが少なくなり，経年劣化による水トリーの発生防止に効果を発揮している．

③ 内部半導電層：導体と絶縁体との間にあり（**図 3**），導体素線間の空隙を埋め，導体表面の凹凸を極力なくすことにより，導体表面の電界の均一化を図っている．

④ 外部半導電層：絶縁体と遮へい銅テープとの間にあり，絶縁体表面の微細な凹凸をなくして，絶縁体表面の電界の均一化を図っている．

⑤ 遮へい層：外部半導電層の外側に銅テープを巻き，これを接地することで，電界の遮へい，地絡電流の通路，感電防止などの役割を果たしている（**図 4**）．

⑥ シース：ビニル外装なので，ケーブル内部への浸水を完全には防ぐことはできない．ケーブル埋設箇所が浸水しやすい場合は，ほかの場所よりも早い更新が必要になることがある．

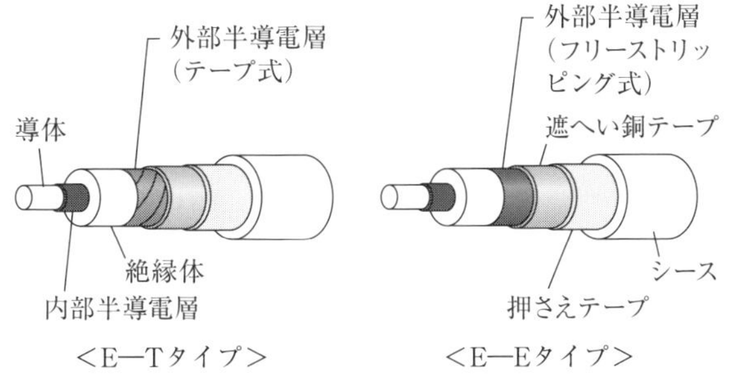

タイプ	内部半導電層	外部半導電層	架橋方式
E—T	フリーストリッピング式	テープ式	湿式
E—E	フリーストリッピング式	フリーストリッピング式	乾式

図 2　E—T タイプと E—E タイプの構造比較

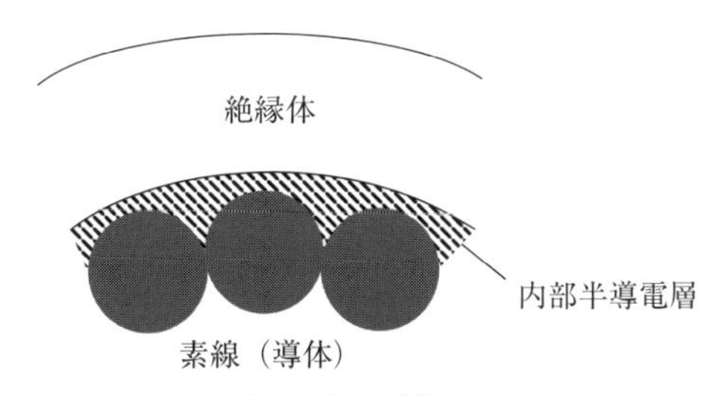

図 3　内部半導電層

選定

CVTケーブルは，JIS C 3606，JCS 4395などに適合するもので，ケーブルサイズは，想定される最大負荷電流とケーブルの布設状態，短時間許容電流等を考慮して決定する．高圧引込ケーブルの場合は，電力会社と協議のうえ決定することが望ましい．

高圧ケーブルによる地中引込線の施設例

地中電線路では，電線に前述のCVTケーブルを使用し，布設方法として管路式，暗きょ式，または直接埋設式により施設する．

図 5に引込第1号柱からの高圧ケーブルによる地中引込線の施設例を示す．ケーブル立ち上り部分は，鋼管などを施設してケーブルを外傷などから防護する．

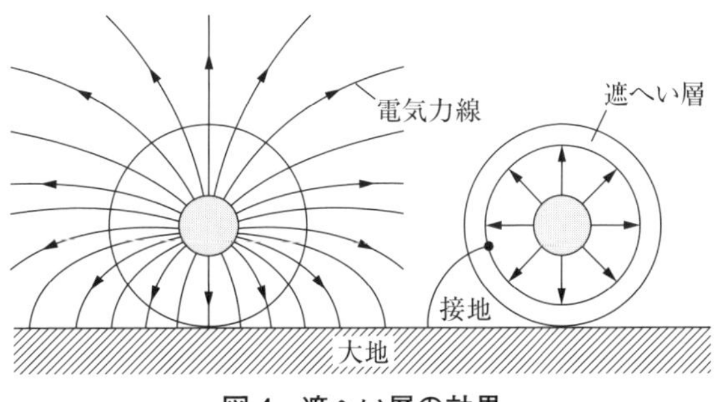

図 4　遮へい層の効果

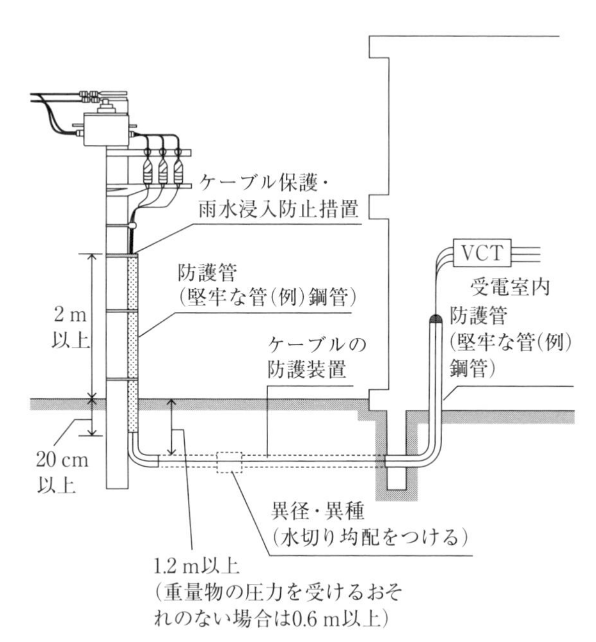

図5 引込第1号柱からの高圧ケーブルによる地中引込線の施設例

出典：(一社)日本電気協会：高圧受電設備規程（JEAC 8011-2020）1120-9図 備考は省略

送配電線路における電圧降下

送配電線路では，電流が流れることによって電圧降下が発生する．その検討にあたっては，適切な等価回路を考える必要がある．

線路亘長が数百 km 以上の長距離線路では，線路抵抗 R，インダクタンス L，静電容量 C，漏れコンダクタンス G などの線路定数を考慮した分布定数回路を用いる必要がある．また，線路亘長が数十 km 程度の中距離線路の場合は，G を除く R，L，C の集中定数回路である T 形回路や π 形回路を用いる．

一方，線路亘長が数十 km 程度以下になると，C，G の影響を無視してよく，線路の末端に力率 $\cos\theta$（遅れ）の負荷がある場合の等価回路は，抵抗 R やリアクタンス X が1か所に集中したシンプルな回路を用いることができる（**図6**）．

「**1部**」の図39でも同様の図を示したが，図6において，線路に電流 $\dot{I}$ が流れると，線路のインピーダンスによって電圧降下が生じる．抵抗 R による電圧降下は電流 $\dot{I}$ と同相であり，リアクタンス X による電圧降下は電流 $\dot{I}$ よりも位相が90度進む．

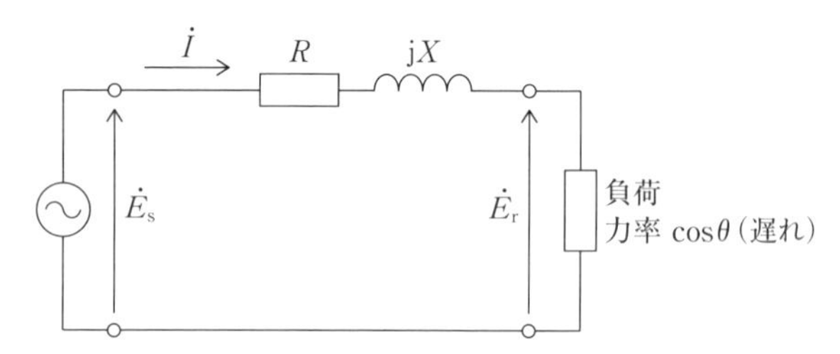

図6 短距離送配電線路の等価回路（一相分）

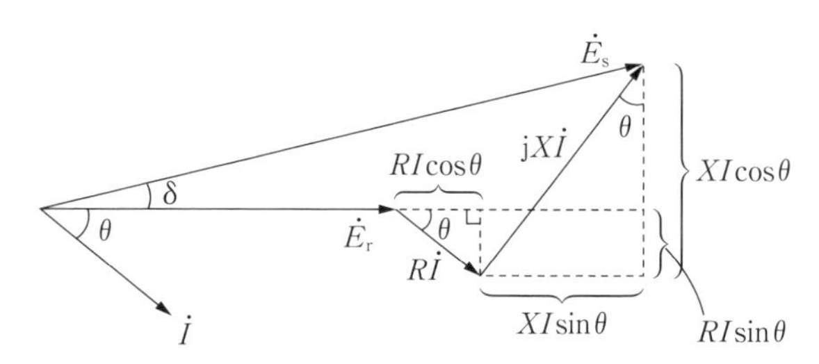

図7 図6の等価回路のベクトル図（$\dot{E}_r$ 基準，一相分）

このとき，受電端相電圧 $\dot{E}_r$ を基準に一相分のベクトル図を描くと**図7**のようになる．

なかにはベクトル図の理解が十分でない方もいるかもしれないが，図7はベクトル図のなかでも基本中の基本であるので，何も見ずに描けるよう十分理解していただきたい．ベクトル図について初歩から学習・確認したい方には，オーム社刊の『スラスラ描ける電験三種ベクトル図』（2020年）をおすすめしたい．

図7のベクトル図において，E_s を斜辺，（$E_r + RI\cos\theta + XI\sin\theta$）を底辺とする直角三角形を考えると，三平方の定理より，

$$E_s^2 = (E_r + RI\cos\theta + XI\sin\theta)^2 + (XI\cos\theta - RI\sin\theta)^2$$

となるので，送電端電圧 E_s は，

$$E_s = \sqrt{(E_r + RI\cos\theta + XI\sin\theta)^2 + (XI\cos\theta - RI\sin\theta)^2} \quad \text{式(1)}$$

となる．一般に，図7における δ（相差角）は小さいので，(1)式の根号内の第2項を省略でき，

$$E_s \fallingdotseq E_r + I(R\cos\theta + X\sin\theta)$$

となる．

以上より，電圧降下 v は，

$$v = E_s - E_r \fallingdotseq I(R\cos\theta + X\sin\theta) \quad \text{式(2)}$$

となる．ここで式(2)の v は，電線1線と中性線の

間の電圧降下であることに注意していただきたい．

一般に送配電系統では，電圧というと線間電圧を意味する．線間電圧の場合の電圧降下は，単相2線式では往復分と考え，式(2)の2倍となる．また，三相3線式では線間電圧の大きさは相電圧の$\sqrt{3}$倍で，$V_s=\sqrt{3}E_s$，$V_r=\sqrt{3}E_r$なので，式(2)の$\sqrt{3}$倍となる．したがって，三相3線式の場合の電圧降下v_3を求める式は以下のようになる．

$$v_3=V_s-V_r\fallingdotseq\sqrt{3}I(R\cos\theta+X\sin\theta) \qquad \text{式(3)}$$

これが一般に公式として用いられている三相3線式における電圧降下の式である．上記の説明のように，この式は図7のベクトル図から求められる式(1)を用いるべきところを簡略化した式である．

試験（出題例）

（平成25年度 第三種電気主任技術者試験，電力科目，問13）

図のような三相3線式配電線路において，電源側S点の線間電圧が6 900〔V〕のとき，B点の線間電圧〔V〕の値として，最も近いものを次の(1)～(5)のうちから一つ選べ．

ただし，配電線1線当たりの抵抗は0.3〔Ω/km〕，リアクタンスは0.2〔Ω/km〕とする．また，計算においてはS点，A点及びB点における電圧の位相差が十分小さいとの仮定に基づき適切な近似を用いる．

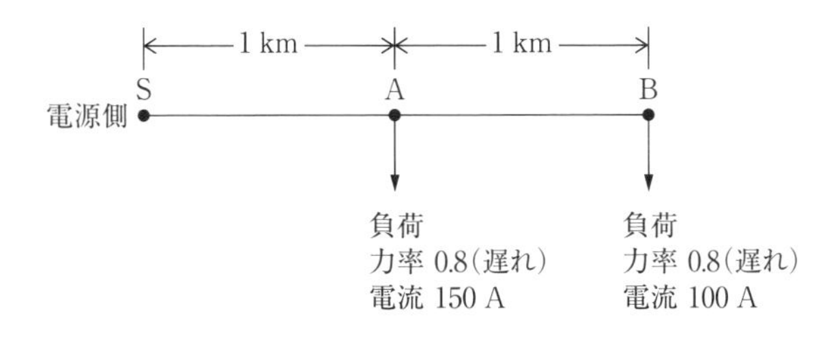

(1) 6 522　(2) 6 646　(3) 6 682
(4) 6 774　(5) 6 795

【解答】

複数の負荷がある場合の電圧降下を求める問題であるが，問題に「S点，A点及びB点における電圧の位相差が十分に小さい」との仮定が与えられている．この仮定により，「重ねの理」を用いて求めることができる．すなわち，各負荷が単独に存在する場合の電圧降下を求め，これを加え合わせればよい．

前述のように，三相3線式配電線路の電圧降下v［V］は次式で表される．

$$v=V_s-V_r\fallingdotseq\sqrt{3}I(R\cos\theta+X\sin\theta)$$

上式を用いて，まずA～B間の電圧降下v_{AB}［V］を求めると，

$$v_{AB}=\sqrt{3}\times100\times(0.3\times1\times0.8+0.2\times1\times0.6)$$
$$=36\sqrt{3}\ \text{V}$$

同様にしてS～A間の電圧降下を求めると，

$$v_{SA}=\sqrt{3}\times250\times(0.3\times1\times0.8+0.2\times1\times0.6)$$
$$=90\sqrt{3}\ \text{V}$$

したがって，求めるB点の線間電圧V_B［V］は，電源側S点の線間電圧6 900 Vから上記の電圧降下v_{AB}，v_{SA}を引けばよいので，

$$V_B=6\,900-(36\sqrt{3}+90\sqrt{3})=6\,900-126\sqrt{3}$$
$$\fallingdotseq6\,682\ \text{V}$$

答（3）

実務

年次点検

年次点検において行う高圧ケーブルの絶縁抵抗試験については，「**3部の1．絶縁抵抗測定**」を参照いただきたい．

端末処理

CVTケーブルを開閉器やVCTなどの高圧機器に接続する際は，架空線では行わない端末処理が必要となる．

CVTケーブルを切断すると，遮へい層も切断され，その末端部には電気ストレス（電気力線）が集中し，絶縁破壊に至る可能性がある．そこで，半導電性のストレスコーンを用いて，等電位面をなだらかにして電界を緩和する．この電界緩

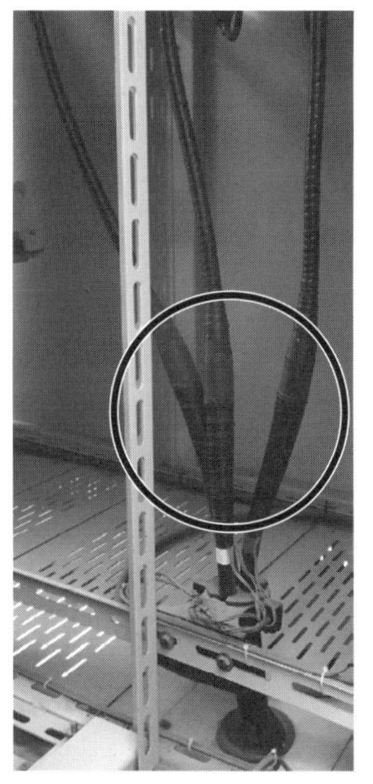

写真1　高圧 CVT ケーブル用ゴムストレスコーン形屋内終端接続部（左）と UGS 高圧端末処理の例（右）

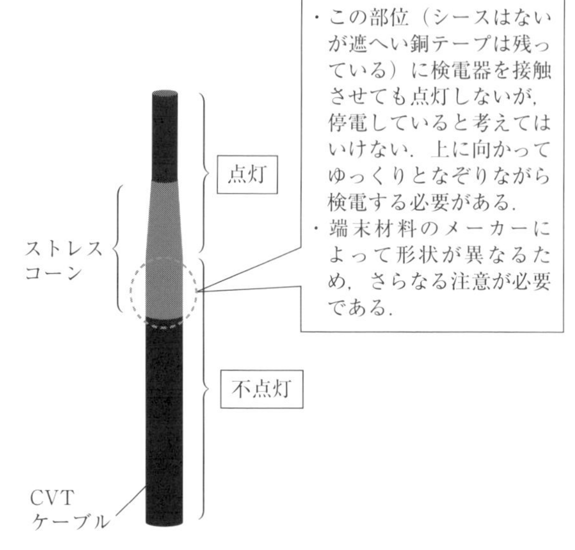

図8　ケーブル端末部における検電器の点灯状態

和措置がストレスコーンの取り付けである（**写真1**）．

上記のように，ケーブルの端末処理には，末端部の電界集中を緩和するためのストレスコーンの取り付けのほか，遮へい銅テープや外部半導電層の処理など高度な技術が必要とされる．この端末処理が高圧ケーブルの寿命に大きく影響を与えるため，工事施工者および電気主任技術者のかかわり方について，高圧受電設備規程（JEAC 8011-2020）では以下のような記載がある．

「高圧引込ケーブルの端末処理は，熟練した作業者により正確な工法で，かつ，次により施工すること」とし，以下の点が付け加えられている．

(1) ケーブルの端末処理を施工する作業者は，使用するケーブル，端末処理材料及び端末処理の技術について十分な知識と経験を有する者であること．

(2) 電気主任技術者又はこれに代わる者がケーブルの端末処理作業に立ち合い，（中略）点検し，結果を記録すること．

ケーブル端末部の検電

UGS などに接続を行うケーブル端末部は，電界の集中による絶縁破壊を避けるため，前述のような端末処理を行っている．そのため，検電器先端を接触する場所によっては，充電しているにもかかわらず点灯表示をしないことがあるので注意を要する（**図8**）．

したがって，高圧ケーブルを検電する際は，検電器でストレスコーン部を慎重に上下になぞりながら検電することが必要となる．検電器が点灯しない箇所でも充電なしと勘違いしてはいけない．作業安全において，ケーブル構造の理解が必要となる事例の1つである．

4 高圧進相コンデンサ・直列リアクトル

学習
第 n 調波のリアクタンス

試験
LC 直列回路のリアクタンス

実務
外観点検・感電防止

電気機器の多くが半導体を使用している．そのため高調波対策が必須になり，受電設備の新設時には，コンデンサ設備に直列リアクトルを取り付けることが通常だというが，理論的に高調波は各機器にどのような影響を及ぼすのだろうか？

電気主任技術者になりたての頃に起きやすい事故として，コンデンサやケーブルの耐圧試験後に，しっかり放電せずに充電部に触れて感電する事例があると聞いた．

学習

高圧進相コンデンサは，電路で発生する遅れ無効電力を減少させ，力率を改善する機能を有する．直列リアクトルは高圧進相コンデンサの電源側に直列に接続し，高圧進相コンデンサへの高調波電流の流入を抑制する．

ここでは，実務上必要な高圧進相コンデンサ・直列リアクトルの基礎知識，点検時の留意事項等について学習する．

進相コンデンサの機能と種類

一般需要家の負荷設備には，力率が1に近い電灯負荷や，遅れ力率となる電動機などの誘導負荷が混在している．これらを総合した負荷全体の力率の平均は85 %程度の遅れ力率となることが多い．これに対して進相コンデンサを設置して力率改善を図ることが一般的である．

進相コンデンサには高圧用と低圧用があり，それぞれの設置効果は**図1**に示すように設置位置によって変わる．すなわち，力率割引制度による基本料金の低減を目的とする場合は変圧器の一次側（高圧側，図1における設置位置①）に高圧進相コンデンサを設置する．

変圧器の裕度を増やしたい場合や変圧器の損失低減のためには変圧器の二次側（低圧側，同図の②）に，電圧降下や電力損失低減までを目的とする場合は負荷側（同図の③）に低圧進相コンデンサを設置する．

ここでは，高圧進相コンデンサについて述べる．

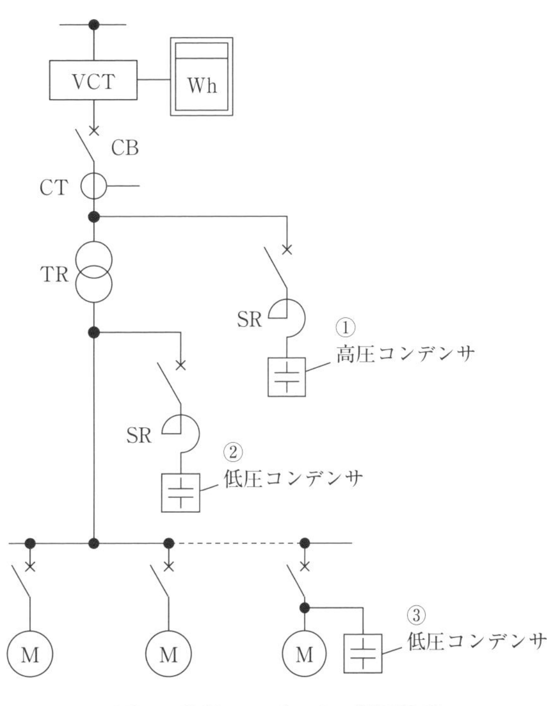

図1　進相コンデンサの設置箇所

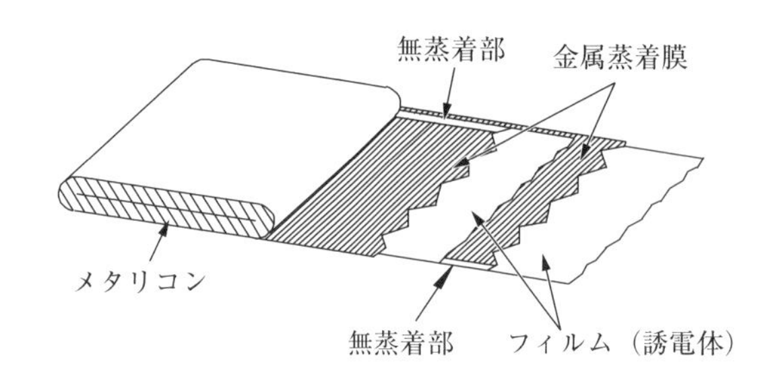

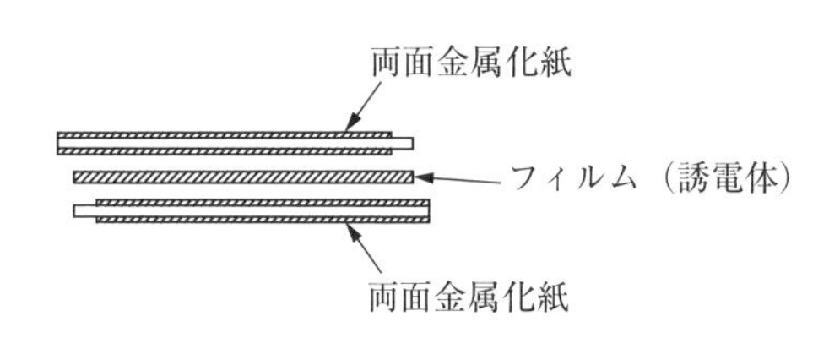

図 2　蒸着電極コンデンサの構造図
出典：ニチコン(株)

高圧進相コンデンサの構造

高圧進相コンデンサは，従来は箔電極コンデンサが主流であったが，現在は，蒸着電極コンデンサに移行しつつある．

蒸着電極はフィルムに金属を蒸着させたもので，非常に薄い蒸着金属膜を電極としている（**図 2**）．その誘電体に局部的な絶縁破壊が生じると，破壊部分の電極膜が蒸発・消失して絶縁回復することから，SH（Self Healing）コンデンサと呼ばれる．

高圧進相コンデンサの選定にあたっては，JIS C 4902-1 などの標準規格に適合するものとする．

写真 1 に高圧進相コンデンサの外観を示す．

高圧進相コンデンサの容量

電力会社の基本料金は，(基本料金単価)×(契約電力)$\times \frac{185 - 力率}{100}$ で計算されるので，力率 85 % を基準に力率が改善されると割引率が増え，逆に力率が低下すると割引率が減る仕組みになっている．したがって，改善目標を力率 100 %として選定することが理想であるが，負荷の増減なども考えられることから，平均使用状態として 98 %程度とすることが多い．

留意点としては，過度の進み力率にならないような容量とすることである．高圧進相コンデンサの容量については，従来より「三相変圧器容量の 1/3 程度」という目安が広く用いられてきた．しかし，近年は多くの電気機器の力率が改善されていることもあり，結果として過剰な容量が選定されることがあるので注意が必要である．また，高圧進相コンデンサ容量は，負荷の無効電力も想定して選定する必要がある．

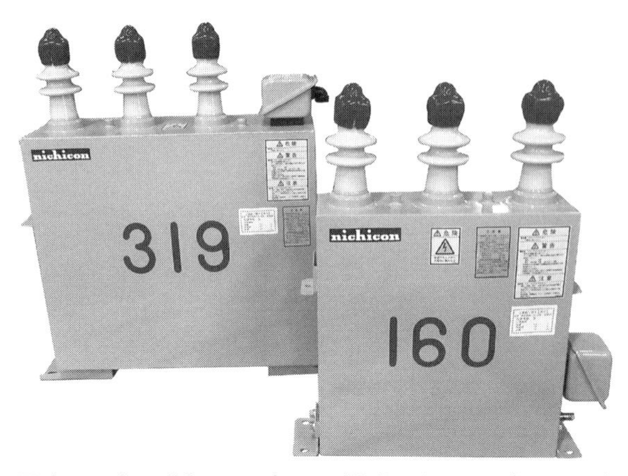

写真 1　高圧進相コンデンサ（蒸着電極コンデンサ SH）の外観
出典：ニチコン(株)

例えば，インバータ機器を使用する場合は，その分は力率が 1 とみなして，力率改善の対象負荷から除いて検討すること，進相コンデンサの定格設備容量が 300 kvar を超過する場合は 2 群以上に分割し，負荷の変動に応じて接続する進相コンデンサの容量を変化できるように施設することなどが考えられる．

力率改善に関する詳細については，「**4 部の 3. 力率改善**」を参照いただきたい．

また，進相コンデンサの回路に開閉装置を設置する場合は，**表 1** の適用区分に基づいて選定する．

高調波と直列リアクトルの設置

高調波は，インバータなどの電力用半導体，アーク炉や変圧器の鉄心飽和等により発生する．

図 3 に示すように，基本波（正弦波）に各次数の高調波が合成されてひずみ波が生じる．

高調波の場合，容量性リアクタンス X_c（$=1/2\pi fC = 1/\omega C$）が低下するので，電力用コンデンサに過電流が流れやすくなり，コンデンサの焼損，異常音（うなり）の発生，過電流継電器の誤

表 1　進相コンデンサの開閉装置

出典：(一社)日本電気協会：高圧受電設備規程（JEAC 8011-2020）1150-3 表

機器種別 / 進相コンデンサの定格設備容量	開閉装置			
	遮断器（CB）	高圧交流負荷開閉器（LBS）	高圧カットアウト（PC）	高圧真空電磁接触器（VMC）
50 kvar　以下	○	△	▲	○
50 kvar　超過	○	△	×	○

〔備考 1〕表の記号の意味は，次のとおりとする．
（1）○は，施設できる．
（2）△は，施設できるが，進相コンデンサの定格設備容量を運用上変化させる必要がある場合には遮断器もしくは高圧真空電磁接触器を採用することが望ましい．
（3）▲は，進相コンデンサ単体の場合のみ施設できる．（原則，進相コンデンサには直列リアクトルを設置すること．）
（4）×は，施設できない．
〔備考 2〕JIS C 4902-1（2010）「高圧及び特別高圧進相コンデンサ並びに附属機器−第 1 部：「コンデンサ」において，「定格設備容量」は，コンデンサと直列リアクトルを組み合わせた設備の定格電圧及び定格周波数における設計無効電力と定義されており，上表の定格設備容量 50 kvar は，コンデンサの定格容量では 53.2 kvar（6 %リアクトル付き）となる．

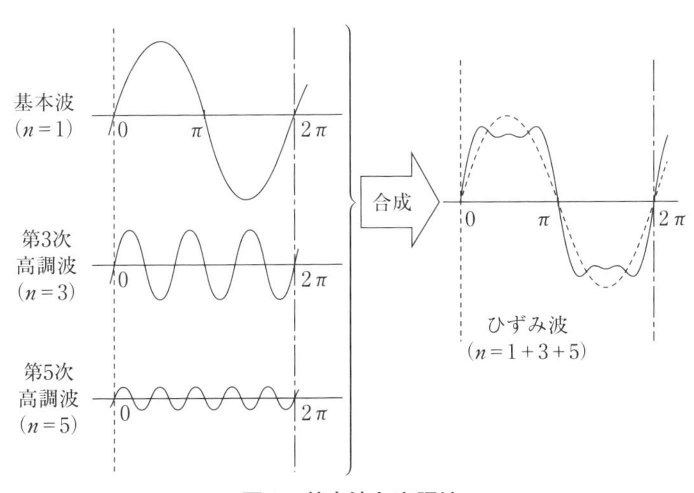

図 3　基本波と高調波

動作などにつながるおそれがある．

高調波回路の計算においては，第 n 次高調波の場合，インダクタンス L によるリアクタンス（誘導性リアクタンス）は n 倍に，静電容量 C によるリアクタンス（容量性リアクタンス）は（1/n）倍する必要がある．すなわち，高調波はリアクタンスが小さいコンデンサに流れ込みやすく，この作用は高調波の次数が高いほど顕著となる．

これを防止するために，コンデンサ容量の 6 %あるいは 13 %の直列リアクトルを挿入し，ある次数以上の高調波に対して，コンデンサ回路のリアクタンスが誘導性となるように調整する必要がある．また，直列リアクトルは，高圧進相コンデンサ投入時の突入電流の抑制という役割も担う．

高調波に関する詳細については，「**4 部の 2．高調波障害**」を参照いただきたい．

 試験（出題例）

（平成 26 年度 第三種電気主任技術者試験，法規科目，問 13）

三相 3 線式，受電電圧 6.6 kV，周波数 50 Hz の自家用電気設備を有する需要家が，直列リアクトルと進相コンデンサからなる定格設備容量 100 kvar の進相設備を施設することを計画した．この計画におけるリアクトルには，当該需要家の遊休中の進相設備から直列リアクトルのみを流用することとした．施設する進相設備の進相コンデンサのインピーダンスを基準として，これを$-j100$%と考えて，次の(a)及び(b)の問に答えよ．

なお，関係する機器の仕様は，次のとおりである．

・施設する進相コンデンサ：回路電圧 6.6 kV，周波数 50 Hz，定格容量三相 106 kvar

・遊休中の進相設備：回路電圧 6.6 kV，周波数 50 Hz
　進相コンデンサ　定格容量三相 160 kvar
　直列リアクトル　進相コンデンサのインピーダンスの 6 %

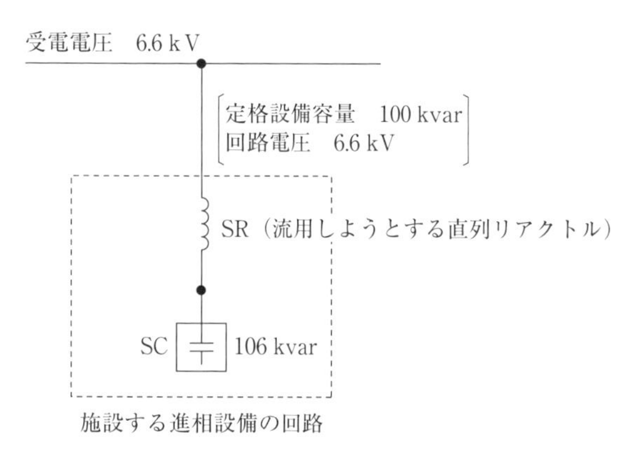

(a) 回路電圧 6.6 kV のとき，施設する進相設備のコンデンサの端子電圧の値［V］として，最も近いものを次の(1)～(5)のうちから一つ選べ．

(1) 6 600　(2) 6 875　(3) 7 020　(4) 7 170　(5) 7 590

(b) この計画における進相設備の，第 5 調波の影響に関する対応について，正しいものを次の(1)～(5)のうちから一つ選べ．

(1) インピーダンスが 0 %の共振状態に近くなり，過電流により流用しようとするリアクトルとコンデンサは共に焼損のおそれがあるため，本計画の機器流用は危険であり，流用してはならない．

(2) インピーダンスが約$-j10$%となり進み電流が多く流れ，流用しようとするリアクトルの高調波耐量が保証されている確認をしたうえで流用する必要がある．

(3) インピーダンスが約$+j10$%となり遅れ電流が多く流れ，流用しようとするリアクトルの高調波耐量が保証されている確認をしたうえで流用する必要がある．

(4) インピーダンスが約$-j25$%となり進み電流が流れ，流用しようとするリアクトルの高調波耐量を確認したうえで流用する必要がある．

(5) インピーダンスが約$+j25$%となり遅れ電流が流れ，流用しようとするリアクトルの高調波耐量を確認したうえで流用する必要がある．

【解答】

(a) 関係する機器の仕様に示されている遊休中の進相設備における直列リアクトルの「6 %」というのは，定格容量三相 160 kvar の進相コンデンサを基準としたものであることに注意する．

したがって，新規に施設する定格容量 106 kvar の進相コンデンサに対する直列リアクトルの%インピーダンスは，基準容量を 106 kvar に換算して求める必要がある．

すなわち，

$$6 \times 106/160 = 3.975\ \%$$

となる．

次に題意より，施設する進相コンデンサの%インピーダンスを$-j100$%と考える．この場合，上記で求めた直列リアクトルの%インピーダンスの符号は，$+j3.975$%とする．

以上より，流用する直列リアクトルと新設する進相コンデンサの合成%インピーダンスは，

$$(+j3.975) + (-j100) = -j96.025\ \%$$

となる．

新規に施設する進相設備の回路全体（問題の図中における点線部）には受電電圧 6.6 kV が印加されるが，直列リアクトルと進相コンデンサそれぞれの端子電圧は，インピーダンスによる分圧によって求められる．

したがって，施設する進相コンデンサの端子電圧の値は，

$\{(-j100)/(-j96.025)\}\times 6\,600$

$\fallingdotseq 6\,873.2$ V　　答 (2)

(b) 第5調波の影響に関する対応について検討するにあたり，第n調波の場合は，直列リアクトルはインピーダンスがn倍に，進相コンデンサのインピーダンスは(1/n)倍になることに留意する．

まず，第5調波に対する直列リアクトルの%インピーダンスは基本波の場合の5倍になり，

$5\times(+j3.975)=+j19.875$ %

となる．次に，第5調波に対する進相コンデンサの%インピーダンスは1/5になり，

$(-j100)/5=-j20$ %

となる．

よって，それらの合成インピーダンスは，

$+j19.875+(-j20)=-j0.125$ %

と非常に小さくなる．すなわち，共振状態に近くなり，大電流が流れることによる直列リアクトルや進相コンデンサの焼損，異常音発生などのリスクがある．

よって，この施設計画は見直すべきと考えられる．　　答 (1)

実務

高圧進相コンデンサの外観点検のポイント

外観点検にあたっては，過熱，漏油，異音，異臭の有無に注意する．また，コンデンサ内部は絶縁油が充満し加圧されているため，正常時も外箱は若干膨らんでいるが，外箱の著しい膨らみや変形がないかという点に留意する．

写真2は高圧進相コンデンサの外箱が破壊，噴油に至った例である．

高圧進相コンデンサの故障のほとんどが内部素子の絶縁破壊である．過電流が流れることによって素子が焼損・炭化し，内部アークの熱により絶縁油が分解・ガス化して内圧が上昇する．この分解ガスがコンデンサ外箱を膨張させ，その限界を超えると容器・ブッシングが破壊され，火災に至ることもあるので点検時には特に注意を要する．

写真2　外観が破壊，噴油に至った高圧進相コンデンサ（箔電極コンデンサNH）の例

出典：ニチコン(株)

うっかりしやすい重大なミス

電気主任技術者として実務をはじめたばかりの頃に起きやすい事例として，コンデンサやCVTケーブルの耐圧試験後にしっかりと放電をせずに充電部に触れて感電する事例があげられる．

ケーブルの絶縁体は，一種のコンデンサと考えられる．コンデンサやケーブルの耐圧試験や絶縁抵抗試験後は，コンデンサやケーブルの絶縁体に充電された電荷が残留しており，これを十分に放電しないと非常に危険である．電験三種で学習した $Q=CV$ の式からもわかるように，静電容量 C [F] のところに V [V] の電圧を印加すると，そこには Q [C] の電荷が蓄えられていることを決して忘れてはならない．いわば，電気屋の「基本の基」といえる．電気は目に見えないだけに厄介な代物であるが，こういうときにこそ基本的な理論の理解が自分の身を守る．

5 避雷器

学習 過電圧の抑制メカニズム

試験 避雷器の役割

実務 絶縁協調

スキー場やゴルフ場は，季節によって長期休業になる．このとき需要家の要望により気中開閉器（PAS）を開放する場合があるが，耐雷対策としては大丈夫なのだろうか？

学習

避雷器は，雷サージなどの異常電圧による電流を大地へ流して電路の絶縁物を保護する働きをもつ．

ここでは，実務上必要な避雷器の基礎知識，避雷器を基本とした絶縁協調の考え方などについて学習する．

機能

図1に避雷器による雷サージ電圧の抑制メカニズムを示す．避雷器は，高圧配電線路（図1の左側）から侵入してくる雷サージ電流を避雷器に流し，雷電圧を抑制することにより，その負荷側にある受電設備の絶縁破壊を防止する機能を有する．

図1の左側より雷サージが高圧受電設備に侵入すると考える．その結果，避雷器（LA）に加わる電圧が放電開始電圧に達するとサージ電流（放電電流）I ［A］が流れる．

このとき，負荷側（図1の右側）の受電設備に加わる電圧 E ［V］は，避雷器の制限電圧 E_{LA} ［V］，接地抵抗 R ［Ω］とすると，

$$E = E_{\mathrm{LA}} + I \times R \text{ [V]}$$

となる．

この式からわかるように，接地抵抗 R ［Ω］が大きいと，対地電位上昇 $I \times R$ ［V］，ひいては受電設備にかかる電圧 E ［V］の値が大きくなり，受電設備の絶縁を脅かす可能性が生じる．

避雷器の効果をより有効なものとするためには，接地抵抗 R ［Ω］を極力低減するとともに，接地線をできるだけ短くして接地線のサージインピーダンスが大きくならないように施設することが重要である．

配電線からの雷サージ
避雷器によって低減された電圧
避雷器の制限電圧 E_{LA}
避雷器 LA
サージ電流
接地抵抗 R
I
E
受電設備
受電設備にかかる電圧

図1　避雷器による雷サージ電圧の抑制メカニズム

構造

避雷器は，ギャップ，碍管，酸化亜鉛素子（特性要素）などから構成される（**図2**）．

雷サージが侵入するとギャップで放電を開始し，特性要素をとおして大地にサージ電流が流れる．特性要素は所定の制限電圧まで雷サージによる過電圧を低減し，サージ電流通過後の常規対地電圧に対しては再び高抵抗となって続流を遮断する．なお，酸化亜鉛素子を用いた避雷器では直列ギャップを設けないものもある．

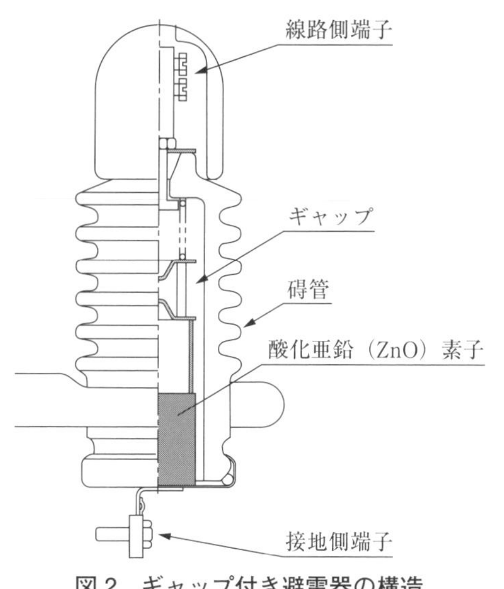

図2　ギャップ付き避雷器の構造
出典：音羽電機工業(株)

写真1　断路機構付き避雷器の設置例
出典：音羽電機工業(株)

表1　6kV 高圧用避雷器の特性
出典：(一社)日本電気協会：高圧受電設備規程（JEAC 8011-2020）

分　類	定格電圧(kV)	耐電圧		商用周波放電開始電圧(kV)(実行値)	雷インパルス放電開始電圧（kV）(波高値)		制限電圧(kV)(波高値)	
		商用周波電圧(kV)(実行値)	雷インパルス電圧（kV）(波高値)		100 %	0.5 μs	2.5 kA	5 kA
公称放電電流 2 500 A 避雷器	8.4	22	60	13.9	33	38	33	—
公称放電電流 5 000 A 避雷器							—	30

設置

電技解釈第37条によれば，「高圧架空電線路から電気の供給を受ける受電電力が500 kW 以上の需要場所の引込口」には避雷器を施設することが規定されている．したがって法的義務はないが，受電電力が500 kW 未満であっても，需要場所が強雷地区などの場合は，自衛措置として避雷器を施設することが望ましい．

避雷器は一般に，キュービクルまたは受電室の受電用断路器の負荷側，あるいは引込第1号柱のケーブルヘッド付近に取り付ける．PAS が設置される場合は，避雷器内蔵形 PAS を採用することが一般的である．

写真1に高圧受電設備における避雷器の設置例を示す．

選定

避雷器の選定にあたっては，JIS C 4608，JEC 203 などの標準規格に適合するものとする．配電線路における避雷器の放電電流の累積発生頻度は，1 000 A 以下がほとんどであることから，高圧受電設備用には一般に2 500 A 避雷器が採用されている．**表1**に6 kV 高圧用避雷器の標準的な特性を示す．

試験（出題例）

(平成27年度 第三種電気主任技術者試験，電力科目，問7)

次の文章は，避雷器とその役割に関する記述である．

避雷器とは，大地に電流を流すことで雷又は回路の開閉などに起因する　（ア）　を抑制して，電気施設の絶縁を保護し，かつ，　（イ）　を短時間のうちに遮断して，系統の正常な状態を乱すことなく，原状に復帰する機能をもつ装置である．

避雷器には，炭化けい素（SiC）素子や酸化亜鉛（ZnO）素子などが用いられるが，性能面で勝る酸化亜鉛素子を用いた酸化亜鉛形避雷器が，現在，電力設備や電気設備で広く用いられている．なお，発変電所用避雷器では，酸化亜鉛形 （ウ） 避雷器が主に使用されているが，配電用避雷器では，酸化亜鉛形 （エ） 避雷器が多く使用されている．

電力系統には，変圧器をはじめ多くの機器が接続されている．これらの機器を異常時に保護するための絶縁強度の設計は，最も経済的かつ合理的に行うとともに，系統全体の信頼度を向上できるよう考慮する必要がある．これを （オ） という．このため，異常時に発生する （ア） を避雷器によって確実にある値以下に抑制し，機器の保護を行っている．

上記の記述中の空白箇所(ア)，(イ)，(ウ)，(エ)及び(オ)に当てはまる組合せとして，正しいものを次の(1)～(5)のうちから一つ選べ．

	（ア）	（イ）	（ウ）	（エ）	（オ）
(1)	過電圧	続　流	ギャップレス	直列ギャップ付き	絶縁協調
(2)	過電流	電　圧	直列ギャップ付き	ギャップレス	電流協調
(3)	過電圧	電　圧	直列ギャップ付き	ギャップレス	保護協調
(4)	過電流	続　流	ギャップレス	直列ギャップ付き	絶縁協調
(5)	過電圧	続　流	ギャップレス	直列ギャップ付き	保護協調

【解答】

避雷器の役割に関する基本事項を問う問題である．以下に，問題文に沿った形で解説する．

避雷器とは，雷または遮断器の開閉等により生じた過電圧を抑制して，高圧受電設備の絶縁を保護し，かつ続流を短時間で遮断して系統を現状に復帰させる機能を有する装置である．

避雷器の特性要素には，以前は炭化ケイ素（SiC）が使用されていたが，現在は酸化亜鉛素子が主流となっている．

発変電所用避雷器には，直列ギャップがない酸化亜鉛形ギャップレス避雷器が主に使用されており，配電用避雷器では酸化亜鉛形直列ギャップ付き避雷器が多く使用されている．

電力系統には，変圧器，遮断器，断路器，ケーブル等のさまざまな機器類が接続されているが，系統全体の絶縁強度の設計と信頼度向上を，避雷器の過電圧低減機能を前提に合理的に行おうとする考え方を絶縁協調という．　**答（1）**

実務

絶縁協調

送配電系統に接続される機器類は，面的に施設されることもあり，1つの機器の絶縁レベルを特別に強化しても系統全体の信頼度を向上させることは難しい．また，すべての機器類の絶縁耐力を高いものにしようとするとコストがかかりすぎてしまう．

絶縁協調は，系統内部で発生する過電圧に対しては機器自身の絶縁で耐え，雷サージなどの系統外部からの過電圧に対しては避雷器を設置して，避雷器の制限電圧を電路や機器類の絶縁レベルよりも低くすることによって電路に接続された各機器を保護する，という考え方である．

表2に機器ごとの雷インパルス耐電圧値と2 500 A 避雷器の制限電圧を，**図3**に高圧配電系統における絶縁協調の例を示す．高圧配電系統の機器には，一般に絶縁階級として6号Aが採用されており，避雷器の制限電圧は33 kV 以下に設定されている．このように，避雷器がその機能を正常に発揮して雷撃時の過電圧を一定レベルまで低減するという前提に立ち，電力系統における各設備の絶縁バランスをとることによって，設備のコストと信頼性を両立させた設備づくりが可能となる．

避雷器設置の必要性

高圧受電設備の雷害防止については，地域に

表2 高圧機器の雷インパルス耐電圧と避雷器の制限電圧

出典：(一社) 日本電気協会：高圧受電設備規程（JEAC 8011-2020）2220-3 表

機　器	雷インパルス耐電圧（kV）	2,500 A 避雷器の制限電圧（kV）
地絡継電装置付高圧交流負荷開閉器（区分開閉器）	60	33
高圧ピンがいし	65	
耐塩用高圧ピンがいし	85	
高圧中実がいし	100	
高圧耐張がいし	75	
耐塩用高圧耐張がいし	90	
断　路　器	60	
遮　断　器	60	
負荷開閉器	60	
計器用変圧器	60	
計器用変流器	60	
変　圧　器	60	
電力ヒューズ	60	

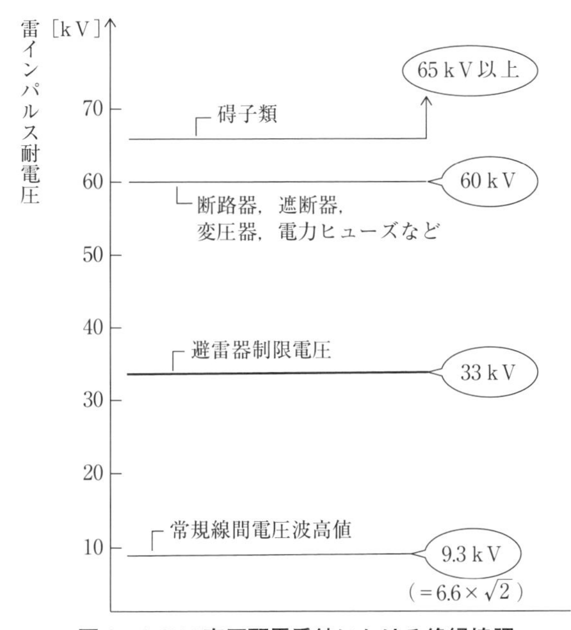

図3 6.6kV 高圧配電系統における絶縁協調

よって異なる雷頻度（**図4**），接続される配電線路の避雷器の施設状況，引込線の種類，亘長などを確認して避雷器設置の必要性を判断する必要がある．

前述のように，電技解釈第 37 条では受電容量 500 kW 未満の高圧需要家については避雷器の設

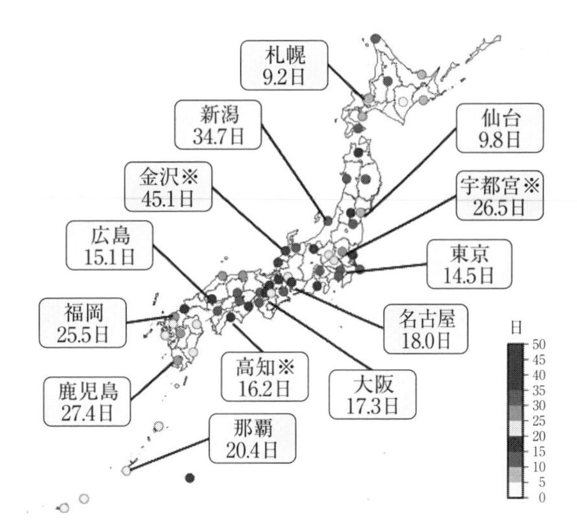

図4 年間雷日数分布図

出典：気象庁ホームページ「年間の雷日数」(https://www.jma.go.jp/jma/kishou/know/toppuu/thunder1-1.html)

置が義務付けられていない．しかし，雷による設備被害のリスクは設備規模によって異なるわけではないので，上記のような，さまざまなファクターを検討のうえで判断すべきである．

需要家要望による PAS 長期開放時のリスク

スキー場やゴルフ場などは，季節によって長期休業をする際，需要家の要望により区分開閉器（PAS）を開放する場合がある．その際注意をしなければならないのが，避雷器内蔵 PAS 内部の避雷器は，「**2 部の 1．PAS・UGS**」の図 2 に示すように PAS 内部の負荷側に接続されている点である．すなわち，PAS を開放すると，内蔵避雷器が電路から切り離され，その効果が発揮されないことになる．

PAS が開放された状態で，落雷などにより PAS の一次側の絶縁が破壊され，波及事故に至った場合，電気主任技術者としては，経済産業省の産業保安監督部へ提出すべき速報や詳報の作成といった厳しい業務が待っている．

6 変圧器

学習
変圧器容量の選定

試験
容量計算

実務
年次点検ほか

受電設備の設計は，電気設備の設計者が行っていると思うが，変圧器の容量はどのように決めているのだろうか？

学習

変圧器は，電力会社から供給された6 600 Vの高圧電気を，電灯用の100/200 Vや動力用の200 V，400 Vなど，負荷設備の使用電圧に降圧する機器である．

ここでは，高圧受電設備に一般的に使用される油入自冷式変圧器を中心に，需要率のほか，容量選定など実務上必要な基礎知識，年次点検時のポイント，非常用予備発電装置を使用する際に用いられるスコット結線，トップランナー変圧器などについて学習する．

種類

変圧器は，用途に応じて下記のような種類がある．

① 電灯用変圧器（単相変圧器）
　例）単相3線式100 V/200 V

② 動力用変圧器（三相変圧器）
　例）三相3線式200 V

③ 灯動共用変圧器
　例）三相3線式200 V・単相3線式100 V/200 V

構造

(1) 油入変圧器

高圧配電用変圧器は，経済性の観点から，主に油入自冷式変圧器が採用されている．選定にあたっては，JIS C 4304，JEC 2200などの標準規格に適合するものとする．

写真1に三相油入変圧器の外観を示す．変圧器の収納箱内には絶縁と冷却のための絶縁油が満たされている．内部には，鉄心，高圧巻線，低圧巻線，絶縁材，受電電圧によって調整するタップ切替台（タップは受電電圧を電力会社に確認して決

写真1　三相油入変圧器の外観（写真右側が一次側，左側が二次側，奥の上部に見えるのはVCT）

定）などが収められている．

収納箱の外側には，高圧回路・低圧回路の引出口となる高圧ブッシング・低圧ブッシング，冷却フィン，油面温度計，排油栓，接地端子，銘板などが取り付けられている．

(2) モールド変圧器

事例は少ないものの，絶縁油を使用しないため保守点検が容易で難燃性に優れるなどの理由からモールド変圧器を採用するケースもある．選定にあたっては，JIS C 4306，JEC 2200 などの標準規格に適合するものとする．

写真2に三相モールド変圧器の外観を示す．この変圧器は油入変圧器と異なり，乾式構造，すなわち巻線が樹脂で含浸モールドされている．留意点は，モールドされた巻線表面を充電部として取り扱う必要があることである．したがって，モールド変圧器の周囲に保護柵を設置し，人が充電部に容易に触れないような措置が必要となる．

変圧器容量の検討

高圧側の電圧は 6 600 V が標準である．低圧側の電圧は電灯・コンセント用として 100 V，電動機等の動力用として 200 V が標準となっており，それぞれに対して単相変圧器，三相変圧器を個別に設置することが多い．

変圧器容量を検討する際は，負荷設備の容量を把握するとともに，以下に示す需要率，不等率，負荷率などを勘案して決定する．

写真2　三相モールド変圧器の外観
出典：(株)東光高岳

① 需要率

需要家の最大電力と設備容量の合計の比をパーセントで表したものである．

一般には負荷設備のすべてが同時に使用されることはないので，最大需要電力（分子）は，負荷設備容量の合計値（分母）よりも小さくなる（需要率は1よりも小さい値をとる）．

$$\text{需要率} = \frac{\text{最大需要電力［kW］}}{\text{負荷設備容量の合計［kW］}} \times 100\ ［\%］$$

② 不等率

複数ある負荷設備の個々の最大需要電力の和と，合成最大需要電力の比をパーセントで表したものである．

一般に，合成最大需要電力（分母）は，個々の負荷の最大需要電力の和（分子）よりも小さくなるので，不等率は1よりも大きい値をとる．

$$\text{不等率} = \frac{\text{個々の負荷の最大需要電力の和［kW］}}{\text{合成最大需要電力［kW］}} \times 100\ ［\%］$$

③ 負荷率

ある期間中の平均需要電力と最大需要電力の比をパーセントで表したものである．

負荷率を計算する期間を1日，1か月，1年とした場合の負荷率を，それぞれ日負荷率，月負荷率，年負荷率という．

$$\text{負荷率} = \frac{\text{ある期間中の平均需要電力［kW］}}{\text{ある期間中の最大需要電力［kW］}} \times 100\ ［\%］$$

結線

前述のように，三相負荷に対しては，主に Y–Δ 結線の三相変圧器により，電灯負荷に対しては単相変圧器により，それぞれ供給する方法が一般的である．

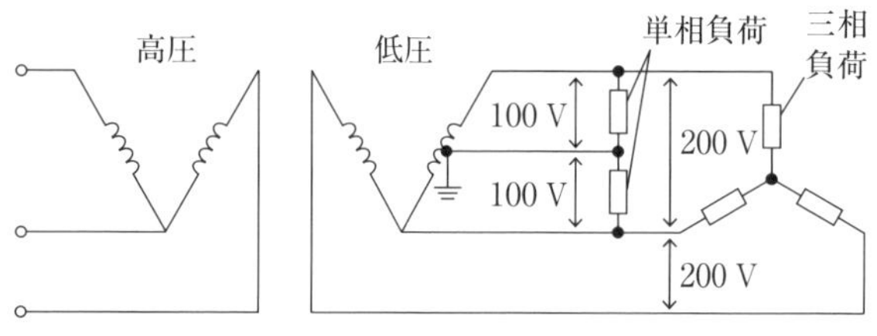

図1　異容量V結線方式（灯動共用方式）

前述のほかに，異容量V結線（灯動共用方式）があげられる．これは，**図1**に示すように，V結線の片方の変圧器から単相負荷をとる方式である．三相交流電圧が不平衡になるおそれがあるので注意が必要であるが，単相変圧器と三相変圧器を別々に設置するよりも経済的である．

以前は，小規模な自家用需要家の電気料金は変圧器容量によって基本料金が決まる契約になっていたようであり，その場合は灯動共用方式によるメリットを享受できたが，現在は実量制契約であり，その意味でのメリットは薄らいでしまったせいか，あまり見られない．

試験（出題例）

（平成19年度 第三種電気主任技術者試験，法規科目，問13）

負荷設備（低圧のみ）の容量が600〔kW〕，需要率が60〔%〕の高圧需要家について，次の(a)及び(b)に答えよ．

(a) 下表に示す受電用変圧器バンク容量〔kV·A〕が選択できる．

変圧器のバンク容量〔kV·A〕				
375	400	500	550	600

この中から，この需要家に設置すべき必要最小限の変圧器バンク容量〔kV·A〕として選ぶとき，正しいのは次のうちどれか．

ただし，負荷設備の総合力率は0.8とする．

(1) 375　(2) 400　(3) 500

(4) 550　(5) 600

(b) 年負荷率を55〔%〕とするとき，負荷の年間総消費電力量〔MW·h〕の値として，最も近いのは次のうちどれか．

ただし，1年間の日数は365日とする．

(1) 1 665　(2) 1 684　(3) 1 712

(4) 1 734　(5) 1 754

【解答】

(a) 需要率（60 %）が与えられているので，これを用いて最大需要電力を求める．

需要率の定義は，

$$\text{需要率} = \frac{\text{最大需要電力［kW］}}{\text{負荷設備容量の合計［kW］}} \times 100\ [\%]$$

なので，この式を変形すると，

$$\text{最大需要電力} = \text{需要率} \times \text{負荷設備容量の合計} = 0.6 \times 600 = 360\ \text{kW}$$

次に，この需要家に設置すべき必要最小限の変圧器容量を求めるため，上で求めた最大需要電力［kW］から最大皮相電力［kV·A］を求める．

題意より，負荷設備の総合力率は0.8なので，

$$\text{最大皮相電力} = \text{最大需要電力}/\text{総合力率}$$

より，

$$360/0.8 = 450\ [\text{kV·A}]$$

となる．これより大きい容量で直近のものとして，500 kV·Aを選択すればよい．　**答 (3)**

(b) 与えられた年負荷率（55 %）と，(a)で求めた最大需要電力を用いて年間の平均需要電力を求める．

負荷率の定義は，

$$\text{負荷率} = \frac{\text{ある期間中の平均需要電力［kW］}}{\text{ある期間中の最大需要電力［kW］}} \times 100\ [\%]$$

なので，この式を変形すると，

$$\text{年間平均需要電力} = 0.55 \times 360 = 198\ \text{kW}$$

したがって，負荷の年間総消費電力量は次のように求まる．

$$\text{年間総消費電力量} = 365 \times 24 \times 198 = 1\,734\,480\ \text{kW·h} = 1\,734\ \text{MW·h}$$

答 (4)

実務

年次点検

高圧受電設備における変圧器は，前述のようにそのほとんどが油入変圧器である．変圧器は高圧受電設備の主要機器の１つであり，故障するとその影響は甚大である．したがって，月次点検等において，負荷電流測定，温度測定，絶縁抵抗測定，異音・異臭・漏油等の有無確認に加えて外観点検（外箱，ブッシング，引出線，接地線など），絶縁油の点検などを行う必要がある．

ここでは特に絶縁油の点検について述べる．変圧器の蓋を開けたあと，絶縁油の量，色，臭い，端子部，碍子などに異常がないか確認する．経年とともにスラッジ（絶縁油の水分含有や酸化進行とともに発生する泥状の物質）が生成され，絶縁油が新品時の無色透明から茶色，黒と徐々に濁ってくる．この状態がさらに進むと変圧器の絶縁性能が低下し，絶縁破壊などによる故障が発生するおそれがあるので，絶縁油の色の変化には特に注意を要する．

写真３は，経年変圧器における劣化した絶縁油の例である．

特殊な結線（スコット結線）

スコット結線は，三相交流を二相交流に変換する場合に用いられる結線方式で，工場・ビルなどで三相非常用発電機からの電路に接続されて使用されたり，交流式電気鉄道，単相の大容量電気炉用として使用される．

非常用予備発電装置が設置された高圧受電設備の例を**図２**に示す．図中の左側にある非常用予備発電装置からの三相交流を，スコット結線変圧器を介して単相交流として使用することができる．

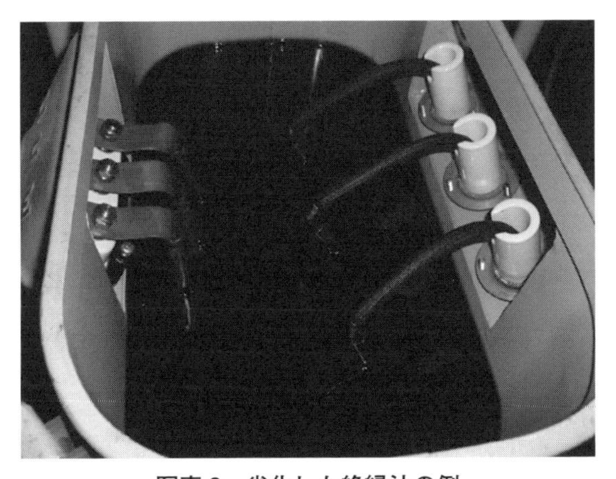

写真３　劣化した絶縁油の例

出典：田沼和夫：カラー版 自家用電気設備の保守・管理 よくわかる測定実務，p.41，オーム社，2015

トップランナー変圧器

高圧受電設備において目にすることが多くなったトップランナー変圧器について概要を説明する．

2003年4月1日より施行された省エネ法における「トップランナー方式」とは，対象となる機器ごとに基準値を設定し，達成年度を定めて機器のエネルギー消費効率を高めていく政策である．これにより，省エネ型機器の普及，ひいては一層の CO_2 削減と地球環境の保全に寄与することを目的

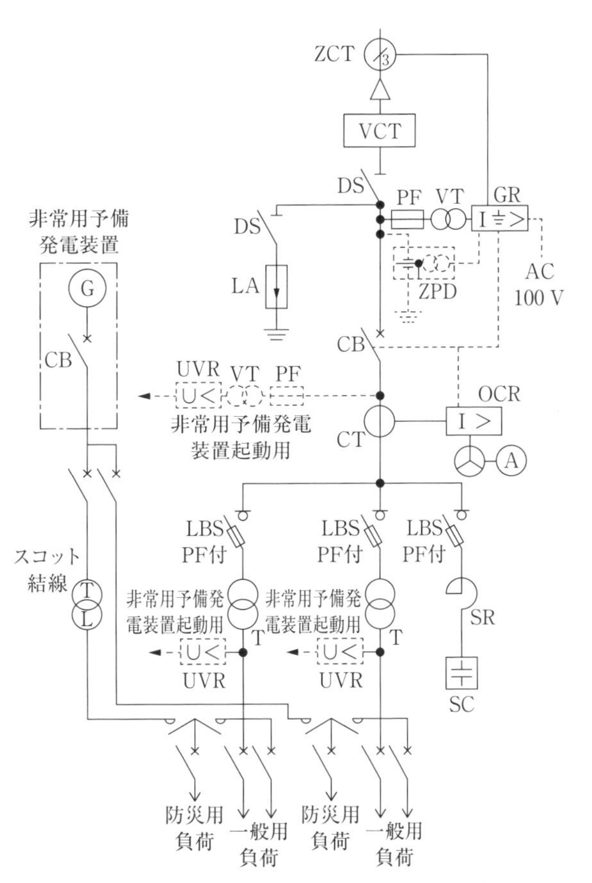

図２　スコット結線変圧器の利用例（非常用予備発電装置付の高圧受電設備）

出典：（一社）日本電気協会：高圧受電設備規程（JEAC 8011-2020）1140-6図（その１）　備考１～５は省略

写真４　トップランナー変圧器の例

としている．変圧器としては，油入変圧器とモールド変圧器が適用対象として，特定機器の指定を受けている．

変圧器のトップランナー方式導入により省エネ技術が進み，トップランナー変圧器は広く普及した．そして，2014年度の改正省エネ法に基づき，第二次判断基準が施行され，一層省エネ性能を向上させた「トップランナー変圧器2014」へ切り換えとなった．

トップランナー変圧器2014とは，省エネ法特定機器変圧器の「変圧器の性能の向上に関する製造事業者等の判断の基準等」（平成24年経済産業省告示71号）に規定する第二次判断基準における基準エネルギー消費効率以上の効率を達成した変圧器のことである．

変圧器メーカーや輸入業者には，基準エネルギー消費効率の達成が義務付けられており，ユーザーは省エネ法工場・事業場判断基準にトップランナー変圧器の採用を考慮する規定となっていることから，高圧受電設備におけるトップランナー変圧器の採用は，いまや一般的となっている．

写真４にトップランナー変圧器の例を示す．

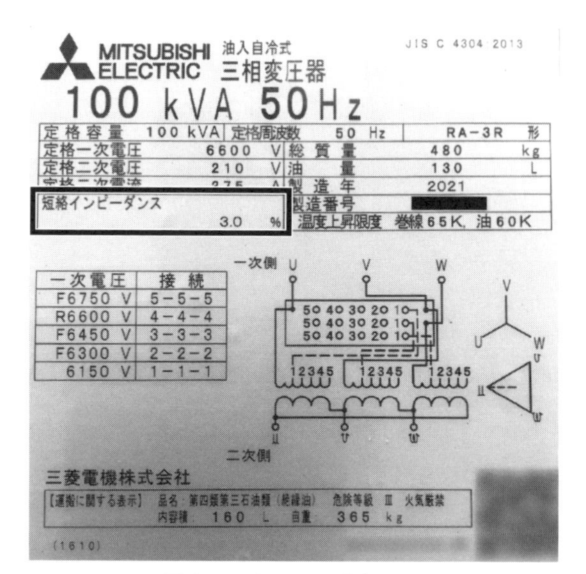

写真５　変圧器の銘板の例

励磁突入電流

年次点検後などに変圧器の一次側を投入する際，数サイクルから十数サイクル程度の短時間であるが，変圧器容量によっては大きな励磁突入電流が流れる．例えば，単相300 kV･Aの場合の励磁電流最大波高値は，変圧器定格電流波高値の9.0～21.0倍にもなるといわれている．

この励磁突入電流は，限流ヒューズの劣化や過電流継電器の不要動作，配電系統側の瞬時電圧低下を招くおそれがある．特に変圧器の増設時などは，これらを避けるために変圧器製造事業者に最大波高値や減衰特性を確認し，励磁突入電流の抑制対策を検討する必要がある．

地域によっては，300 kV･A以上の動力用変圧器を導入する場合は，遅延機能の付いた励磁突入電流抑制機能付きLBS（自動投入，開放タイプ）が推奨されている．

変圧器の銘板

変圧器の銘板（**写真５**）には，定格電圧，重量，温度上昇限度，結線方式，タップ接続，％インピーダンスなどの情報が記載されている．

前述の％インピーダンスは，「百分率インピーダンス」，「短絡インピーダンス」とよばれることがあるが，いずれも同じものである．

7 接地

学習 接地工事の種類

試験 接地抵抗値計算

実務 接地抵抗測定

接地工事や点検時の接地抵抗の測定は決められたとおりにやっているが，その目的や，なぜその値にしなければならないのかよくわかっていない．接地の役割について理論的に説明できるようになりたい．

学習

接地装置には，高圧機器の外箱の保護接地としてA種接地，低圧系統の高圧電路との混触時電圧上昇を抑制するためのB種接地，低圧機器外箱や変成器二次側電路に施すC種，D種接地がある．

ここでは，実務上必要な各接地工事に関する基礎知識，接地抵抗値の測定原理などについて学習する．

接地工事の目的

接地は，以下を主な目的として施設する．

① 高・低圧機器の金属製外箱などに接地することにより，漏電した場合の感電事故や火災事故を防止する．

② 変圧器において高圧と低圧が絶縁破壊などにより混触した場合，低圧回路の一端が接地されていることにより，漏電や感電などの災害を防止する．

③ 避雷器などの接地により，雷電流を大地に逃がして，異常電圧と，これによる災害の発生を防止する．

接地工事の種類

接地工事は，A種，B種，C種，D種に分類される．接地工事の種類と，これに対応する接地抵抗値，ならびに接地線の最小太さは**表1**のようになる．

以下に，それぞれの接地工事の概要について説明する．

(1) A種接地工事（10Ω以下）

A種接地工事の施設場所は，高圧用機械器具の鉄台および金属製外箱，高圧電路の避雷器などである．

(2) B種接地工事（150/変圧器高圧側一線地絡電流［Ω］以下）

B種接地工事は，前述のように高低圧混触発生時に，低圧側の対地電圧が所定の電圧値以上にならないようにする（電圧値は高圧電路の遮断時間によって変わる）ことを目的としている．

施設場所は，高低圧電路を結合する変圧器の低圧側の中性点であるが，低圧側が300V以下で中性点がないような場合は一端子接地としてもよい（**図1**）．

(3) C，D種接地工事（C種：10Ω以下，D種：100Ω以下）

C種接地工事の施設場所は，使用電圧が300Vを超える低圧用機械器具の鉄台および金属製外箱，300Vを超える低圧配線に用いる金属製の管・ダクトなどである．

D種接地工事の施設場所は，300V以下の低圧用機械器具の鉄台および金属製外箱，300V以下

表 1　接地工事の種類と接地抵抗値および接地線の最小太さ

出典：(一社)日本電気協会：高圧受電設備規程（JEAC 8011-2020）1160-2 表

接地工事の種類	接地抵抗値	接地線の最小太さ（銅線の場合）				
A 種	10 Ω 以下	一般（避雷器を除く.）				2.6 mm (5.5 mm²)
		避　雷　器				14 mm²
B 種	$\left\{\dfrac{150}{\text{変圧器高圧側電路の1線地絡電流}}\right\}$ Ω 以下 （ただし，変圧器の高圧側の電路と低圧側の電路との混触により低圧電路の対地電圧が 150 V を超えた場合に，1 秒を超え 2 秒以内に自動的に高圧電路を遮断する装置を設けるときは，「150」は「300」に，1 秒以内に自動的に高圧電路を遮断する装置を設けるときは，「150」は「600」とする.）	変圧器の一相分の容量 (kVA)	100 V 級	200 V 級	400 V 級	
			5 まで	10 まで	20 まで	2.6 mm (5.5 mm²)
			10	20	40	3.2 mm (8 mm²)
			20	40	75	14 mm²
			40	75	150	22 mm²
			60	125	250	38 mm²
			75	150	300	60 mm²
			100	200	400	60 mm²
			175	350	700	100 mm²
			250	500	—	150 mm²
C 種	10 Ω 以下					1.6 mm
D 種	100 Ω 以下					

〔備考 1〕「変圧器一相分の容量」とは，次の値をいう.

（1）三相変圧器の場合は，定格容量の 1/3 kVA をいう.

（2）単相変圧器同容量の Δ 結線又は Y 結線の場合は，単相変圧器の 1 台分の定格容量をいう.

（3）単相変圧器 V 結線の場合

　a　同容量の V 結線の場合は，単相変圧器の 1 台分の定格容量をいう.

　b　異容量の V 結線の場合は，大きい容量の単相変圧器の定格容量をいう.

〔備考 2〕複数の変圧器で並行運転する場合の「変圧器一相分の容量」は，各変圧器に対する〔備考 1〕の容量の合計値とする.

（以下の［備考］は省略）

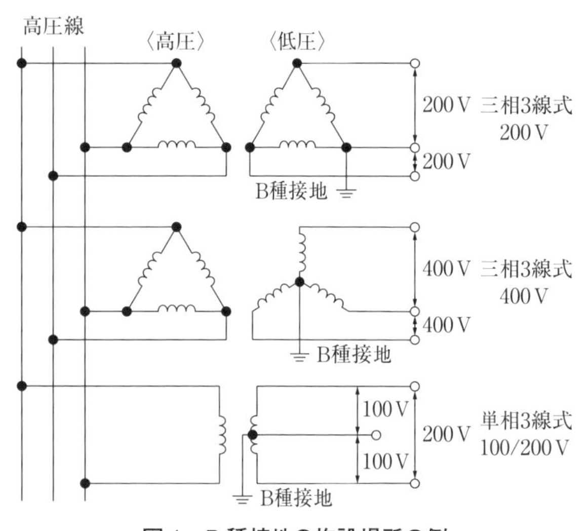

図 1　B 種接地の施設場所の例

の低圧配線に用いる金属製の管・ダクトなど，高圧計器用変成器（VT，CT）の二次側電路などである.

試験（出題例）

（平成 25 年度 第三種電気主任技術者試験，法規科目，問 13）

変圧器によって高圧電路に結合されている低圧電路に施設された使用電圧 100〔V〕の金属製外箱を有する電動ポンプがある．この変圧器の B 種接地抵抗値及びその低圧電路に施設された電動ポンプの金属製外箱の D 種接地抵抗値に関して，次の (a) 及び (b) の問に答えよ.

ただし，次の条件によるものとする.

（ア）変圧器の高圧側電路の 1 線地絡電流は 3〔A〕とする.

（イ）高圧側電路と低圧側電路との混触時に低圧電路の対地電圧が 150〔V〕を超えた場合に，1.2 秒で自動的に高圧電路を遮断する装置が設けられている．

（a）変圧器の低圧側に施されたB種接地工事の接地抵抗値について，「電気設備技術基準の解釈」で許容されている上限の抵抗値〔Ω〕として，最も近いものを次の(1)～(5)のうちから一つ選べ．

（1）10　（2）25　（3）50

（4）75　（5）100

（b）電動ポンプに完全地絡事故が発生した場合，電動ポンプの金属製外箱の対地電圧を25〔V〕以下としたい．このための電動ポンプの金属製外箱に施すD種接地工事の接地抵抗値〔Ω〕の上限値として，最も近いものを次の(1)～(5)のうちから一つ選べ．

ただし，B種接地抵抗値は，上記(a)で求めた値を使用する．

（1）15　（2）20　（3）25

（4）30　（5）35

【解答】

（a）B種接地工事の接地抵抗値を R_b［Ω］，変圧器高圧側の一線地絡電流を I_g［A］とすると，通常，B種接地抵抗値は次式で示される．

$R_b \leqq 150/I_g$［Ω］

ここで与えられた条件(イ)を見ると，「高圧側電路と低圧側電路との混触時に低圧電路の対地電圧が150 Vを超えた場合に，1.2秒で自動的に高圧電路を遮断する装置が設けられている．」とある．すなわち，1秒を超え2秒以内に自動的に高圧電路が遮断されるので，電技解釈第17条に基づき，上式の150 Vを300 Vに変更して計算する必要がある．

また，条件(ア)より $I_g = 3$ Aなので，B種接地工事の許容される上限の抵抗値 R_b［Ω］は次のようになる．

$R_b \leqq 300/3 = 100$ Ω

答（5）

（b）電動ポンプに完全地絡事故が発生した場合の状況とその際の変圧器二次側（低圧電路）の等価回路を**図2**に示す．

ここで，図中の各記号の意味は以下のとおりとする．

E：変圧器低圧側の電圧［V］（＝100 V）

R_b：変圧器低圧側のB種接地抵抗値［Ω］（＝100 Ω）

R_d：ポンプの金属性外箱のD種接地抵抗値［Ω］

V_d：ポンプの金属製外箱の対地電圧［V］

I_g：一線地絡電流［A］

図2（下）の低圧電路の等価回路より I_g は，

$$I_g = \frac{E}{R_b + R_d} = \frac{100}{100 + R_d} \text{［A］}$$

ゆえに，

$$V_d = R_d \times I_g = \frac{100 \times R_d}{100 + R_d} \text{［V］}$$

題意より V_d を25 V以下としたいので，

$$25 \geqq V_d = \frac{100 \times R_d}{100 + R_d}$$

これを R_d について解くと，

$25 \times (100 + R_d) \geqq 100 \times R_d$

$2\,500 + 25R \geqq 100R_d$

$75R_d \leqq 2\,500$

$R_d \leqq 2\,500/75 \fallingdotseq 33.3$ Ω

ゆえに，求めるD種接地抵抗値 R_d は33.3 Ω以

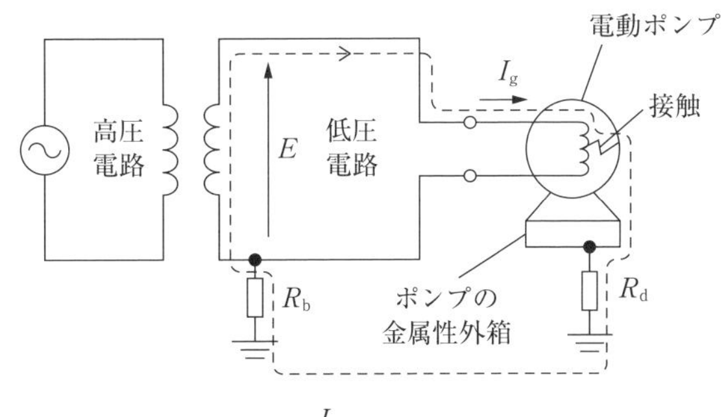

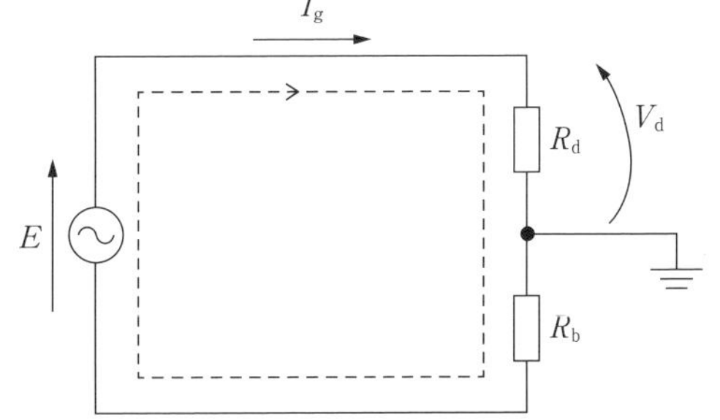

図2　電動ポンプで完全地絡事故が発生したときの状況（上）と低圧電路の等価回路（下）

下とする必要がある．選択肢のうち 33.3 Ω 以下で直近の 30 Ω が正解となる．　　答 (4)

実務

接地抵抗測定時の留意事項

接地抵抗値は，高圧受電設備の新設時に基準値を満足していても，経年とともに変化することがある．したがって，定期的に接地抵抗測定を行い，常に基準値以下であることを確認する必要がある．

接地抵抗の測定にあたっては，**写真1**に示すような測定器を用いる．

接地抵抗値の測定に限らないが，一般に，測定器は測定方法などに問題があっても，それを測定者に教えてくれることはなく，何らかの数値を示す．測定者は表示された数字を鵜呑みにすることなく，過去の測定値との比較や変化の傾向を確認し，そのときの測定値の妥当性を評価する必要がある．

また，測定方法の原理を十分に理解して測定しないと，異常値が表示されても気づかないで測定を終えてしまう可能性がある．

以下に，接地抵抗測定の原理について説明する．接地抵抗は，**図3**における接地極 E〜C 間に交流電圧を印加し，電流を流したときの電圧降下 V_p と電流 I から求められる．

ここで重要なのは，電流補助接地極(C)の位置である．計測対象である接地極(E)と電流補助接地極(C)との距離が接近していると，接地極(E)と電流補助接地極(C)の抵抗区域（図3において半球で示したエリア）が重なってしまい，正確な接地抵抗値の測定ができなくなる．このため，一般には E〜P 間，P〜C 間の距離はそれぞれ 5〜10 m 程度にすることが推奨されている．

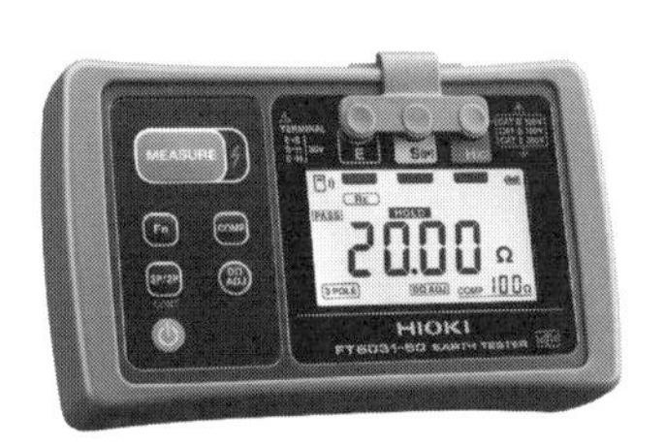

写真1　接地抵抗計の一例
出典：日置電機(株)

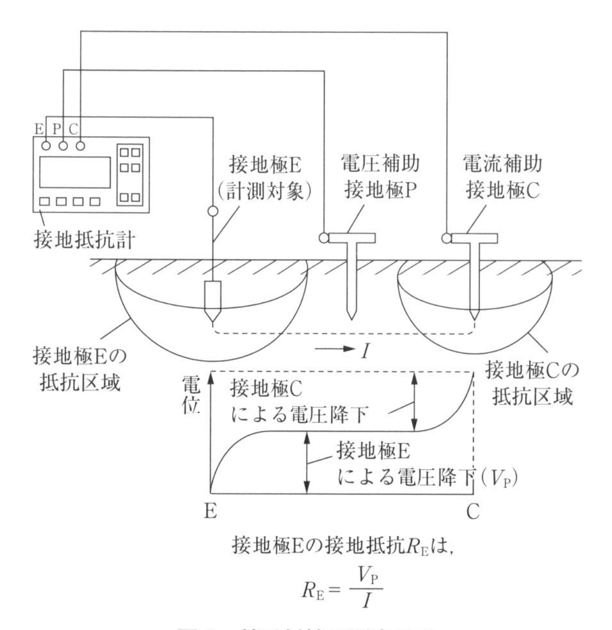

図3　接地抵抗の測定原理

実際の接地測定

実際の点検時における接地測定においては，キュービクルによっては下部に接地端子盤があり，これを利用して測定を実施できることもある．

接地端子盤とは，接地端子が中継されて1つにまとまったもの（箱）であり，この1か所で接地抵抗値を測定できる（**写真2**）．

写真2　接地端子盤における接地抵抗値の測定状況

3部

試験および測定

1 絶縁抵抗測定

学習 → 試験 → 実務

学習
絶縁劣化

試験
低圧電路の漏えい電流

実務
絶縁抵抗管理

年次点検後の復電前に高圧絶縁抵抗を測定するが，海岸近くの事業場では，小雨でも10 kV 印加では漏れ電流が大きくなるため電圧が上がらず，1 000 V 印加でも数 MΩ のときがある．海岸から遠い場所では，雨のときでも最低数十 MΩ はあるので数 MΩ で PAS を投入してもよいのか悩むことがある．そもそも高圧電路の絶縁抵抗値に規定はないのだろうか？

学習

法的規制

電気設備技術基準（電技）では，保安原則として，「感電，火災等の防止」，「異常の予防及び保護対策」，「電気的，磁気的障害の防止」，「供給支障の防止」の 4 項目について規定している．

感電，火災等の防止の 1 つとして，電技第 5 条で，漏れ電流による火災および感電のリスクを低減するため，電路を大地から絶縁することを規定している．この絶縁性能の評価方法として，低圧では漏れ電流値および絶縁抵抗値が示され，高圧では絶縁抵抗値ではなく耐圧試験電圧が規定されている．関連する条文を以下に示す．

絶縁性能の評価には，規定の電圧で規定の時間に異常がないことを確認する絶縁耐力試験が理想とされるが，低圧では，漏電による感電や火災事故防止を目的とした絶縁抵抗試験，または漏えい電流測定が十分な目安になるとされている．

〈関連条文〉

- 電技第 22 条：低圧電線路の絶縁性能
- 電技第 58 条：低圧の電路の絶縁性能
- 電技解釈第 14 条：低圧電路の絶縁性能
- 電技解釈第 15 条：高圧又は特別高圧の電路の絶縁性能
- 電技解釈第 16 条：機械器具等の電路の絶縁性能

電技第 58 条は，電気使用場所における低圧の電気機械器具を含めた電路の絶縁性能として，使用電圧ごとの絶縁抵抗値が規定されている．年次点検や日常での保全管理に重要な値となるため，**表 1** に示す．

電技解釈第 14 条では，停電での絶縁抵抗測定が困難な場合は，漏れ電流計による測定で漏えい電流が1 mA 以下であればよいとしている．1 mA 程度の漏れ電流であれば，感電や火災のリスクが低いということが理由である．

高圧は低圧と異なり，漏れ電流による感電や火災事故に加え，絶縁破壊による短絡事故での機器損壊など大規模な事故を防止するため，電技解釈第 15 条および第 16 条で絶縁性能の確認方法として耐圧試験の「試験電圧値」および「時間」を規定している．

試験電圧は**表 2** のとおりで，電線にケーブルを使用する電路では大容量の交流試験電源が必要となることから，試験電圧の 2 倍の直流電圧でよい

表 1　低圧電路の絶縁抵抗値（電技第 58 条）

電路の使用電圧		絶縁抵抗値
300 V 以下のもの	対地電圧 150 V 以下	0.1 MΩ 以上
	対地電圧 150 V 超過	0.2 MΩ 以上
300 V を超過するもの		0.4 MΩ 以上

表 2　高圧電路および機器の絶縁性能

最大使用電圧	種類	試験電圧
7 000 V 以下	交流の電路	最大使用電圧の 1.5 倍の交流電圧
	変圧器	
	開閉器 遮断器 電力用コンデンサ 計器用変成器	
7 000 V を超え, 60 000 以下	最大使用電圧が 15 000 V を超える電路	最大使用電圧の 1.25 倍の電圧
	最大使用電圧が 15 000 V を超える電路に接続する変圧器	
	開閉器 遮断器 電力用コンデンサ 計器用変成器	

とされている．試験時間はいずれの場合も 10 分間とされている．

絶縁抵抗とは

絶縁抵抗測定は，測定した漏れ電流から絶縁物の劣化度合いを判断する目安として，漏電遮断器動作などの設備トラブル時や定期点検に合わせ一般的に実施されている．また，事例のように，点検後の復電時に短絡接地の取り忘れなどの最終チェックのために行うことがある．

測定に用いるのは絶縁抵抗計（通称：メガー）で，現在は電池式が主流となっている．測定原理は，電池電圧を定電圧 DC コンバータで任意の測定電圧まで高めた直流電圧を回路に印加して，回路に流れる電流（漏れ電流）を測定し絶縁抵抗を求める（**図 1**）．

$$絶縁抵抗 = \frac{印加電圧\ [\mathrm{V}]}{漏れ電流\ [\mu\mathrm{A}]}\ [\mathrm{M\Omega}] \quad 式(1)$$

漏れ電流には，絶縁物の表面を流れる表面漏れ電流と絶縁物内部を流れる体積漏れ電流の 2 つがある．

2 つの漏れ電流には，それぞれ絶縁抵抗が定義されている．1 つは表面漏れ電流に起因する「表面絶縁抵抗（沿面絶縁抵抗）」で，一方は体積漏れ電流による「体積絶縁抵抗」とよばれる．絶縁抵抗はこの 2 つの合成抵抗として表される．

絶縁物の表面は湿気やほこり，塩分など外的環境の影響を受け，事例のように天候や清掃状態に

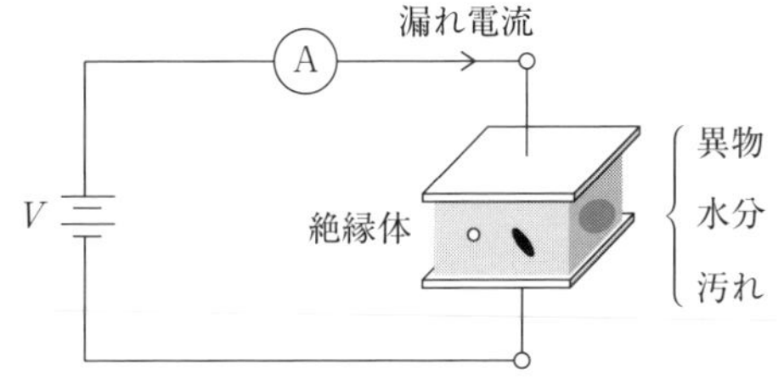

図 1　絶縁抵抗計の原理

よって漏れ電流の大きさが変化する．ほこりがたまっていると，湿気により表面に電流の経路が形成され漏れ電流が流れやすくなる．つまり絶縁物自身の状態に関係なく，絶縁抵抗値が低下する．正しい測定のためには，測定前の対象機器の清掃（碍子，ブッシングなど）が重要となる．

そもそも絶縁物には，電流のもととなる自由電子がないが，製造・施工段階や経年により内部に侵入した異物や水分，誘電分極によって微小な漏れ電流が流れると考えられる．

絶縁物の劣化要因

絶縁材料には気体，液体，固体の3種類があり，どの材料も長期間の使用では電圧や自然環境により劣化する可能性が考えられる．劣化要因として，主に以下の 4 つの要因が考えられる．

① 電気的要因

電気的要因には，大きく分けて電界集中による「絶縁破壊」とトラッキングによる「絶縁低下」がある．絶縁破壊は部分放電とトリーイング劣化の 2 つに分けられる．

部分放電は，**図 2** のように，固体または液体絶縁材料中にボイド（空隙）が入った場合，絶縁体の電界強度に比べ空気の電界強度（絶縁破壊強度）が大きくなるため，電界が集中することで部分的に発生する絶縁破壊である．

トリーイング劣化は，発生原因により電気トリー，水トリー，化学トリーの 3 種類がある．絶縁体の劣化状態が木の形をしていることから「○○トリー」といわれる．

CV ケーブルに多く発生する水トリーは電験でも勉強したことがあると思う．絶縁材料である架橋ポリエチレン内に，数 μm 単位の水分によるボイドや異物があることで電界が集中し，さらに外

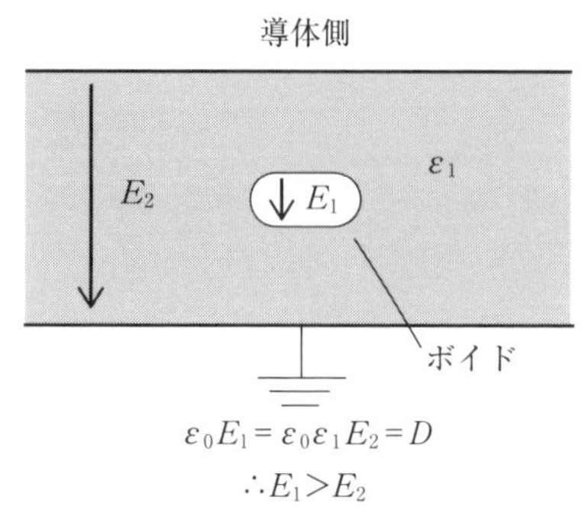

図 2　部分放電

部から水分が供給されることで水トリーとよばれる部分放電（**図 3**）が発生する．

トラッキングは沿面放電ともいわれ，絶縁材料表面に導電経路がつくられ，表面の絶縁抵抗が低下し，ちりやほこりがあると発火することがある．家庭内の冷蔵庫や洗濯機など，普段目に入らない差しっぱなしのコンセントにほこりがたまると同様の現象が発生する．

② 機械的要因

施工時の外力などによる損傷に加え，日射，外気温変動，負荷変動による絶縁材料温度変動などに伴い絶縁材料は膨張または収縮する．この周期的な温度変化をヒートサイクルという．

固体絶縁材料は膨張や収縮に対応できないため，ヒートサイクルにより機械的な応力が発生する．

代表的な不具合として，**図 4** の CV ケーブルのシュリンクバック現象が知られている．これは，絶縁材料である架橋ポリエチレンと遮へい銅テープとの収縮度の違いから，ビニルシース（またはポリエチレンシース）の製造時の残留応力や重力による下方向への引っ張り力に加えて，日射に伴うヒートサイクルによる収縮で遮へい銅テープに引っ張り力が加わり，収縮度の小さい遮へい銅テープが破断する故障である．最近では，EM ケーブル（エコケーブル）でも問題となっている．ビニルシースに比べ，EM ケーブルのポリエチレン系シースは収縮しやすいという特徴がある．

月次点検時は，ケーブル端末処理部の不自然なくびれやテープ重ね巻き部の乱れなどに注意していただきたい．

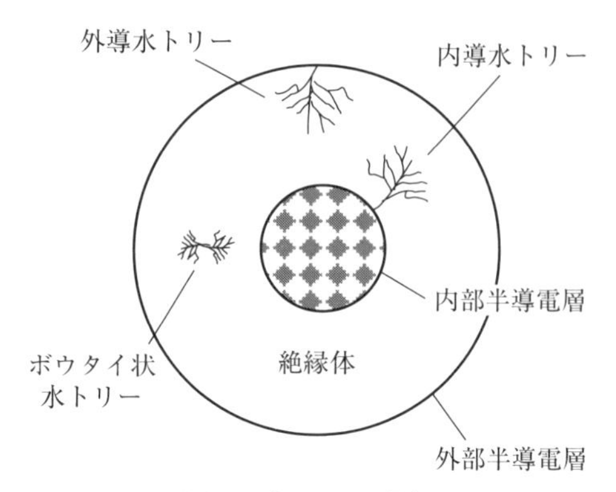

図 3　水トリー現象

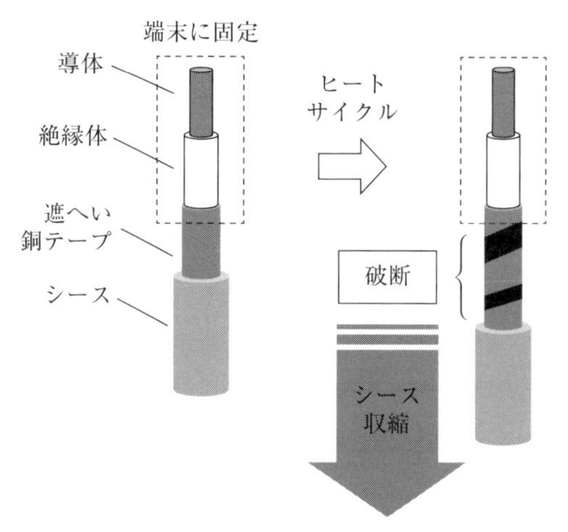

図 4　シュリンクバック現象のメカニズム

③ 熱的要因

熱は絶縁材料の寿命に大きく影響する．熱的な劣化は，酸素が関与しない熱分解と酸素が関係する酸化劣化に分けられる．

例えば変圧器では，定格を超えた負荷率で運転すると絶縁油温度が上昇し，熱により絶縁紙材料であるセルロース分子の結合が切断される酸化劣化が起こる．それにより絶縁紙本来の機械的強度（引張強度，伸長特性など）が低下し，短絡電流などの大きな電磁力で破断して相間短絡（レアショート）のリスクが上昇する．巻線の絶縁紙は，絶縁油と異なり取り替えが困難なことから，特に引張強度の低下は油入変圧器の寿命に大きく影響する．

温度と寿命の相関を表す経験則として，約 8～10 ℃の温度上昇で寿命が半減する，いわゆる「温度半減則」（アレニウスの法則）が知られている．

温度管理は電気保全の重要な項目の1つである.

④ 環境的要因

吸湿，じん埃（あい），塩害，硫黄による泉害，化学薬品，ねずみやシロアリなどの小動物により，絶縁材料が化学的，物理的に劣化，破壊される.

絶縁劣化診断方法

前述したように，絶縁材料はさまざまな要因で劣化する．各機器の適切な更新計画を立てることを目的に，予防保全の１つとして劣化診断を行う．各機器や設備の特性にあった診断方法を採用する.

(1) 絶縁抵抗試験

絶縁抵抗計（通称：メガー）により測定する．絶縁抵抗値と絶縁破壊電圧には相関がないといわれるが，定期的に測定しトレンド管理を行うことで，劣化度合いの判断に用いる.

(2) 直流漏れ電流試験

被測定対象に直流電圧を加え，そのとき流れる漏れ電流を測定し，以下の指標に基づき劣化状態を判断する.

・相間不平衡率

$$=\frac{\text{三相の漏れ電流の最大値}-\text{最小値}}{\text{三相の漏れ電流平均値}}\times 100$$

・成極指数 $=\dfrac{\text{電圧印加1分後の漏れ電流}}{\text{電圧印加規定時間後の漏れ電流}}$

・弱点比 $=\dfrac{\text{第1ステップ電圧の絶縁抵抗}}{\text{第2ステップ電圧の絶縁抵抗}}$

・漏れ電流の大きさ

・漏れ電流の波形（キック現象の有無）

図5に，ケーブルに直流漏れ電流試験を行った際の漏れ電流波形の例を示す.

健全なケーブルは，電圧印加後の漏れ電流は数分で減少または一定値で安定するが，絶縁が低下しているケーブルは，漏れ電流が増加しながらキック電流により波形が大きく変動する．ケーブルの劣化診断に広く用いられる.

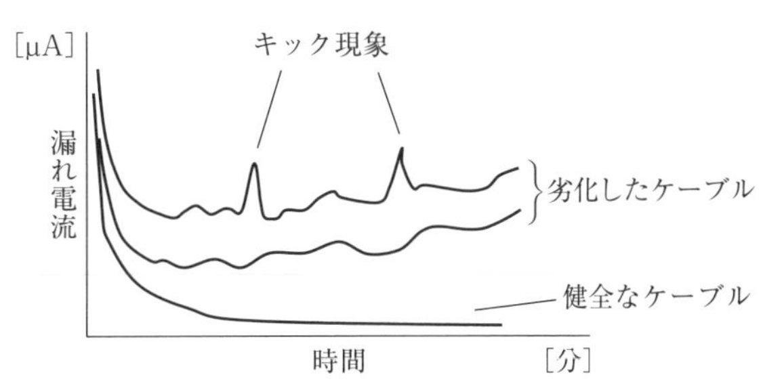

図５ 漏れ電流の波形

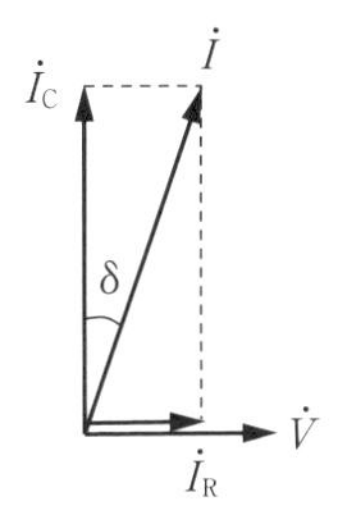

図６ 絶縁体に流れる電流のベクトル図

(3) 誘電正接（tan δ）測定

吸湿や部分放電により絶縁物が劣化すると損失電流（$\dot{I}_R$）が大きくなり，その結果，誘電正接（tan δ）が大きくなる（**図6**）．シェーリングブリッジにより静電容量を測定することで求められる．本方法は，主に回転機の診断に用いられる.

(4) 部分放電測定

部分放電に伴い絶縁体に流れる電流を検出する方法，部分放電発生源から発生する音波を検出する方法，部分放電により発生したガスや生成物を検出するガスクロマトグラフなどがある.

ケーブル終端部や各機器の劣化診断に幅広く適用されている.

 試験（出題例）

事例に類似した出題がないため，電技の低圧電路の絶縁性能の定義に関する出題を解説する.

(平成19年度 第三種電気主任技術者試験，法規科目，問4改題)

「電気設備技術基準」では，低圧電線路の絶縁性能として，「低圧電線路中絶縁部分の電線と大地との間および電線の相互間の絶縁抵抗は，使用電圧に対する漏えい電流が最大供給電流の(ア)を超えないようにしなければならない.」と規定している.

いま，定格容量 75［kV･A］，一次電圧 6 600［V］，二次電圧 105［V］の単相変圧器に接続された単相 2 線式 105［V］1 回線あたりの漏えい電流［A］の許容最大値を求めることとする.

上記の空白箇所(ア)に当てはまる語句と漏えい電流［A］の許容最大値との組み合わせとして，最も適切なのは次のうちどれか.

	(ア)	漏えい電流［A］の許容最大値
(1)	1 000 分の 1	0.714
(2)	1 000 分の 1	1.429
(3)	1 500 分の 1	0.476
(4)	2 000 分の 1	0.357
(5)	2 000 分の 1	0.179

【解答】

電技第22条（低圧電線路の絶縁性能）に関する出題である.

電技では，低圧電線路は電圧が低いことから，絶縁破壊よりも漏れ電流による感電や火災を重要視して絶縁性能を規定している.

単相 2 線式低圧電線路の最大供給電流 I_m は，題意より，変圧器二次側電流となるので，変圧器定格容量 P_n と二次電圧 V_2 より以下の式で求めることができる.

$$I_m = \frac{P_n}{V_2}$$

$$= \frac{75 \times 10^3}{105} \fallingdotseq 714.3 \text{ A}$$

漏えい電流 I_g の許容最大値は，電技の規定により，最大供給電流 I_m の 2 000 分の 1 以下とされているので，以下の式で求められる.

$$I_g \leq \frac{I_m}{2\,000}$$

$$= \frac{714.3}{2\,000} \fallingdotseq 0.357\,2 \text{ A}$$

$\therefore I_g \leq 0.357$ A　したがって，**答 (4)**となる.

この電流が B 種接地に流れると，抵抗値 $R_B = 100\ \Omega$ とした場合，

$$V = R_B I_g = 100 \times 0.357 = 35.7 \text{ V}$$

の電位上昇になると考えられる.

実務

絶縁抵抗測定

絶縁抵抗測定は，絶縁抵抗計（**写真 1**）を使って，以下に示すように日常さまざまな機会で簡易に行える試験である.

表 3 のように，回路ごとの使用電圧に応じて測定電圧を変えて試験を行う．電圧印加後に瞬間的に流れる充電電流などの影響を避けるため，漏れ電流が安定する 1 分以上経過したあとの値を測定値とする.

■ 絶縁抵抗測定の実施時期

- 漏電遮断器動作時や漏電警報発報時の設備トラブル発生時
- 絶縁耐力試験の予備試験
- 年次点検
- ケーブル遮へい層の状態確認
- GR 動作に伴う設備調査

年次点検では，E 端子の接続箇所を毎回同じ端子にすることで測定値の不要なバラツキをなくし，経年管理をしやすくすることも大切である.

絶縁抵抗測定は，電路と大地や他相との絶縁状態や漏れ電流の程度を確認するもので，絶縁破壊の可能性を確認する絶縁耐力試験とは目的が異なる.

写真 1　デジタル型絶縁抵抗計
出典：(株)ムサシインテック

表3　各設備の定格測定電圧例

定格測定電圧	使用例
25 V/50 V	電話回線用機器，電話回線電路などの絶縁測定
100 V/125 V	100 V 系の低電圧配電路及び機器の維持・管理
	制御機器の絶縁測定
250 V	200 V 系の低圧電路及び機器の維持・管理
500 V	600 V 以下の低電圧配電路及び機器の維持・管理
	600 V 以下の低電圧配電路のしゅん（竣）工時の検査
	発電中の太陽電池アレイの絶縁測定（P–N 端子間を短絡する方法）
	発電中の太陽電池アレイの絶縁測定※（P–N 端子間を短絡しない方法）
1 000 V	600 V を超える回路及び機器の絶縁測定
	常時使用電圧の高い高電圧設備（例えば，高圧ケーブル，高電圧機器，高電圧を用いる通信機器及び電路）の絶縁測定
	発電中の太陽電池アレイの絶縁測定（P–N 端子間を短絡する方法）
	発電中の太陽電池アレイの絶縁測定※（P–N 端子間を短絡しない方法）

※ PV 絶縁抵抗計を使用
出典：JIS C 1302–2018，絶縁抵抗計，解説表 1

日本の接地系統

日本の低圧配電系統の接地方式は，系統接地と機器接地が独立した TT 方式になっているため，低圧電路または機器が地絡した場合，系統の B 種接地を通して漏えい電流が流れる．諸外国（イギリス，ドイツ，アメリカなど）は系統接地と機器接地が導体で接続された TN 方式であり，日本と接地方式が異なる（**図7**）．

TT 方式では，漏えい電流により電気機器内の対地電圧が上昇して機器絶縁破壊のおそれがあるため，電位上昇限度を定め遮断時間を 1 秒以内と短くしている．低圧電路の感電保護として，機器接地と漏電遮断器が用いられている．

一方，TN 方式では，漏えい電流により電気機器内の対地電圧は上昇するが，外箱の対地電圧は同電位となるため，機器絶縁破壊のおそれがないというメリットがある．

低圧回路の絶縁管理

低圧の地絡保護の目的は，機器の損傷（電位上昇による），感電，火災の防止である．その対策として用いられている接地工事，漏電遮断器，絶縁監視装置について説明する．

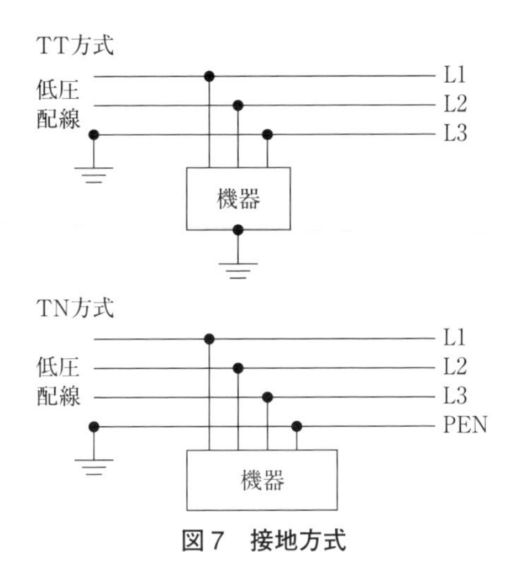

図7　接地方式

(1) 接地工事

低圧回路での地絡保護は，接地工事と漏電遮断器の組み合わせが基本となる．漏電遮断器の動作を確実にするために接地が重要となる．接地工事の種類と適用について，電技では**表4**のとおり示されている．

B 種接地抵抗値は，配電用変電所の各変圧器に接続される高圧配電線（中性点非接地式）の電線総延長をもとに算出され，電力会社から各自家用需要家にも提示される．

D 種接地抵抗値は 100 Ω 以下と規定されているが，機器が地絡したときの接触電圧を 50 V 以下とすることで感電電流値を低く抑えるため，規定値よりも低い値とすることが望ましい．

各接地工事の目的や適用例については，「**2 部の 7．接地**」を参照していただきたい．

(2) 絶縁監視装置

低圧回路の絶縁状態を把握するため，B 種接地工事の接地線に流れる漏えい電流を常時測定する絶縁監視が主流となっている．

絶縁監視装置による低圧設備の絶縁監視は，自家用電気工作物保安管理規程（JEAC 8021–2018）において，巡視・点検・検査と同等の保安項目と認められている．

現在使われている絶縁検出方式には，I_0 方式，

表 4　接地工事の種類

種類	適用	接地抵抗値
A 種	特別高圧計器用変圧器の2次側電路，高圧用又は特別高圧用機器の鉄台の接地等，高電圧の侵入のおそれがあり，かつ，危険度の大きい場合，また，高圧又は特別高圧の電路に施設される避雷器に施す	10 Ω 以下
B 種	高圧又は特別高圧と低圧電路と混触するおそれがある場合に，低圧電路の保護のため結合する変圧器の中性点又は一端子に施す	150/1 線地絡電流 Ω 以下 ただし，150 の値は高圧又は特別高圧と低圧電路の混触時に 1 秒を超え 2 秒以内に自動遮断するときは 300，1 秒以内に自動遮断するときは 600 とする
C 種	300 V を超える低圧用機器の鉄台の接地	10 Ω 以下 ただし，地絡時に 0.5 秒以内に自動遮断する場合は 500 Ω とする
D 種	高圧計器用変圧器の 2 次側電路及び 300 V 以下の低圧用機器の鉄台の接地	100 Ω 以下 ただし，地絡時に 0.5 秒以内に自動遮断する場合は 500 Ω とする

I_{gr} 方式，I_{0r} 方式の 3 種類があるが，現在は絶縁抵抗の劣化によって発生する抵抗分漏れ電流のみを検出する I_{gr} 方式，I_{0r} 方式が主流となっている．**図 8** に I_{0r} 方式の検出原理を示す．

機器または電路と対地間の絶縁抵抗（R）により流れる漏れ電流を I_{0r}（監視が必要な電流），同様に対地間の静電容量（C）に流れる電流を I_{0c}，合成漏れ電流を I_0 とする．

B 種接地線に取り付けた検出用零相変流器 ZCT で I_0 を測定し，監視装置内で線路電圧と 90° 位相が異なる I_{0c} 成分を除去して I_{0r} のみを検出する．I_{0r} が設定値（上限値は 50 mA）を超えると警報を発報する．

（3）漏電遮断器（ELCB）

ELCB は，「金属製外箱を有する使用電圧が 60 V を超える低圧の機械器具に施設する」ことが電技解釈第 36 条（高圧や特別高圧の遮断装置も本条で規定されている）で規定されている．地絡（漏電）保護は，感電事故，火災，機器損傷防止に大変重要である．

動作原理は，低圧回路の漏れ電流を内蔵の ZCT

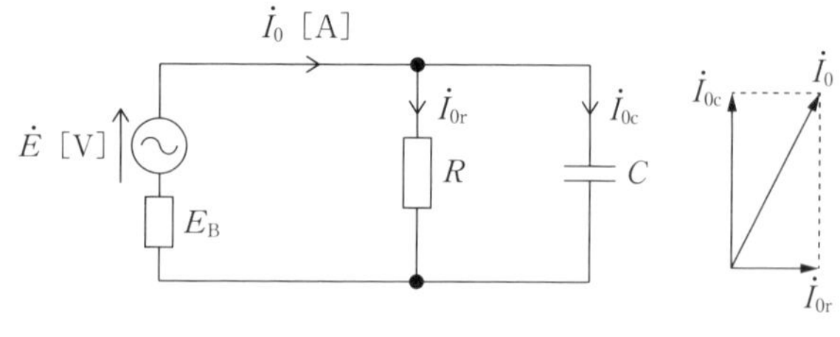

図 8　I_{0r} 方式検出原理

で検出し遮断する．ZCT の原理は「**1 部の 2．自家用受電設備の構成**」を参照していただきたい．

内線規程（JEAC 8001-2016）において，感電事故防止を目的として施設する漏電遮断器は，高感度高速形（定格感度電流 30 mA 以下，動作時間 0.1 秒以内）を使用することとされている．保護目的が地絡時の火災防止やアークによる機器の損傷防止では，当該目的に沿った感度電流，動作時間を選定することができる．例えば大容量回路で多数の分岐回路の主幹ブレーカとして用いる場合は，誤動作による停電の影響を考慮し中感度形（定格感度電流 1 000 mA 以下）を適用する．なお，(2)で説明した絶縁監視装置の設定電流よりも ELCB の定格感度電流が小さい場合は，警報発報前に回路が遮断されることに注意が必要である．

インバータ回路では，一般の負荷に比べ同じ許容電流でも太い電線を施設するため静電容量が大きくなり，高周波漏えい電流が流れる．この影響により漏電遮断器が誤動作することがあるため，対策としてインバータ対応形漏電遮断器を適用する．

高圧回路・機器の絶縁管理

（1）高電圧絶縁抵抗計による絶縁抵抗測定

高圧ケーブルの絶縁抵抗測定では，表面を流れる表面漏れ電流による影響から，正しい絶縁抵抗値が測定できないことがある．対策として，高電圧絶縁抵抗計（5 000 V，10 000 V）（**写真 2**）を用いた G 端子による絶縁抵抗測定を行う．

高圧ケーブルの測定で VCT など各機器を切り離すことができない場合にも，G 端子を使うことでケーブル絶縁物単体の絶縁抵抗に近い値を測定することが可能となる．

測定時の結線図と等価回路を**図 9** に示す．図の等価回路から，絶縁体の絶縁抵抗を表す式を次に

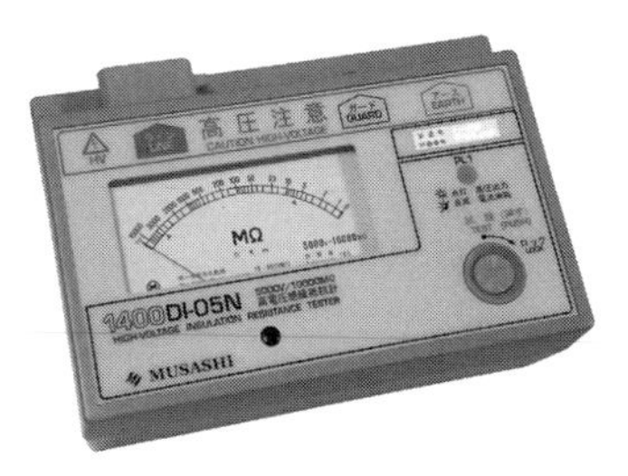

写真 2　高圧絶縁抵抗計
出典：(株)ムサシインテック

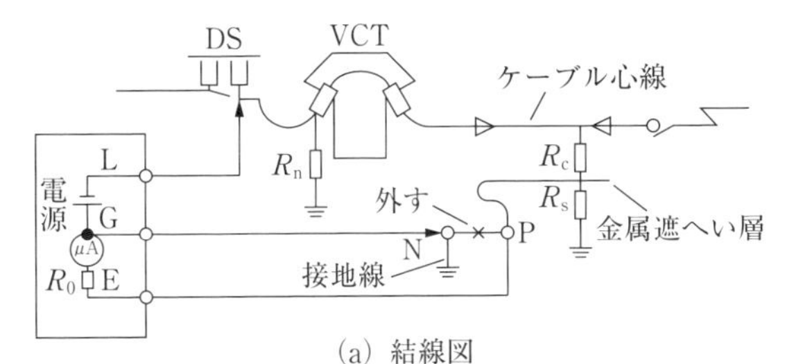

(a) 結線図

出典：(一社)日本電気協会：高圧受電設備規程（JEAC 8011–2020）2 図をもとに作成

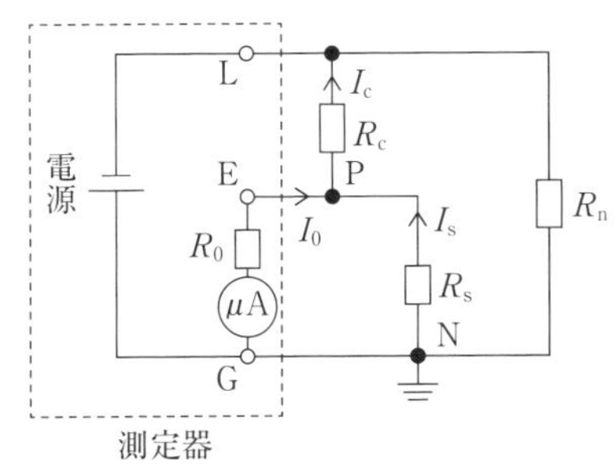

R_c：絶縁体の絶縁抵抗
R_s：シースの絶縁抵抗
R_n：碍子，高圧機器等の大地間の絶縁抵抗
R_0：測定器の内部抵抗（測定器により異なる）
I_c：体積漏れ電流
I_s：表面漏れ電流
I_0：測定電流

(b) 等価回路

図 9　G 端子方式による測定例

示す．

点 P で，測定電流 I_0 をキルヒホッフの電流則で表すと，

$$I_0 = I_c - I_s$$

また，電流の分流より，

$$I_0 = \frac{R_s}{R_s + R_0} \times I_c$$

$$= \frac{1}{1 + \frac{R_0}{R_s}} \times I_c$$

ここで，$R_0 = 10\ \mathrm{k\Omega}$，$R_s = 1\ \mathrm{M\Omega}$ とすると，$R_s \gg R_0$ となり，$I_0 \fallingdotseq I_c$ となる．つまり，測定器での測定電流 I_0 は，ケーブルの真の漏れ電流 I_c にほぼ等しいといえる．ただし，次の点に注意が必要である．

・シースの絶縁抵抗 R_s が 1 MΩ 以上であること．

・従来の高圧絶縁抵抗計には，内部抵抗 R_0 が大きいため G 端子接地方式では測定誤差が大きくなり，正しい測定ができない機種がある．

表 5 に，高圧ケーブルを 5 000 V で測定した場合の劣化状況の判定目安を示す．

表 5　高圧ケーブルの劣化判定目安（5,000 V）

ケーブル部位	測定電圧(V)	絶縁抵抗値（MΩ）	判定
絶縁体(Rc)	5,000	5,000 以上	良
		500 以上～5,000 未満	要注意
		500 未満	不良
シース(Rs)	500 または 250	1 以上	良
		1 未満	不良

出典：(一社)日本電気協会：高圧受電設備規程（JEAC 8011-2020）4 表　備考は省略

表 6　絶縁抵抗判定目安（例）（1 000 V 使用）

機材名称	絶縁抵抗値
受変電設備（一括）	30 MΩ 以上
各機器	30 MΩ 以上
引込ケーブル一括※	100 MΩ 以上
ケーブル単独	2 000 MΩ 以上

※引込ケーブルには，PAS，LA，DS，VCT を含む

出典：公益社団法人 東京電気管理技術者協会（編）：電気管理技術者必携 第 9 版，p.243，2021（2 刷），表 5-18 をもとに作成

(2) 各設備・機器の判断基準

使用中の高圧受電設備（6 kV）を絶縁抵抗計（1 000 V）で簡易測定した場合の最低基準値を**表 6** に示す．事例のような年次点検後の状態確認では，表 6 の値に加え，当日の温度や湿度などの気象条件，作業開始時（停電時）と作業終了後（復電時）の測定値の比較，これまでのトレンド管理値などを踏まえて総合的に判断いただきたい．

なお，1 000 V メガーでは絶縁不良を判定できない場合もあるため，年次点検を含め劣化判定という意味では高電圧絶縁抵抗計（5 000 V，10 000 V）を使用することが望ましい．

② 絶縁耐力試験

学習
ケーブルの静電容量

試験
試験容量の算出

実務
絶縁耐力試験

ある工場で，構内ケーブルの劣化に伴うケーブル張り替え作業をし，工事後に交流絶縁耐力試験を行ったが，持参した試験電源では容量が足りず試験を中断した．試験電源の容量と，どのように試験を行えばよいのか知りたい．

学習

高圧受電設備規程の交流絶縁耐力試験の注意事項に，「電線にケーブルを使用する電路や回転機であって被試験物の静電容量が大きく，交流電圧による試験が困難な場合は，高圧補償リアクトルで静電容量を低減させて試験を行うこと，又は直流電圧で試験を行うことができる」との記載がある．

なぜ静電容量が大きいと交流電圧による試験が困難となり，補償リアクトルを用いると静電容量を低減することができるのか，その際の補償リアクトルの容量はどのように考えればいいのかについては，電験三種で学習した交流理論の基礎理解が必要となる．

被測定対象ケーブルや補償リアクトルを含む絶縁耐力試験の試験回路は，LC 並列回路の等価回路として表すことができ，試験用変圧器容量や補償リアクトル容量を交流回路計算で求めることができる．

ケーブルの静電容量

送配電線路は，電線の種類，断面積，電線配置により定まる抵抗，インダクタンス，静電容量などの線路定数を用いて等価回路とすることで各種計算が可能になる．架空線と地中線では，使用する電線が絶縁電線とケーブルというように構造そのものが大きく異なることから，線路定数に大きな違いがある．

図 1 に示すような単心ケーブルの単位長さあたりの静電容量 C [μF/km] は，以下の式で表される．

$$C=\frac{0.024\ 13\varepsilon_S}{\log_{10}\dfrac{R}{r}}\ [\mu\mathrm{F/km}] \qquad 式(1)$$

ただし，R はケーブル半径 [m]，r は導体半径 [m]，ε_S は絶縁物の比誘電率を表す．

単心ケーブルでは，ほかのケーブルとの線間静電容量は考慮する必要がないため，ここでいう静電容量 C は対地静電容量を表している．

ε_S は，ケーブルの絶縁材料である油浸紙（$\varepsilon_S=3.4$～3.9）やポリエチレン（$\varepsilon_S=2.3$）など，材料で大きな違いがある．

式(1)のとおり，静電容量 C は比誘電率 ε_S に比例するため，同じ太さでも油浸紙を使う OF ケーブルよりは，架橋ポリエチレンを使う CV (CVT) ケーブルのほうが，充電容量（進み無効電力）が

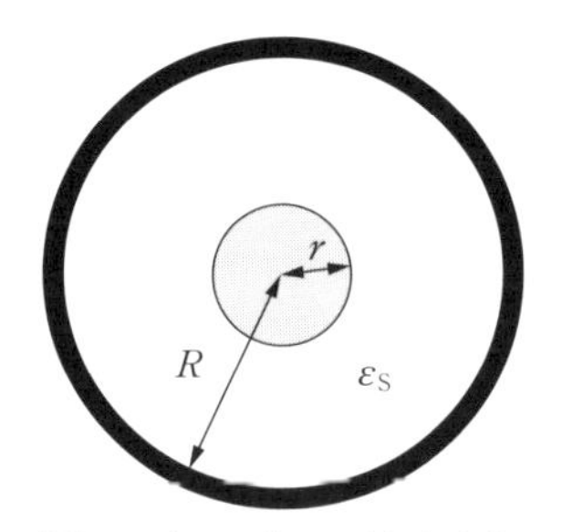

図 1　ケーブルの線路定数

小さくなる．電力系統で大電力を送電する場合，充電容量が小さいほど送電容量が確保できる．

ケーブルは，架空線の電線配置（**図 2**）に比べ各心線間の距離が小さく大地との距離が短いことから，R/r の値が小さくなる．つまり架空送電線に比べ静電容量 C の値が大きくなることがわかる．

表 1 で示すように高圧受電設備で一般的に使用する断面積が 38 mm^2 や 60 mm^2 のケーブルは静電容量が概ね 0.3〜0.4 μF/km 程度であり，架空送電線の作用静電容量のおよそ 0.01 μF/km と比べると 30〜40 倍の大きさになる．

なお，ケーブルごとの充電電流表は，電線メーカーのホームページにも掲載があるので参考にしていただきたい．

表 1 は静電容量を実測して参考例として示されているため，実務上の計算ではこの値を用いて問題はない．

充電電流と充電容量の求め方

ケーブルの充電電流とは，課電された導体から対地静電容量を通して大地に流れる電流であり，交流回路特有のもので**図 3** の等価回路で表すことができる．電圧を加えるだけで負荷電流の大小に関係なく流れる．

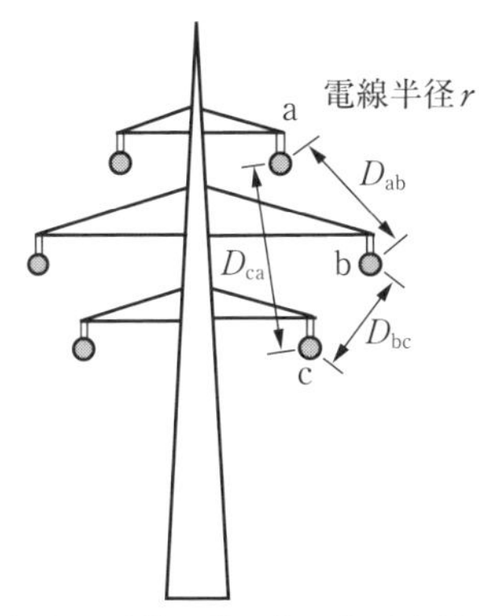

架空送電線 1 線の作用静電容量 C

$$C=\frac{0.024\,13}{\log_{10}\dfrac{D}{r}}\ [\mu\mathrm{F/km}]$$

ただし，等価線間距離 $D=\sqrt[3]{D_{ab}D_{bc}D_{ca}}$

図 2　架空送電線の作用静電容量

表 1　6 600 V CVT ケーブルの静電容量（参考値）

断面積［mm^2］	22	38	60	100	150
静電容量［μF/km］	0.27	0.32	0.37	0.45	0.52

1 線あたりの静電容量
出典：JIS C 3606：2003，高圧架橋ポリエチレンケーブル

ケーブル心線 1 線あたりの静電容量を C［F］とすると，充電電流 I_C は以下のとおり表せる．

$$I_C=\frac{\dfrac{V}{\sqrt{3}}}{x_c}=\frac{\dfrac{V}{\sqrt{3}}}{\dfrac{1}{2\pi fC}}=\frac{2\pi fCV}{\sqrt{3}}=\frac{\omega CV}{\sqrt{3}}=\omega CE\ [\mathrm{A}] \qquad 式(2)$$

充電容量 P_C は，進み無効電力として以下の式で示される．ただし，単位は［var］ではなく［V·A］で表す．

$$P_C=\sqrt{3}\,VI_C\times10^{-3}=\omega CV^2\times10^{-3}\ [\mathrm{kV\cdot A}] \qquad 式(3)$$

充電容量 P_C は電圧の 2 乗と静電容量に比例することから，電圧が高いほど，静電容量が大きい（距離が長い，電線太さが太い）ほど，容量が大きくなる．ケーブルの定格容量（許容送電容量）を一定とすると，充電容量 P_C と有効送電容量 P_S の関係は**図 4** のとおり表される．充電容量が P_{C1} から P_{C2} に増加すると，有効送電容量が P_{S1} から P_{S2} に減少することがわかる．このことは電圧の高い送電系統ほど大きな問題となる．

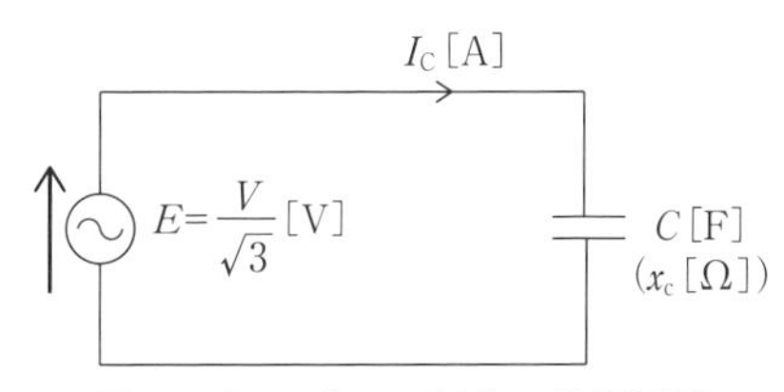

図 3　ケーブル一相分の等価回路

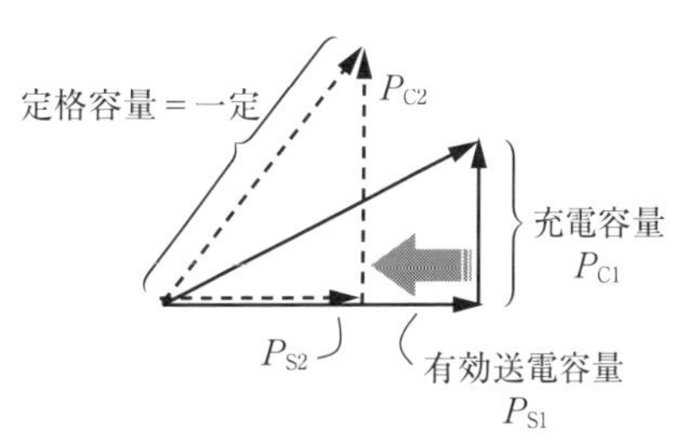

図 4　充電容量と送電容量

高圧受電設備においてケーブルの絶縁耐力試験を直流でも可能としているのは，直流電圧では充電電流も充電容量もゼロであり，試験用電源の容量が小さくて済むためである．

遅れ無効電力と進み無効電力

無効電力にはリアクトル（L）に起因する「遅れ無効電力」とコンデンサ（C）に起因する「進み無効電力」の2つの種類がある．複素電力（または電力ベクトル）では虚部で表され，プラスまたはマイナスの符号がつく．これは数学的にも電気的にもお互いが相殺される関係にあることを表している．

図5のRLC並列回路において，電源から流れる電流$\dot{I}$は，キルヒホッフの電流則より次式で示される．

$$\dot{I}=\dot{I}_R+\dot{I}_L+\dot{I}_C$$

$$=\frac{E}{R}-\mathrm{j}\frac{E}{\omega L}+\mathrm{j}\omega CE$$

$$=\left(\frac{1}{R}-\mathrm{j}\frac{1}{\omega L}+\mathrm{j}\omega C\right)E$$

$$=\left\{\frac{1}{R}+\mathrm{j}\left(\omega C-\frac{1}{\omega L}\right)\right\}E$$

$$\therefore \dot{I}=\dot{Y}\dot{E}\ [\mathrm{A}] \qquad \text{式(4)}$$

ここに，$\dot{Y}=\dfrac{1}{\dot{Z}}=\dfrac{1}{R}+\mathrm{j}\left(\omega C-\dfrac{1}{\omega L}\right)$ [S]　式(5)

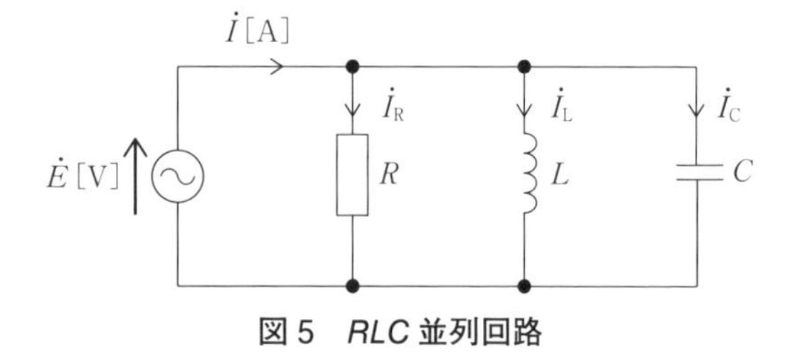

図5　*RLC*並列回路

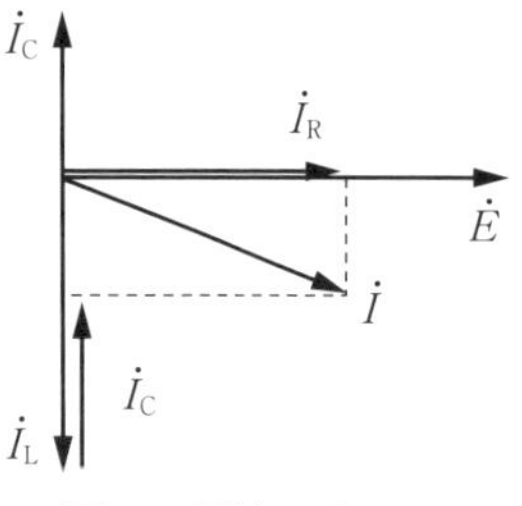

図6　電流ベクトル

であり，$\dot{Y}$をアドミタンスといい，インピーダンス$\dot{Z}$とは逆数の関係になる．式(4)は交流回路のオームの法則の一表現である．

図6のとおり，起電力$\dot{E}$を基準ベクトルとして電流ベクトルを描くとわかるように，$\dot{I}_L$と$\dot{I}_C$は位相が180°異なっており，相殺する関係にあることがわかる．これを電気的には「補償する」という．

起電力$\dot{E}$に対して位相が遅れている電流$\dot{I}_L$に起因する無効電力を遅れ無効電力といい，進み電流$\dot{I}_C$に起因する無効電力を進み無効電力という．

充電電流と絶縁耐力試験

電技解釈第15条および第16条では，高圧の電路および機器の絶縁性確認のため，一定の耐圧試験電圧が規定されている．規定の電圧に耐えることで絶縁破壊のおそれがないと判断する．

試験において問題となるのが，充電電流である．前述したように静電容量が大きいと充電電流が大きくなり，試験電源の容量に影響する．そのため電技では，充電電流が流れない直流での試験を認めている．ただし，直流と異なり周期的に大きさと向きが変わる交流（実際の使用電源）を課電することの意味は大きいと考えられる．

電圧の定義（規格）

100 Vや6 600 Vなどの電圧は，線間電圧の「実効値」の大きさを表しているが，電技では大きさ以外にも電圧の表現が規定されている（**表2**）．

表2　標準電圧（JEC 0222-2009）

公称電圧（V）	最高電圧（V）
100	—
200	—
100/200	—
230	—
400	—
230/400	—
3 300	3 450
6 600	6 900
66 000	69 000
77 000	80 500

① 使用電圧（公称電圧）：電線路を代表する線間電圧
② 標準電圧：公称電圧の標準となる電圧
③ 最高電圧：電線路に通常発生する最高の線間電圧
④ 最大使用電圧：通常の運転状態で回路に加わる線間電圧の最大値

公称電圧の種類をいくつかに統一して標準電圧として制定することで，電気機器や電線・碍子の規格の種類が統一され，経済性と利便性の向上が図られている．2009 年に，日本で建設された UHV 送変電設備の最高電圧 1 100 kV（公称電圧 1 000 kV）が国際規格（IEC）として採用されたことの意義は大きいと考えられる．

 試験（出題例）

（平成 28 年度 第三種電気主任技術者試験，法規科目，問 12）

「電気設備技術基準の解釈」に基づいて，使用電圧 6 600 V，周波数 50 Hz の電路に接続する高圧ケーブルの交流絶縁耐力試験を実施する．次の(a)及び(b)の問に答えよ．

ただし，試験回路は図のとおりとする．高圧ケーブルは 3 線一括で試験電圧を印加するものとし，各試験機器の損失は無視する．また，被試験体の高圧ケーブルと試験用変圧器の仕様は次のとおりとする．

【高圧ケーブルの仕様】

ケーブルの種類：6 600 V トリプレックス形架橋ポリエチレン絶縁ビニルシースケーブル（CVT）

公称断面積：100 mm²，ケーブルのこう長：87 m

1 線の対地静電容量：0.45 μF/km

【試験用変圧器の仕様】

定格入力電圧：AC 0–120 V，定格出力電圧：AC 0–12 000 V

入力電源周波数：50 Hz

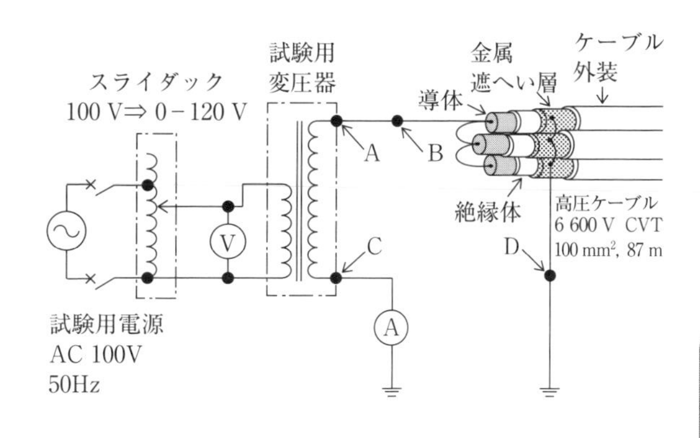

(a) この交流絶縁耐力試験に必要な皮相電力（以下，試験容量という．）の値［kV·A］として，最も近いものを次の(1)～(5)のうちから一つ選べ．

(1) 1.4　(2) 3.0　(3) 4.0　(4) 4.8
(5) 7.0

(b) 上記(a)の計算の結果，試験容量が使用する試験用変圧器の容量よりも大きいことがわかった．そこで，この試験回路に高圧補償リアクトルを接続し，試験容量を試験用変圧器の容量より小さくすることができた．

このとき，同リアクトルの接続位置（図中の A～D のうちの 2 点間）と，試験用変圧器の容量の値［kV·A］の組合せとして，正しいものを次の(1)～(5)のうちから一つ選べ．

ただし，接続する高圧補償リアクトルの仕様は次のとおりとし，接続する台数は 1 台とする．また，同リアクトルによる損失は無視し，A–B 間に同リアクトルを接続する場合は，図中の A–B 間の電線を取り除くものとする．

【高圧補償リアクトルの仕様】

定格容量：3.5 kvar，定格周波数：50 Hz，定格電圧：12 000 V

電流：292 mA（12 000 V　50 Hz 印加時）

	高圧補償リアクトル接続位置	試験用変圧器の容量［kV·A］
(1)	A–B 間	1
(2)	A–C 間	1
(3)	C–D 間	2
(4)	A–C 間	2
(5)	A–B 間	3

【解答】

(a) 交流絶縁耐力試験に必要な皮相電力 S［kV·A］

イ　試験電圧 V_t

最大使用電圧 V_m を電技解釈の定義により，以下のとおり求める．

$$V_m = 公称電圧 \times \frac{1.15}{1.1}$$

$$= 6\,600 \times \frac{1.15}{1.1} = 6\,900\ \text{V}$$

試験電圧 V_t は，電技解釈第15条より，最大使用電圧 V_m の1.5倍印加すればよいことから，次式で表される．

$$V_t = V_m \times 1.5$$
$$= 6\,900 \times 1.5 = 10\,350\ \text{V}$$

ロ　ケーブルの充電電流 I_C

題意より3線一括での試験となるため，ケーブル全体の静電容量 C_0［μF］は，

$$C_0 = 3 \times 0.45 \times 0.087 = 0.117\,45\ \mu\text{F}$$

となり，**図7**の等価回路から，ケーブル全体の充電電流 I_C［A］は式(2)より以下のとおり，求めることができる．

$$I_C = \omega C_0 V_t = 2\pi f C_0 V_t$$
$$= 2\pi \times 50 \times 0.117\,45 \times 10^{-6} \times 10\,350$$
$$\fallingdotseq 0.382\ \text{A}$$

ハ　皮相電力 S

皮相電力は以下の式で求められる．

$$S = V_t \times I_C$$
$$= 10\,350 \times 0.382$$
$$\fallingdotseq 3\,954 \fallingdotseq 3.95\ \text{kV·A}$$

したがって，**答（3）**となる．

(b) 高圧補償リアクトルの接続位置と試験用変圧器の容量

高圧補償リアクトルは，充電電流の補償を目的としているため，測定対象のケーブルと並列接続となるよう設問のA–C間に接続する．試験回路に高圧補償リアクトルを接続した等価回路を**図8**に示す．

試験電圧 V_t を印加した場合にリアクトルに流れる電流 I_L は，題意より以下のとおり求めることができる．

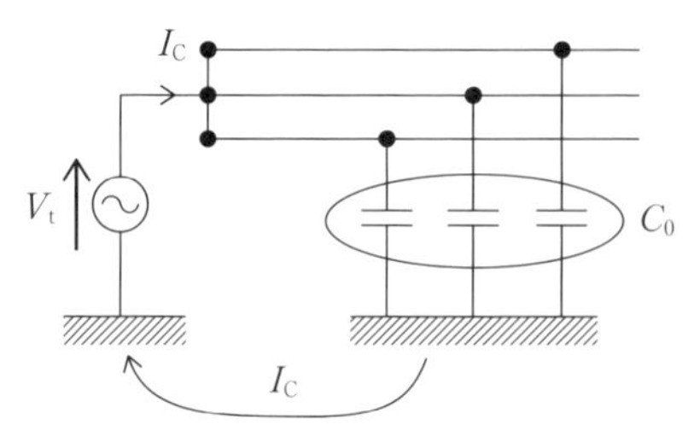

図7　3線一括試験時の等価回路

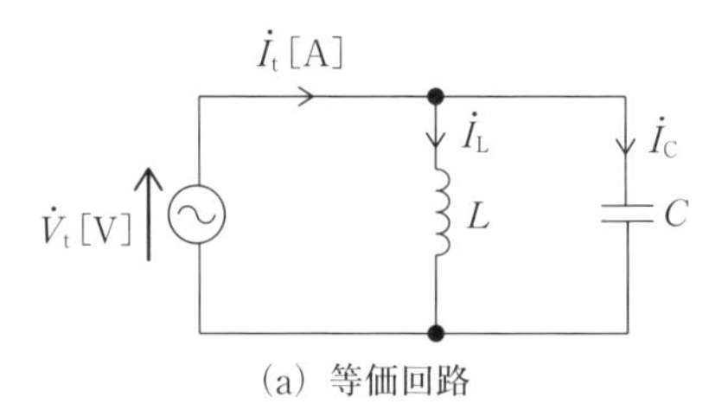

(a) 等価回路

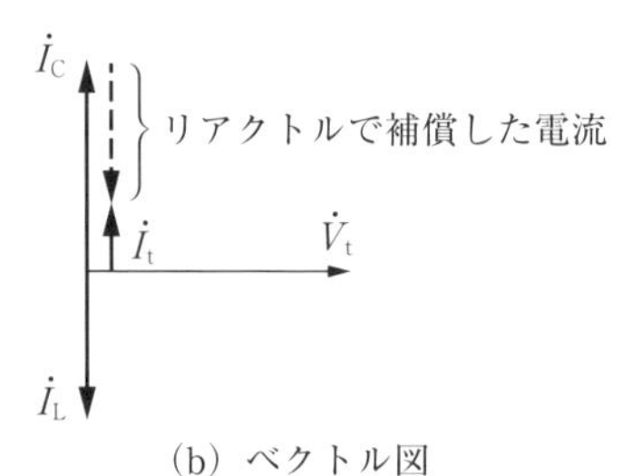

(b) ベクトル図

図8　補償リアクトル接続後

$$12\,000 : 10\,350 = 292 : I_L$$

$$I_L = \frac{10\,350}{12\,000} \times 292 \fallingdotseq 252 \rightarrow 0.252\ \text{A}$$

図8(b)のベクトル図より，試験用変圧器の電流 I_t は，ケーブル充電電流 I_C とリアクトル電流 I_L が相殺された電流となるため，

$$I_t = I_C - I_L$$
$$= 0.382 - 0.252 = 0.13\ \text{A}$$

よって，試験用変圧器容量 S_t は，

$$S_t = V_t \times I_t = 10\,350 \times 0.13$$
$$\fallingdotseq 1\,346 \fallingdotseq 1.35\ \text{kV·A}$$

したがって，答は2 kV·Aとなり，接続位置と合わせ，**答（4）**となる．

実務

事例では，電気主任技術者と試験業者の双方が，ケーブルサイズやケーブル亘長を事前に確認

することなく試験を行ったと考えられる．これは，ケーブルの充電電流に対して試験用変圧器容量が十分か？という絶縁耐力試験の基本的事項の認識不足ともいえる．

手もちの試験用変圧器でとりあえず試験を行ってみて，うまくできなかったらリアクトルを取りに行けばよいという安易な考えだったとすれば，電気技術者として基礎的な理論の理解が不十分といえるのではないだろうか．

絶縁耐力試験

絶縁耐力試験は，高圧の電気設備を新設または増設したときの竣工検査の１つとして，絶縁性能を確認するために行われる．このときの試験電圧および試験時間は，電技解釈第 15 条および第 16 条に規定されている．主な電気設備の試験電圧を**表 3** に示す．

交流絶縁耐力試験には**写真 1** の試験装置（a），試験用変圧器（b），高圧補償リアクトル（c），交流単相発電機，交直検電器（試験電圧の検電が可能なもの）を用いる．試験用変圧器の容量は，ケーブルや機器の充電容量以上の電源を必要とする．手もちの試験用変圧器の容量が足りない場合は，出題例にあるように，高圧補償リアクトルを必要台数接続する方法がある．参考にケーブルの充電電流を**表 4** に示す．

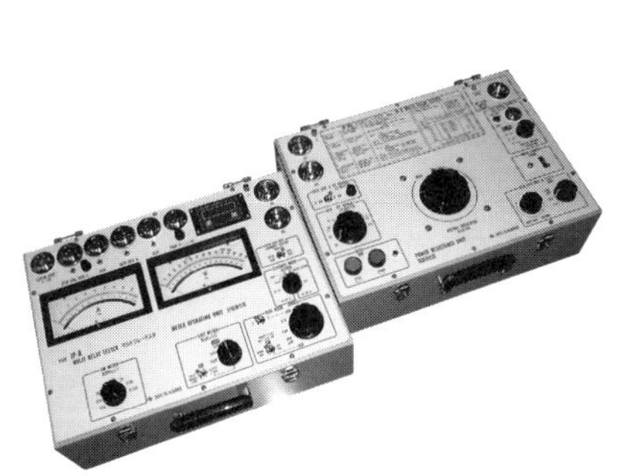
（a）試験装置

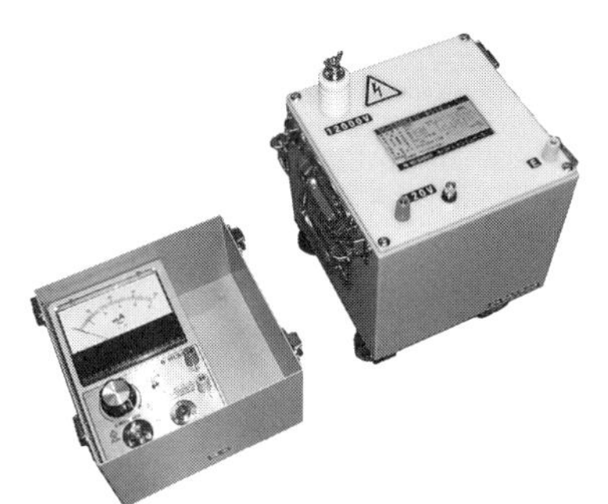
（b）試験用変圧器

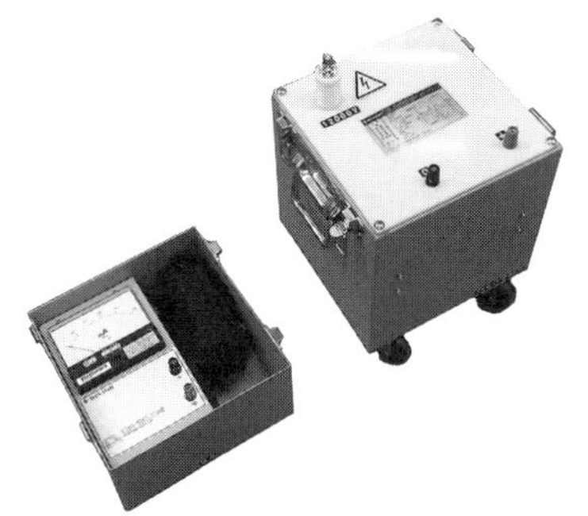
（c）高圧補償リアクトル

写真 1　絶縁耐力試験装置
出典：(株)ムサシインテック

表 3　設備ごとの試験電圧（最大使用電圧 7 000 V 以下のもの）

種類	試験電圧	試験方法
最大使用電圧が 7 000 V 以下の交流の電路	最大使用電圧の 1.5 倍（直流試験電圧の場合は交流試験電圧値の 2 倍）	電路と大地間（多心ケーブルは心線相互間および心線大地間）に試験電圧を連続して 10 分間加える
変圧器	最大使用電圧の 1.5 倍	試験される巻線と他の巻線，鉄心および外箱との間に試験電圧を連続して 10 分間加える
回転機（発電機，電動機等）	最大使用電圧の 1.5 倍（500 V 未満となる場合は 500 V，回転変流器を除く回転機の直流試験電圧の場合は交流試験電圧値の 1.6 倍）	巻線と大地との間に試験電圧を連続して 10 分間加える
燃料電池および太陽電池モジュール	最大使用電圧の 1.5 倍の直流電圧または 1 倍の交流電圧（500 V 未満となる場合は 500 V）	充電部分と大地との間に連続して 10 分間加える
開閉器，遮断器，コンデンサ，計器用変成器，逆流防止ダイオード その他の器具	最大使用電圧の 1.5 倍（直流の充電部分については，最大使用電圧の 1.5 倍の直流電圧または 1 倍の交流電圧）	充電部分と大地との間に試験電圧を連続して 10 分間加える

表4　ケーブル充電電流［A/km］（3線一括）

公称電圧［kV］	試験電圧［kV］	38 mm²	60 mm²	150 mm²
6.6	10.35	3.74	4.32	6.08
		3.12	3.60	5.07

・上段は60 Hz，下段は50 Hz
・静電容量は代表的な値を採用（JIS参照）
・式(2)の計算式を使用
38 mm²の計算例

$I_C = \omega CE$ ［A］
$= 2 \times \pi \times 50 \times 3 \times 0.32 \times 10^{-6} \times 10\,350$
$\fallingdotseq 3.12$ A/km

直流による絶縁耐力試験は，ケーブル充電容量が大きく大容量の試験用電源が準備できない場合に，試験電源に交流単相発電機に替り直流バッテリーなどの電源を用いて行う．試験時間は交流試験と同じ10分間で，試験電圧は交流試験電圧の2倍（高圧電路の場合，20 700 V）となる．

ただし，電技解釈第15条および第16条では，表3の試験電圧に加え，以下の規格を満足することで常規対地電圧（通常の運転状態で電路に加わる対地電圧）の印加でも所定の絶縁性能を有していると判断している．

《規格》日本電気技術規格委員会規格（JESC E7001）

JESC E7001では，「変圧器および電路の絶縁耐力の確認方法」として，「JEC，JISに基づき工場において耐電圧試験を実施したものは，技術基準における絶縁性能を満足しているものとし，輸送・現地組立後の最終確認として常規対地電圧を電路と大地との間に連続して10分間加えて確認したときにこれに耐えること印加すること」で，これまで実施してきた現地耐電圧試験と同等である旨の「絶縁耐力の確認方法」の規格を制定した．

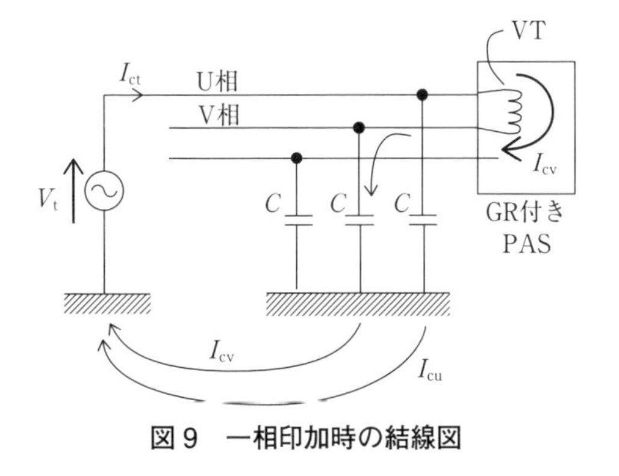

図9　一相印加時の結線図

VT内蔵PAS・UGSの耐圧試験には，次の事項を注意する．(1)～(3)以外に，製造メーカーによっては制御装置と接続線を外し，開閉器本体の制御線を一括して接地するとの注意事項があるので，試験前に取扱説明書を熟読することが大切である．

(1) VTは制御電源専用（容量25 V･A）なので，ほかの試験用電源として使用しないこと．

(2) 交流絶縁耐力試験（10 350 V）は三相一括と大地との間に印加すること．異相間の印加は絶対に行わないこと（高圧ケーブルが長いと充電電流がVTの定格電流以上となり，焼損のおそれがある）．

(3) 直流絶縁耐力試験（20 700 V）は，避雷器が放電し破壊するおそれがあるので実施しないこと．

VT内蔵GR付きPAS耐圧試験時の注意事項

SOG制御電源工事のコスト低減を目的に，設備新設または更新時にVT内蔵GR付きPASの設置が主流となっている．前述したVT内蔵GR付きPAS・UGSの絶縁耐力試験時の注意事項(2)について，次のとおり解説する．

図9は，VT内蔵GR付きPAS・UGSにケーブルが接続された状態で一相に印加した場合の結線図となる．図のとおり，試験電圧を印加したケーブルU相とVTが接続されたケーブルV相がVT一次側を通して直列接続になることがわかる．このときVT一次側には，ケーブルV相の充電電流I_{cv}が流れるため，VTの定格容量を超えると巻線を焼損してしまう．その対策として，三相一括での試験が必要となる．

判定基準

試験の判定基準は，①試験電圧印加後に一次電流，二次電流（充電電流）が安定していること，②被試験物から異音，異臭，振動，変形，変色などが見られないこと，③試験電圧印加前後の絶縁抵抗値に大きな変化がないことが確認できた場合は「良」と判定する．

4部

設備の運用

1 波及事故

学習
短絡電流

試験
電気事故報告

実務
保護協調

高圧自家用需要家の停電作業のあと，主任技術者が断路器の一次側に短絡接地器具を取り付けたままであることを忘れてPASを投入したため，短絡による波及事故が発生した．波及事故の原因や影響にはどのようなものがあり，PASはどのような仕組みで動作するのだろうか？

学習

波及事故とは，自家用構内の電気事故が，PAS未取り付けや機器の誤操作により，電力会社の設備に停電を発生させた事故のことをいう．電気関係報告規則第3条に基づき監督官庁への事故報告の対象となる．

波及事故の原因にはさまざまあるが，リレーの整定が適切であったとしても，PASの制御電源を含めリレーの電源が入っていないと事故を検出できず，波及事故となる可能性がある．

短絡接地器具（**写真1**）は，停電作業時の安全確保のため，一般的には高圧受電設備内の断路器電源側に取り付ける．3線を短絡して接地端子により接地する工具であり，万一電源側が充電された場合は変電所のリレー動作（OCR）により感電事故を防ぐことができる．

短絡時の等価回路は**図1**(a)のとおり，断路器以降の負荷設備が短絡された三相短絡回路として表せる．

三相短絡電流

図1(a)において，

$\dot{E}_a$，$\dot{E}_b$，$\dot{E}_c$：相電圧［V］

$\dot{V}_{ab}$，$\dot{V}_{bc}$，$\dot{V}_{ca}$：線間電圧［V］

$\dot{I}_{sa}$，$\dot{I}_{sb}$，$\dot{I}_{sc}$：短絡電流［A］

$\dot{Z}_s$：短絡点から電源側を見たインピーダンス［Ω］

事例のような三相短絡事故では，短絡箇所において各線間がインピーダンスゼロでつながり，短絡箇所から電源側を見たインピーダンスZ_sが三

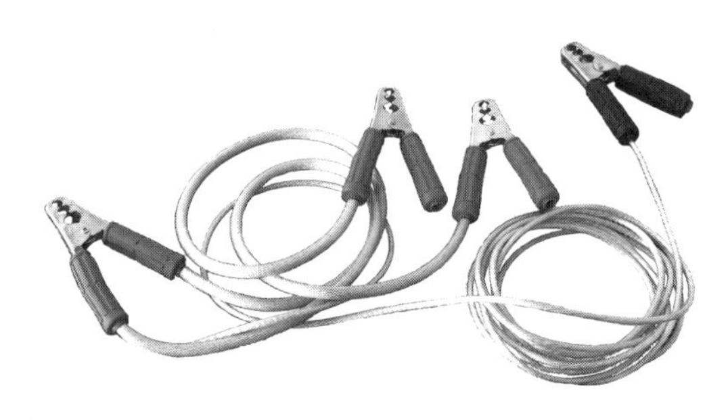

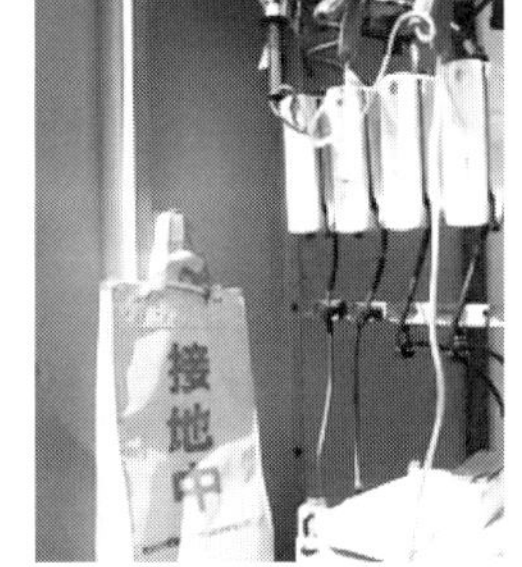

写真1　短絡接地器具
出典：(株)ムサシインテック

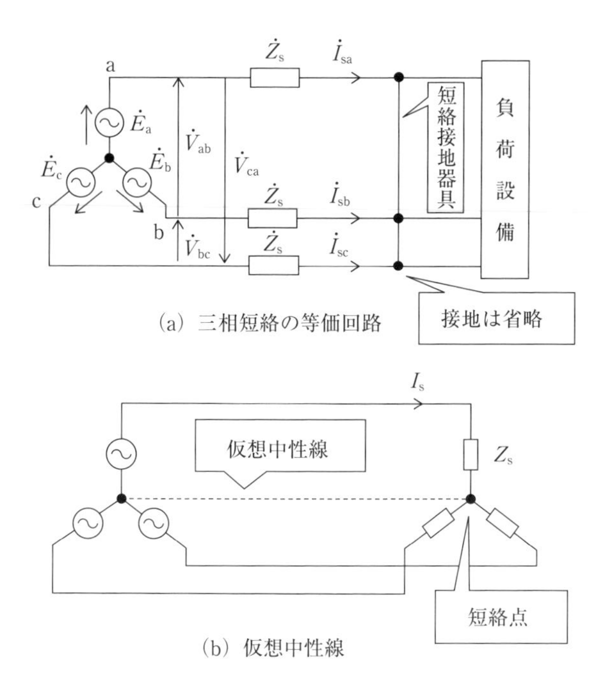

(a) 三相短絡の等価回路

(b) 仮想中性線

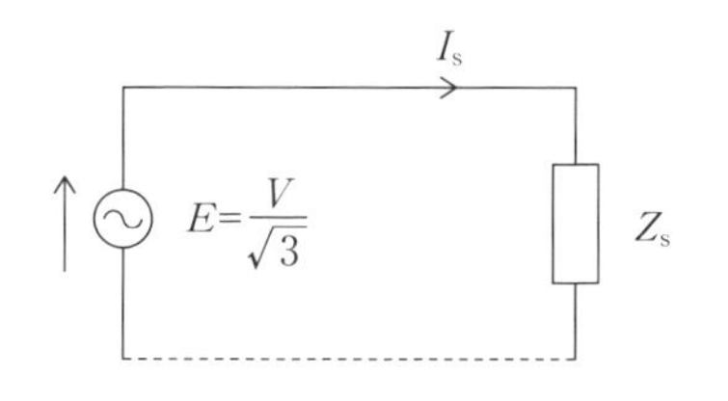

(c) 一相分の等価回路

図 1　三相短絡時の等価回路

相とも平衡しているため三相平衡回路として取り扱える．そのため各相に流れる短絡電流 $\dot{I}_{sa}$，$\dot{I}_{sb}$，$\dot{I}_{sc}$ も三相平衡電流となり，図 1(b)の仮想中性線には電流は流れないことから，図1(c)の単相回路として計算することができる（詳細は「**2 部の 2. 遮断器・負荷開閉器**」で説明）．

図1(c)より，相電圧 E，線間電圧 V とすると短絡電流 I_s は以下の式で表される．

$$I_s=\frac{E}{Z_s}=\frac{V}{\sqrt{3}\cdot Z_s}\ [\mathrm{A}] \qquad 式(1)$$

上述したように，Z_s は短絡点から電源側を見たインピーダンスであり，例えば短絡点が受電用変圧器二次側直近の場合，受電用変圧器～引込ケーブル～供給配電線～供給変電所の変圧器～送電線～発電所までの変電所変圧器～発電所発電機まで含めた合成インピーダンスとなる（短絡電流の供給源は発電機である）．

オームの法則で計算する場合は，各電圧階級の送電線や変圧器など電源側のインピーダンスを合成しようとすると，各変電所変圧器の巻数比換算が必要となるが，広範囲な電力系統全体の計算は現実的ではない．

そこで通常は，以下のように%インピーダンス（百分率インピーダンス）を用いて短絡電流を計算する（%インピーダンスの定義は，「**1 部の 4. 回路計算の基礎**」を参照のこと）．高圧受電設備受電点の短絡電流および受電点より電源側の%インピーダンスは，高圧供給申し込みに伴い電力会社から提示される．

短絡電流 I_s を求める式を，%インピーダンスの定義式および式(1)より導出する．

式(1)の右辺に $\frac{I_n}{I_n}$ をかけて，$\%Z$ を用いた式に書き直すと，

$$I_s=\frac{E}{Z_s}\times\frac{I_n}{I_n}$$

$$=\frac{100}{\%Z}\times I_n$$

$$\therefore I_s=\frac{100}{\%Z}I_n\ [\mathrm{A}] \qquad 式(2)$$

$$\because \%Z=\frac{Z_s I_n}{E_n}\times 100\ [\%]$$

$$\frac{100}{\%Z}=\frac{E_n}{Z_s I_n}$$

ここで，E_n：定格電圧［V］，I_n：定格電流［A］

遮断器の選定においては，式(2)で算出した短絡電流より大きな「定格遮断電流」の遮断器が必要となる．受電点の短絡電流に比べ定格遮断電流が小さいと，短絡電流を遮断できずに機器や線路の定格をはるかに超える大きな電流が流れ続けることになり，受電設備に大きな損傷を及ぼす可能性がある．短絡電流の計算（インピーダンスの算定）には慎重を期す必要がある．

短絡容量 P_s は，短絡電流 I_s と線間電圧 V の積となるので，式(2)を用いると以下のとおり示せる．

$$P_s=\sqrt{3}VI_s$$

$$=\sqrt{3}V\times\frac{100}{\%Z}I_{\mathrm{n}}$$

$$=\sqrt{3}VI_{\mathrm{n}}\times\frac{100}{\%Z}$$

$$=\frac{100}{\%Z}\times P_{\mathrm{n}}$$

$$\therefore P_{\mathrm{s}}=\frac{100}{\%Z}P_{\mathrm{n}} \qquad \text{式(3)}$$

（∵定格容量 $P_{\mathrm{n}}=\sqrt{3}VI_{\mathrm{n}}$）

線間短絡（二相短絡）電流

短絡事故で最大の短絡電流は三相短絡電流であり，遮断器を選定するために大きさを求める必要がある．

一方，二次変電所や三次変電所などサブ変電所があるような大規模自家用構内では，線路末端の短絡事故で短絡電流が過電流継電器 OCR の整定値以下（定格電流に近い電流）となる場合がある．そのような最小の短絡電流でも OCR が正常に動作するか（最小短絡電流が整定値以上か）確認するため，線路末端での線間短絡（二相短絡）電流の計算が必要となる．

図 2 は，線路末端で a 相と b 相が線間で短絡した等価回路を表している．三相短絡の等価回路と異なり，電源が 2 つ，インピーダンスが 2 つの単相回路となるため，短絡電流 I_{s2} は以下の式で示せる．

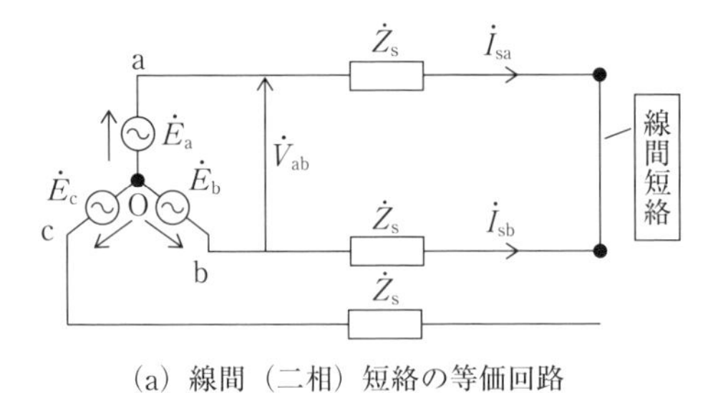

（a）線間（二相）短絡の等価回路

（b）短絡相のみの等価回路

図 2　線間（二相）短絡の等価回路

$$|\dot{I}_{\mathrm{s2}}|=|\dot{I}_{\mathrm{sa}}|=|-\dot{I}_{\mathrm{sb}}|$$

$$=\left|\frac{\dot{E}_{\mathrm{a}}-\dot{E}_{\mathrm{b}}}{2\times\dot{Z}_{\mathrm{s}}}\right|$$

$$=\frac{V}{2Z_{\mathrm{s}}}$$

ただし，

線間電圧 $\dot{V}_{\mathrm{ab}}=\dot{E}_{\mathrm{a}}-\dot{E}_{\mathrm{b}}$

$|\dot{V}_{\mathrm{ab}}|=V$，$|\dot{E}_{\mathrm{a}}|=|\dot{E}_{\mathrm{b}}|=E$

$V=\sqrt{3}E$

式(1)を変形して上式に代入すると，

$$I_{\mathrm{s}}=\frac{V}{\sqrt{3}\cdot Z_{\mathrm{s}}}$$

$$\sqrt{3}\times I_{\mathrm{s}}=\frac{V}{Z_{\mathrm{s}}}$$

$$|\dot{I}_{\mathrm{s2}}|=\frac{V}{2Z_{\mathrm{s}}}=\frac{\sqrt{3}}{2}I_{\mathrm{s}}$$

$$\therefore I_{\mathrm{s2}}=\frac{\sqrt{3}}{2}I_{\mathrm{s}}\fallingdotseq 0.866I_{\mathrm{s}}\ [\mathrm{A}]$$

つまり，線間短絡電流は三相短絡電流の 0.866 倍の大きさとなり，線路末端ではインピーダンスも大きくなることから，さらに電流が抑制される．

系統連系に伴う短絡容量の検討

配電線に新たに発電設備（同期発電機，太陽電池，燃料電池など）が連系された場合は，配電線の短絡事故に対し，配電用変電所側からの短絡電流に加え，連系された発電機からも短絡電流が供給される．それにより配電線で短絡事故が発生しているにもかかわらず，配電用変電所のリレーが動作しないおそれがある．

特に配電線末端での二相短絡事故（**図 3**）では，線路インピーダンスが大きいために短絡電流が小さくなり，発電機から供給される短絡電流（I_{s1}，I_{s2}）により配電線から供給される短絡電流 I_{s0} がリレー整定値以下となることが考えられる．そのような場合にも配電用変電所のリレーが不動作となることのないよう，発電設備への限流リアクトル取り付けなどの対策が必要となる．

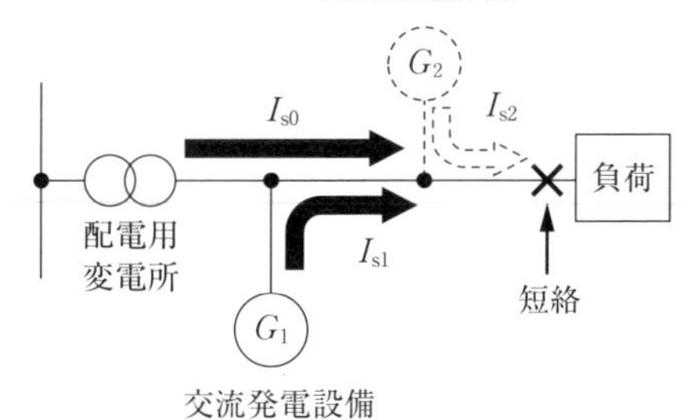

$I_{s0} < I_s$

I_s ：G_2連系前の短絡電流
I_{s0}：G_2連系後の短絡電流

図3　短絡電流の流れ方

試験（出題例）

百分率インピーダンスによる短絡電流計算は2部で説明しているため，ここでは電気事故報告に関する出題例を解説する．

（平成20年度　第三種電気主任技術者試験，法規科目，問2を改題）

次の文章は，「電気関係報告規則」の事故報告についての記述の一部である．

1. 電気事業者は，電気事業の用に供する電気工作物（原子力発電工作物を除く．）に関して，次の事故が発生したときは，報告しなければならない．

　（ア）　又は破損事故若しくは電気工作物の誤操作若しくは電気工作物を操作しないことにより人が死傷した事故（死亡又は病院若しくは診療所に治療のため入院した場合に限る．）

2. 上記の規定による報告は，事故の発生を知った時から　（イ）　時間以内可能な限り速やかに事故の発生の日時及び場所，事故が発生した電気工作物並びに事故の概要について，電話等の方法により行うとともに，事故の発生を知った日から起算して　（ウ）　日以内に様式第11の報告書を提出して行わなければならない．

上記の記述中の空白箇所（ア），（イ）及び（ウ）に当てはまる語句又は数値として，正しいものを組み合わせたのは次のうちどれか．

	（ア）	（イ）	（ウ）
(1)	感電	24	30
(2)	火災	24	30
(3)	感電	48	14
(4)	火災	24	14
(5)	火災	48	14

【解答】

答（1）

電気関係報告規則第3条（事故報告）からの出題であり，条文には以下の記載がある．

1　電気事業者又は自家用電気工作物を設置する者は，電気事業者にあっては電気事業の用に供する電気工作物に関して，自家用電気工作物を設置する者にあっては自家用電気工作物に関して，次の表の事故の欄に掲げる事故が発生したときは，それぞれ同表の報告先の欄に掲げる者に報告しなければならない．

一　感電　又は電気工作物の破損若しくは電気工作物の誤操作若しくは電気工作物を操作しないことにより人が死傷した事故（死亡又は病院若しくは診療所に入院した場合に限る．）

二　電気火災事故

三　電気工作物の破損又は電気工作物の誤操作若しくは電気工作物を操作しないことにより，他の物件に損傷を与え，又はその機能の全部又は一部を損なわせた事故

2　前項の規定による報告は，事故の発生を知った時から　24　時間以内可能な限り速やかに事故の発生の日時及び場所，事故が発生した電気工作物並びに事故の概要について，電話等の方法により行うとともに，事故の発生を知った日から起算して　30　日以内に様式第13の報告書を提出して行わなければならない．

「電気関係報告規則」は，電気事業法第106条（報告の徴収）の規定に基づき制定された政令であり，事故報告のほか，定期報告，公害防止等に関する届出，自家用電気工作物設置者の発電所の出力変更等の報告などが規定されている．

事故報告には，上記３点を含め以下の事故が報告対象とされている．

① 感電等死傷事故

感電又は電気工作物の破損もしくは電気工作物の誤操作もしくは電気工作物を操作しないことにより人が死傷した事故（死亡又は医療機関に入院した場合に限る）．

② 電気火災事故

電線路，変圧器，配線等の電気工作物に漏電，短絡等の電気的異常が発生し火災となった事故．

電気工作物のみの火災の場合は，電気工作物の破損事故として取り扱う．

③ 電気工作物の物損事故

電気工作物の損傷または誤操作等により，他の設備を損傷させた事故．異常電圧による電気機器の損傷，太陽電池モジュールの飛散などが対象となる．

④ 主要電気工作物の破損事故

工事計画の届け出等が必要な発電設備等の電気工作物（主要電気工作物）の損傷等が原因で，運転停止や使用中止が必要となった事故．身近な自家用電気工作物では，出力50 kW以上の太陽光電池発電所，電圧１万V以上の需要設備が対象となる．

⑤ 発電支障事故

水力発電所，火力発電所，燃料電池発電所，太陽電池発電所または風力発電所に属する出力10万kW以上の発電設備が７日間以上の発電停止が必要となった事故．

⑥ 供給支障事故（自家用電気工作物設置者は対象外）

電気事業者の電気工作物の破損事故またはヒューマンエラーにより，電気の供給停止が必要となった事故．供給支障電力が7 000 kW以上の事故が対象で，供給支障電力の大きさにより報告対象となる供給支障時間は異なる．

ただし，供給停止後に自動再閉路または自動的な系統切替により供給が可能となった事故は供給支障事故の対象外となる．

⑦ 他社への波及事故

自家用電気工作物の損傷または誤操作等により，一般送配電事業者等に供給支障を発生させた事故．なお電気事業者による供給支障事故も報告対象となり，その際の供給支障電力の大きさおよび供給支障時間の長さは，⑥供給支障事故と同様に扱う．

ただし，自動再閉路により供給が可能となった事故は波及事故の対象外となる．

⑧ 異常放流事故

操作員の誤操作やシステム不具合により，ダムの洪水吐きから異常に放流された事故．

⑨ 社会的影響を及ぼした事故

前記①から⑧に記載した以外の事故で，自然災害等により広範囲に著しい影響を及ぼした事故，社会的に注目されたイベントでの供給支障事故，構外への油流出または地下への浸透事故など．

※自家用電気工作物設置者の報告先はいずれも管轄の産業保安監督部長となる．

※電気事業者とは，電気事業法第38条第4項各号に該当する以下の事業者をいう．

a 一般送配電事業
b 送電事業
c 特定送配電事業
d 発電事業（一定要件に該当するもの）

実務

波及事故

(1) 波及事故の原因

一般に，主遮断装置の電源側設備または主遮断装置自体に何らかの異常が生じると波及事故につながる．**図4**は区分開閉器にPASが設置されている受電設備の単線結線図を表している．この場合は，地絡保護範囲（Ⅱ）がPASのZCT以降の負荷側となっており，引込ケーブルの地絡事故を検出することが可能となる．

区分開閉器にPASまたはUGSが設置されていないと，ZCTの位置が引込ケーブルのVCT側となり，引込ケーブルの地絡事故の検出および電力会社の系統から切り離すことができずに波及事故となってしまう．最近の波及事故の原因は，以下の設備が8割以上を占めている．

・高圧ケーブル（53％）
・PAS・PGS（15％）
・LBS・VCB（11％）
・VT・VCT（6％）

この他，事例のような基本的な作業手順（安全面を含む）の確認不足や建物の増改築に伴う電気主任技術者との打ち合わせ不足による事故事例も発生している．

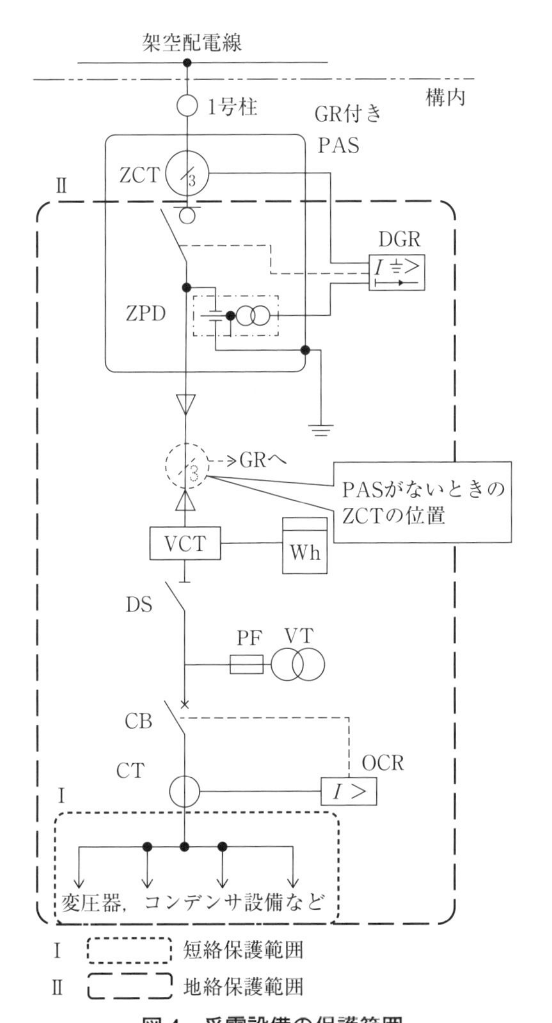

図4　受電設備の保護範囲

高圧ケーブルは製造後20年を経過すると，絶縁劣化により絶縁破壊のリスクが大きくなるといわれており，事故となったケーブルのほとんどは20年を超過している．

PAS・PGSは屋外設置となるため，雷や風雨などの影響を受けやすく，避雷器の未設置設備では雷による絶縁破壊，海岸付近や温泉付近の設備では塩分や硫黄分による外箱へのさびや腐食の発生がある．外箱のさびやパッキンの劣化があると，内部への水分浸入による絶縁破壊の可能性が高くなる．

LBS・VCB・VTは，経年劣化による絶縁破壊や小動物の侵入による相間短絡などが主な原因となっている．

これらの事故事例は，(独)製品評価技術基盤機構（NITE）が運営する「詳報公表システム」で国内の電気工作物の事故情報の検索が可能となっているため，類似事故の再発防止対策や保安教育などに活用していただきたい．

(2) 波及事故の影響

波及事故は，停電の影響が自社に限らず広範囲にわたるというだけではなく，短期的，中期的にさまざまな影響が生じる．

まず，「試験」の項目で説明したように，波及事故は電気事故報告の対象となるため，速報を24時間以内に，詳報を30日以内に監督官庁（各地域の産業保安監督部）へ報告しなければならない．速報は事故の事実を報告すればよいが，詳報は事故原因とその再発防止策を報告する必要があり，現状の保安業務の見直しが必要になる場合もあるため，大変な労力がかかることを覚悟しなければならない．主な報告事項を以下に示す．なお，現在は，詳報作成を効率的に行える「詳報作成支援システム」（(独)製品評価技術基盤機構（NITE））がある．

《速報》

・事故の発生の日時及び場所

・事故が発生した電気工作物
・事故の概要　など
《詳報》
・事故発生時の状況（時系列）
・事故発生の原因（真の原因を究明する）
・再発防止策
・事故原因の状況写真
・受電設備の単線結線図，構内図
・定期点検記録（月次点検，年次点検）
・電気設備修繕記録

波及事故の原因が，定期点検の未実施による保安規程不遵守や電技抵触など設備設置者に過失があると，ほかの需要家から停電により生じた損害賠償を請求される可能性がある．あわせて当該需要家のイメージ低下など，経済的損失だけではなく社会的信用の低下も考えられる．

電気主任技術者は，定期点検結果を設備設置者とタイムリーに共有し，経年設備対策の必要性，事故発生に伴うデメリット（波及事故）を設置者に理解していただくよう丁寧な説明が求められる．

(3) 波及事故防止対策

波及事故をゼロにすることは経済的にも技術的にも難しいが，以下に挙げる対策によりほとんどの事故を減らすことができると考えられる．

① PAS・UGSの設置・更新：区分開閉器として，PAS・UGSを設置する．PASは屋外設置となるためLA付きVT内蔵が推奨されている．また，適切な時期に更新する．

② 高圧ケーブルをE-Eタイプに更新：ケーブル絶縁破壊の主な原因である水トリー劣化を防止するため，内部半導電層，絶縁体，外部半導電層の3層同時押し出し成型となるE-Eタイプケーブルに更新する．Eは英語で「押し出し」を意味するExtrudeから取っており，内部・外部半導電層とも押し出し成型された方式をE-Eタイプという．

③ 風雨・風雪浸入対策：キュービクル換気口に防噴流対策板を取り付けた「推奨キュービクル」を採用する．

④ 小動物侵入対策：ケーブル貫通部へのシール剤塗布，通気孔へのパンチング板取り付けなどにより，ネズミやヘビなどの受電設備内への小動物の侵入を防止する．

上記に記載した機器のほか，受電設備の各機器の更新推奨時期について，日本電機工業会（JEMA）よりp.119の参考のとおり示されている．設備設置者への説明などの参考にしていただきたい．

PAS・UGSの動作（SOG動作）の仕組み

高圧受電設備規程では，保安上の責任分界点に区分開閉器の施設が規定されている．区分開閉器にはGR付きPASやUGSを設置し，トリップ装置としてSOGが規定されている．

図5は，PASの内部結線図の一例を表している．零相電流検出のためのZCT（零相変流器），零相電圧検出のためのZPD（コンデンサ形接地電圧検出装置），制御電源出力用のVT（計器用変圧器），過電流検出のためのCT（変流器），避雷素子が内蔵されている．VT内蔵タイプは，受電設備からの制御電源の工事が不要となるため，現在の主流になっている．

PASは負荷開閉器であり，短絡電流のような大きな電流の遮断能力はない．つまり，地絡事故の場合と短絡事故の場合ではPASの動作が異なる．事故の種類によってPAS・UGSの動作を制御するのがSOG制御装置（**写真2**）である．

PAS（UGS）内蔵のZCTの負荷側で地絡事故が発生すると，ZCTで零相電流を検出しZPDで零相電圧を検出（DGRの場合）することでPAS（UGS）をトリップさせる．この場合，配電用変電所の地絡継電装置との動作協調により，PAS（UGS）は，地絡遮断装置として配電用変電所の遮断器に先行して動作することで構内のみの停電となる．

一方，図4のような受電設備内のCTの電源側で短絡事故が発生した場合は，受電設備内のCTには短絡電流が流れないためCBで遮断できず，配電用変電所の遮断器がトリップする．PAS（UGS）の取り付けがない場合は事故点の切り離しができず波及事故となる．

PAS（UGS）がある場合は内蔵のCTが短絡電

流を検出して，配電線が停電後にPAS（UGS）を開放（蓄勢動作）する．配電線は自動再閉路動作

参考：各機器の更新推奨時期
出典：(一社)日本電機工業会，高低圧電気機器保守点検のおすすめ（2019年）

機器名称	更新推奨時期	更新説明
柱上気中開閉器(PAS)	10年	
高圧断路器（DS）	20年	操作回数（手動） 1 000回 操作回数（電動） 10 000回
高圧気中負荷開閉器(LBS)	15年	
高圧限流ヒューズ(PF)	屋外用10年 屋内用15年	
避雷器	15年	
真空遮断器（VCB）	20年	または規定開閉回数
高圧進相コンデンサ	15年	
直列リアクトル	15年	
油入変圧器	20年	
モールド変圧器	20年	
保護継電器	15年	使用環境により大きく変わる
モールド形計器用変成器（VT，CT）	15年	
高圧電磁接触器	15年	または規定開閉回数
気中遮断器（ACB）	15年	または規定開閉回数
配線用遮断器(MCCB)	15年	または規定開閉回数
漏電遮断器	15年	または規定開閉回数
高圧電動機	20年	誘導電動機の場合
直流電源装置(充電器)	15年	
直流電源装置(蓄電池)	7～9年	25℃鉛蓄電池MSE形の場合

配電線へ
ZCT
負荷開閉器
ZPD
VT
CT
SOG制御装置
避雷素子
E_A
受電設備へ

図5　PASの内部結線図例
出典：(一社)日本電気協会：高圧受電設備規程（JEAC 8011-2020）1140-1図（その1）をもとに作成

によりトリップから約1分後に再送電されるが，短絡事故が発生した箇所はPAS（UGS）開放により切り離されているため，再送電により配電線は復旧する．この場合は波及事故としては扱わない．PAS（UGS）で短絡電流検出～配電線停電を検出～PAS（UGS）を開放する動作を「SO（過電流蓄勢トリップ）機能」という．

PAS（UGS）の取り付けの有無により事故ごとの遮断装置が異なるため，**表1**に整理した．

事例は短絡接地器具の取り外し忘れという人為的なミスであるが，PASの負荷側の短絡であれば復電時のPAS投入の際にSO動作により開放さ

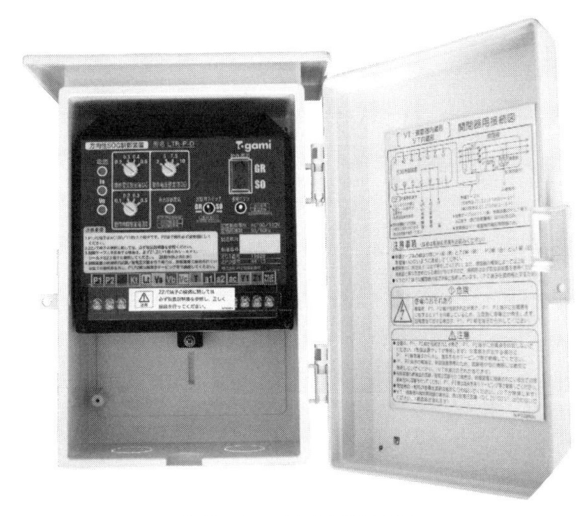

写真2　SOG制御装置
出典：(株)戸上電機製作所

表1　事故ごとの各遮断器の動作

事故種別	PAS取り付け	形式	事故電流検出箇所	遮断装置
地絡事故	PASあり	CB形	PAS内ZCT＋ZPD※	PAS
		PF・S形	PAS内ZCT＋ZPD	PAS
	PASなし	CB形	受電室内ZCT＋ZPD	CB
		PF・S形	受電室内ZCT＋ZPD	LBS
短絡事故	PASあり	CB形	PAS内CT＋受電室内CT	CB
		PF・S形	PAS内CT＋受電室内CT	PF＋LBS
	PASなし	CB形	受電室内CT	CB
		PF・S形	PF	PF＋LBS

※ZPDは地絡方向継電器（DGR）の場合に使用

れるのではないかと考えてしまう方もいるのではないだろうか.

SO機能が動作するには,PAS内蔵のVTまたはキュービクルから供給される制御電源が必要となる.ここで,短絡箇所はインピーダンスがゼロになるとともに事故前の電圧(6 600 V)もゼロになることを忘れてはいけない.

PASの負荷側に短絡箇所があると,SOG制御装置に所定の電源が供給されずSO機能が動作しないため,事例のような復電と同時に短絡事故が発生した場合は配電線が停電することになる.メーカーの取扱説明書にも,短絡した状態でのPAS投入ではSO動作を行わないということが明確に書かれているため,改めて確認していただきたい.

事例では,配電線停電後にただちにPASと引込開閉器を開放することで再閉路が成功したため,電気事故報告の波及事故の対象外となった.

保護協調

高圧受電設備を電力会社の設備と協調して,安全に安定的に運用するため保護継電器を設置している.構内で短絡事故や地絡事故が発生した際,受電設備の保護継電器で迅速・適切に検出・遮断することで構内事故をほかに波及させないことを保護協調という.事故の種類に応じ,過電流保護協調と地絡保護協調の2つがある.

保護継電器を利用した保護方式を保護継電方式といい,求められる条件は以下のとおりとされている.保護協調の考え方そのものである.

〈保護継電方式の要求条件〉

① 迅速,確実に故障区間の選択遮断を行う.

② 故障範囲を局限化し,健全区間への波及事故を防止する.

③ 適切な動作時限※整定を行い,一般送配電事業者の配電用変電所の保護装置と動作協調を図る.

※保護継電器に最小動作値を超える電流を入力してから接点が閉じるまでに要する時間を動作時限または動作限時という.

④ 過渡時(電動機始動電流や励磁突入電流)や通常運転時に誤動作しない.

(1) 過電流保護協調

過電流保護協調には,動作協調と短絡強度協調の2つがある.

動作協調は,負荷側の遮断器になるほど動作時間を短く設定する時限協調であり,停電範囲の局限化を図ることを目的としている.

高圧受電設備の場合,ほとんどの設備で遮断器ごとに時間差をつける段階時限による選択遮断方式(**図6**)が採用されている.動作協調がとれていないと,本来はOCR3で検出してCB3で遮断するべき事故をCB2またはCB1で遮断を行い,必要のない範囲が停電することになる.

一般に継電器は,誘導形と静止形のどちらにも慣性動作(継電器入力がなくなっても慣性により動作してしまう)があるため,瞬間的な入力では動作しないよう,慣性特性(静止形は,復帰特性という)を規定している.

各保護装置の動作特性を表す曲線を特性曲線といい,上位または下位の保護装置間の動作特性に協調がとれているかを確認するための図を保護協調図(**図7**)という.図7に示すように配電用変電所のOCRと高圧受電設備のOCR(受電OCR)またはPF(限流ヒューズ)ではそれぞれ動作特

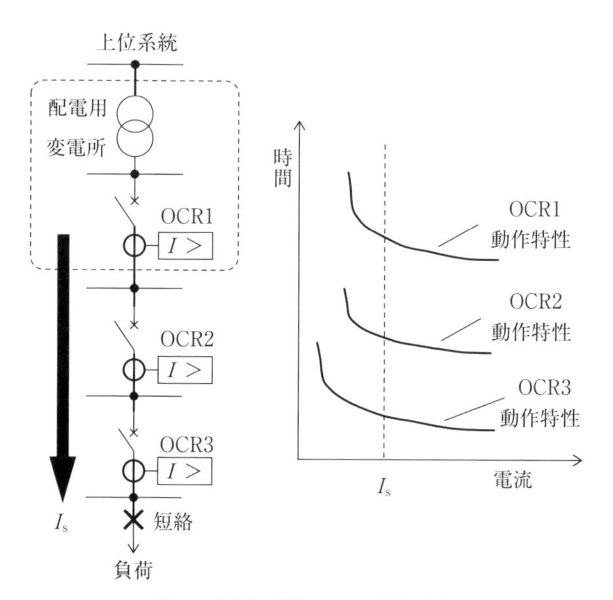

図6 段階時限による選択遮断

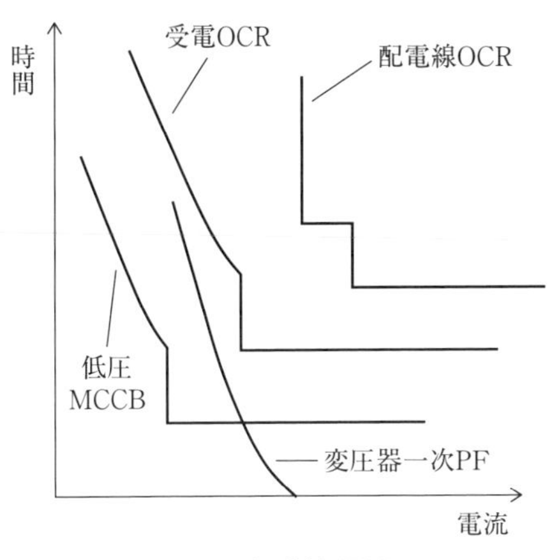

図7　保護協調図

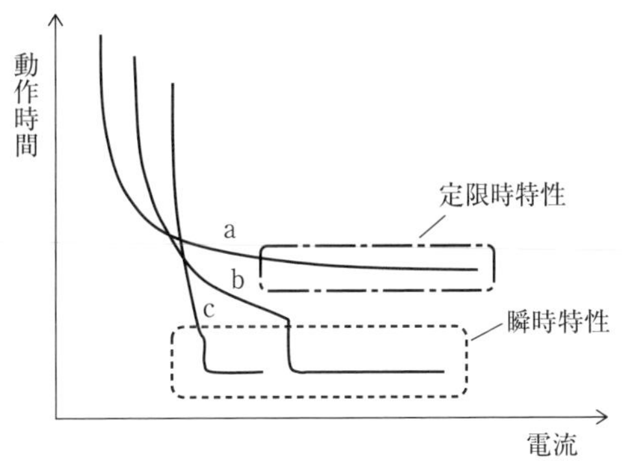

図8　受電OCRの動作特性の種類

性が異なる．OCRの整定やPFの選定の際は保護協調図を確認し，上位のリレーや遮断器との動作時間や電流特性の協調がとれているか確認することが重要である．つまり，各リレーの特性曲線が交わることなく動作時間と電流の間隔が開いていることで協調がとれているといえる．

過電流継電器の整定には限時要素と瞬時要素の2つが必要となり，2つの要素を組み合わせることで動作協調を図っている．限時要素とは，入力電流の大きさに応じて動作時間を変化させる要素で，瞬時要素とは，短絡電流のような大電流が流れたときに瞬時に動作させる要素である．

瞬時要素の最長動作時間は0.05秒（2.5サイクル）以下とされており，瞬時要素がないと配電用変電所OCRとの協調がとれない．

限時要素（特性）は大きく定限時と反限時の2つに分けられる．定限時は，CTへの入力電流の大きさにかかわらず一定の時間で動作する特性で，反限時は電流が大きくなるほど動作時間（限時）が短くなる特性をもつ．

受電OCRの各特性について**図8**で説明する．

a.　反限時＋定限時特性

小電流領域では反限時特性で動作し，大電流領域では定限時特性の2つの特性をもつ．大電流でも一定の動作時間が必要となるため，配電用変電所OCRとの協調がとれずに波及事故となるおそれがある．

b.　反限時＋瞬時特性

上記a.と同じ反限時特性と，大電流領域では瞬時に動作する短絡保護の瞬時特性の2つの特性をもつ．

c.　超反限時＋瞬時特性

上記b.の反限時特性をさらに急峻な特性とすることで，配電用変電所OCRや低圧側MCCBとの動作協調をとりやすくしている．

短絡強度協調とは，短絡電流が電線や機器に流れたときに発生する熱や電磁力から電線や機器を保護するため，リレー整定値と機器などの仕様の整合をとることである．短絡強度協調には熱的強度と機械的強度の2つがある．

導体に電流が流れると，式(4)のジュールの法則に従って電流の2乗に比例してジュール熱が発生する．また同時に磁場が発生し，その磁場のなかを電流が流れると導体は式(5)の電磁力を受ける．短絡強度協調がとれていないと，ジュール熱による電線の溶断，電磁力では支持碍子の破損，変圧器コイルの変形，巻線の絶縁紙破損による層間短絡などの故障が発生する．

■ 短絡により生じる物理現象

ジュールの法則（熱）

$$W = I^2 Rt \ [\mathrm{J}] \qquad 式(4)$$

電磁力（機械的応力）

$$F = \frac{\mu I_1 I_2}{2\pi r} \ [\mathrm{N/m}] \qquad 式(5)$$

熱的強度の検討は，事故発生から保護継電器が動作し，遮断器で短絡電流を遮断するまでの全遮断時間で発生する熱量が，機器や材料の許容熱量を下回ることを確認する．

■ 熱的強度の検討

遮断完了までの発生熱量 $I_1^2 t_1$ ≦機器の許容熱量 $I_2^2 t_2$

ここで，I_1：短絡電流の実効値，I_2：定格短時間耐電流の実効値，t_1：遮断時間，t_2：0.5～2 秒（JIS または JEC で規定されている）

機械的強度の検討には，短絡電流の波高値（最大値）が機器・材料の短絡電流の許容値以下になることを確認する．

■ 機械的強度の検討

短絡電流波高値≦機器・材料の許容波高値※

※定格短時間耐電流の 2.5～2.7 倍

各機器の短時間耐量の詳細は，「**2 部の 2．遮断器・負荷開閉器**」を参照いただきたい．

<過電流継電器の整定>

過電流継電器（**写真 3**）の整定の考え方を説明するが，その前に，整定に関して一般的に使われる用語を解説する．

① タップ：電流タップともよび，OCR の動作電流値（限時電流値）を決める装置のこと．限時電流は過負荷に対応する電流といえる．例えばタップ 4 A とは，CT 二次側に 4 A 流れる（CT の一次側は CT 比に応じた電流となる）と OCR は動作を開始する．タップ値の大小で特性曲線は**図 9** のように変化する．

② レバー：タイムレバーを略してレバーといっている．OCR が動作を開始したときの動作時間を調整する装置（静止形の継電器では時限ダイヤル）のこと．レバーは通常 1～10（写真 3 は 0.25～20）までの目盛りがあり，レバー2 とは，時限ダイヤルが 2 ということで，OCR の動作時間がダイヤル 10 のときの $\frac{2}{10}$ となる．つまりレバー値が小さいほど，同じ電流でも短い時間で動作する（図 9）．

図 10 において，整定タップ 4 A，レバー2 に整定されているとき，CT 二次側に 16 A 流れるとタップ値倍数は $\frac{16}{4}=4$ 倍（400 %）となる．そのときの動作時間は 10 秒となるが，レバー2 では $10\times\frac{2}{10}=2$ 秒で動作する．

図 9 に示すようにタップ値，レバー値の変更により，動作特性が変化する．

③ 瞬時：40 A とは，CT 二次側に 40 A 流れた

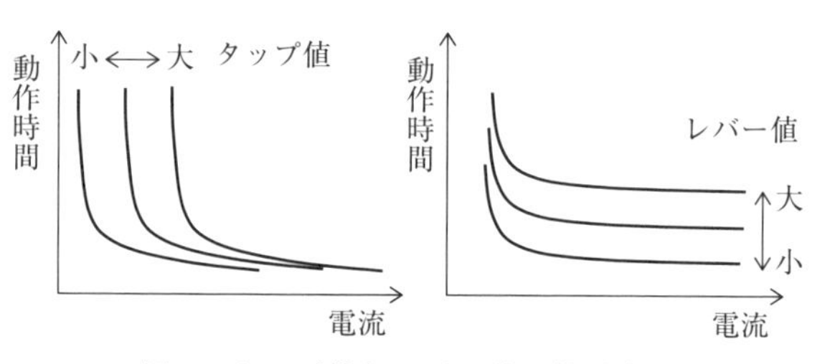

図 9 タップ値とレバー値の特性変化

出典：川本浩彦：6 kV 高圧受電設備の保護協調 Q&A，電気現象から見た地絡・短絡の解説，p. 33，エネルギーフォーラム，2007

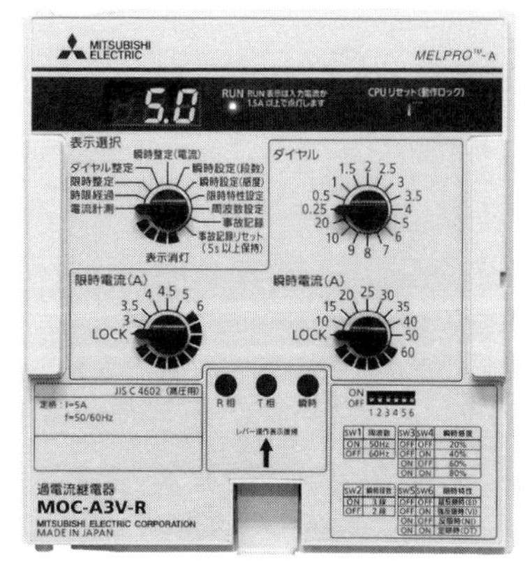

写真 3 静止形過電流継電器

出典：三菱電機(株)

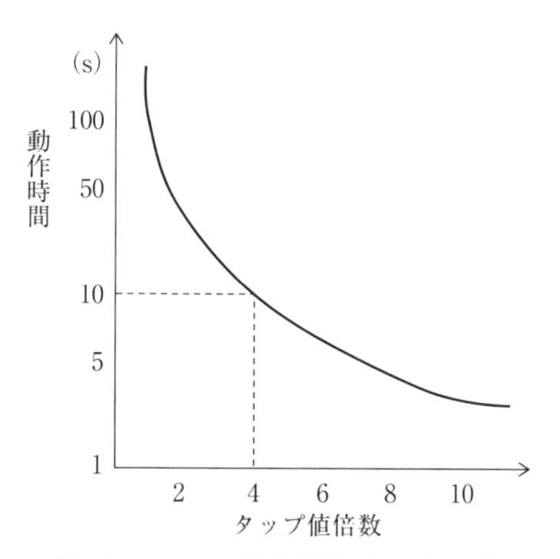

図 10 OCR の動作特性（レバー10）

時点で動作するということ．例えばCT比が$\frac{50}{5}$の場合，一次側の電流値は，$40\times\frac{50}{5}=400$ Aとなる．

静止形の場合，限時特性は継電器内のスイッチで設定でき，継電器動作はパネル内の表示で確認できる．

(2) 過電流継電器の整定例

過電流継電器の整定については，高圧受電設備規程の過電流継電器整定基準例（**表2**）を参考に，設置される変流器の過電流特性を考慮して設定する必要がある．

■ 限時要素タップの選定

タップ値I

$$I=\frac{契約電力\,[\mathrm{kW}]}{\sqrt{3}\times 電圧\,[\mathrm{kV}]\times 力率}\times\alpha\times\frac{5\,\mathrm{A}}{\mathrm{CT}一次電流}\,[\mathrm{A}] \qquad 式(6)$$

ただし，αは契約電力に対する裕度を表し，表2のように一般的な負荷設備では1.5としている．

契約電力250 kW，力率0.9，CT比が$\frac{50}{5}$の場合，式(6)より

$$I=\frac{250}{\sqrt{3}\times 6.6\times 0.9}\times 1.5\times\frac{5}{50}\fallingdotseq 3.64\ \mathrm{A}$$

よって，整定タップ値は直近上位の4 Aとする．

■ 瞬時要素の整定タップ値

契約電力は250 kW，αは表2から15とすると，

$$I=\frac{250}{\sqrt{3}\times 6.6\times 0.9}\times 15\times\frac{5}{50}\fallingdotseq 36.4\ \mathrm{A}$$

表2　高圧受電設備の受電点過電流継電器整定例

動作要素の組合せ	動作電流整定値	動作時間整定値
限時要素 + 瞬時要素	限時要素：受電電力（契約電力）の110 %～150 %	電流整定値の2 000 %入力時1秒以下
	瞬時要素：受電電力（契約電力）の500 %～1 500 %	瞬時

出典：(一社)日本電気協会：高圧受電設備規程（JEAC 8011-2020）2120-7表　備考1～3を省略

よって，整定タップ値は直近上位の40 Aとする．

(3) 地絡保護協調

地絡保護協調とは，受電設備のリレーと配電用変電所のリレーの整定について，感度電流と動作時限の整合をとることをいう．

受電設備の地絡保護継電器には，GRとDGR（地絡方向継電器）の2つがある．

GRは地絡電流の大きさだけで検出するため，構内の対地静電容量が大きい場合，構外で発生した地絡事故電流が構内の対地静電容量を通して流れると，もらい事故（不必要動作）となる場合がある．**図11**に配電線に地絡事故が発生した場合の地絡電流の流れ方の例を示す．配電線や高圧需要家構内の対地静電容量を経由して地絡電流が流れる．

DGRはもらい事故の対策として，地絡電流の大きさに加え向きを検出するため，零相電流に加えZPD（コンデンサ形接地電圧検出装置）で零相電圧を継電器入力としている．配電系統のDGRと同じ考え方で運用している．**図12**のように零

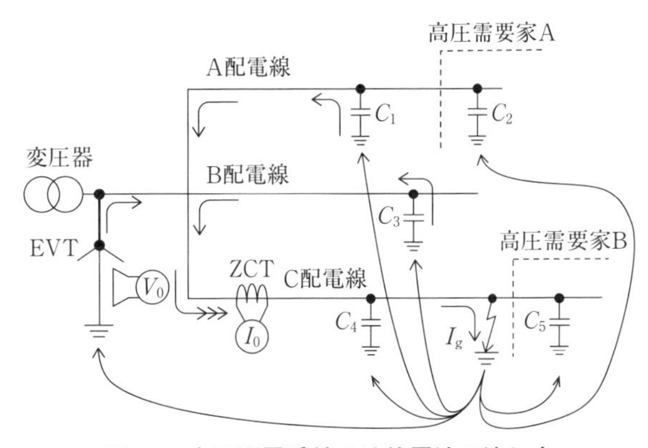

図11　高圧配電系統の地絡電流の流れ方

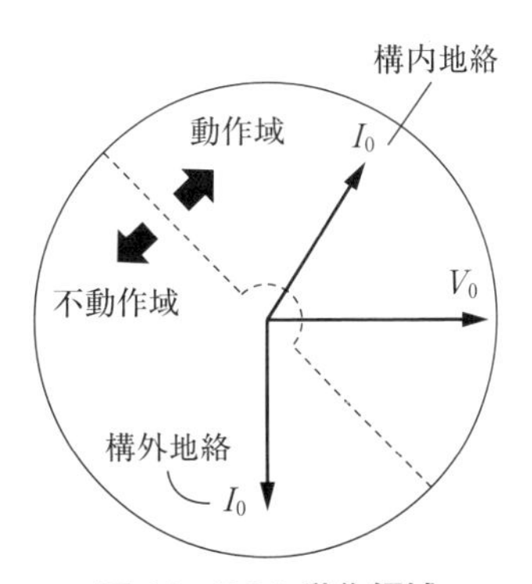

図12　DGR動作領域

相電流 I_0 と零相電圧 V_0 の両者の位相を比較することで，構内事故か構外事故かを判断する．

(4) 地絡継電装置の整定例

配電用変電所との動作協調をとるため，受電設備の地絡継電装置（方向性を含む）の検出感度（感度電流値）と動作時限を整定するが，電力会社に確認のうえ多くの受電設備では以下の整定値を採用している．

■ 実際の整定例

・動作電流：0.2 A
・動作時間：0.2 秒
・動作電圧：190 V（5 %）

地絡電流保護は，過電流保護のような保護協調図で OCR や遮断装置の動作特性を確認するなど受電設備固有の条件を考慮する必要がない．

配電用変電所の再閉路リレー

配電用変電所は，OCR 動作または DGR 動作による遮断器動作後，一定時間をおいて自動で遮断器を投入する「再閉路リレー」を設置している．

配電線事故のほとんどが雷，樹木接触など瞬間的な故障が原因となっており，短時間の送電（課電）停止により事故が解消されることが多いため，停電時間の短縮を目的に採用している．事故検出による遮断器動作後，約 1 分程度で再閉路される．

PAS の SO 動作は，この再閉路までの時間で PAS を開放し，構内側の事故点を切り離すことで再事故（波及事故）を防ぐ仕組みになっている．

復電操作手順

年次点検作業など停電作業が終了して復電する際の標準的な手順を示す．事例のような短絡接地器具外し忘れなどのヒューマンエラーを防止するため，事前に手順チェック表などを整備・活用することが望ましい．継電器試験で操作した整定値の再確認や低圧側の電圧確認は，復電後の波及事故防止や機器の安全に特に大事な手順となる．

① 作業内容の確認（点検項目・整定値確認）
② 工具類など忘れ物確認
③ 短絡接地器具の取り外し
④「短絡接地中」標示札取り外し
⑤ 各遮断器，開閉器などの開放（切）確認
⑥ 保護継電器操作用電源投入
⑦ PAS・UGS などの区分開閉器投入
⑧ 断路器投入
⑨ VCB など主遮断装置投入
⑩ LBS など高圧開閉器類投入
⑪ 低圧側電圧確認
⑫ 低圧開閉器（MCCB）投入，負荷設備の運転状態確認

最近では，低圧開閉器投入時の開閉サージによる弱電関係の機器損傷リスクを考慮し，低圧開閉器をすべて投入した状態で PAS または VCB を投入する手順も検討されている．

馴れはおそろしいものである．経験を重ねても基本的な手順を愚直に徹底することで，自分と仲間の安全を確保していただきたい．

停電作業を行う場合の措置

停電作業を行う場合の措置について，労働安全衛生規則第 339 条で以下の記載がある．

① **検電器具**により停電を確認し，誤通電，他の電路との混触又は他の電路からの誘導による感電の危険を防止するため，**短絡接地器具**を用いて確実に短絡接地すること．
② 作業終了後に通電しようとするときは，当該作業に従事する労働者について感電の危険がないこと及び**短絡接地器具**を取りはずしたことを確認した後でなければ，通電してはならない．

Point

万が一の感電災害を起こさないために，検電と短絡接地取り付けは必須の作業手順である．検電ヨシ！ 短絡接地取り付けヨシ！ でご安全に！

2 高調波障害

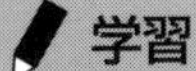

学習

ひずみ波

試験

高調波流出電流計算

実務

高調波流出電流計算書の取り扱い

自家用電気工作物の供給申し込み（需給契約申し込み）の際，電力会社から高調波流出電流計算書の提出依頼があるが，高調波流出電流の計算方法や高調波の流出を抑制するためにはどのような対策があるのだろうか？

学習

高調波とは

高調波とは，ひずみ波である．ひずみ波とは，正弦波とは異なり，波形がひずんでいる電圧または電流をいう．電力系統の同期発電機は正弦波を出力しているのに，なぜ系統の波形がひずむのか？

一般に高調波はテレビ，エアコン，冷蔵庫などの家電機器，パソコン，プリンタなどのオフィス機器，速度制御を行っている電動機等FA機器，パワエレでのスイッチング制御機器やアーク炉などの負荷のほとんどが発生源となっている．

波形がひずむ仕組みは**図1**のように，直流または交流を整流する際のスイッチング，つまり電力変換により発生する．整流に伴い機器にパルス状の電流が流れる(a)と，系統に流れる電流がひずみ波となり(b)，結果，系統インピーダンスの電圧降下により電圧がひずむ(c)．

■ コンデンサインプット形整流回路の例

白熱灯や電動機のような負荷（線形負荷）であれば，負荷電流も電圧降下も正弦波となるが，例にあるような整流回路（非線形負荷）では，負荷電流が急峻な波形や三角波に似た波形となる．

ひずみ波は電験三種の理論で学習したとおり，それ自体が単独の波形ではなく，基本波＋整数倍の周波数の合成として複数の正弦波に分割することができる．

図2は，基本波に基本波の3倍の周波数の正弦波（第3高調波）を合成したひずみ波を表している．

基本波とは，50 Hzや60 Hzの商用周波数のことをいい，その整数倍の周波数を高調波とよぶ．

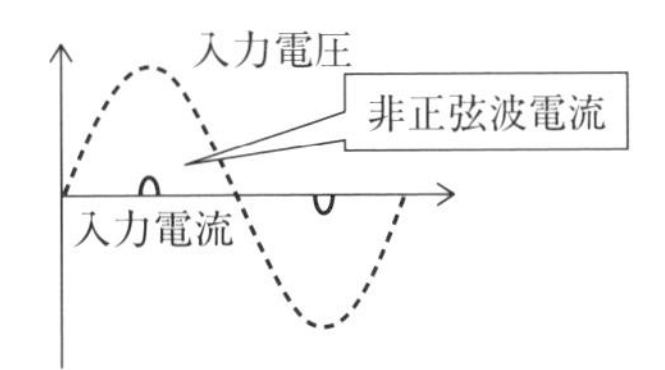

(a) 高調波発生機器の入力電流波形

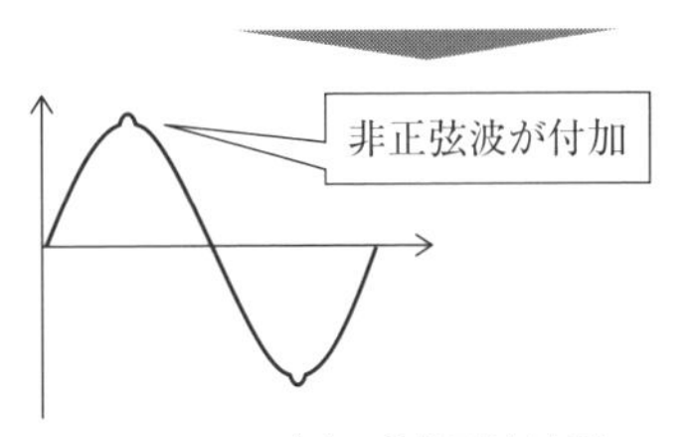

(b) 系統電流波形

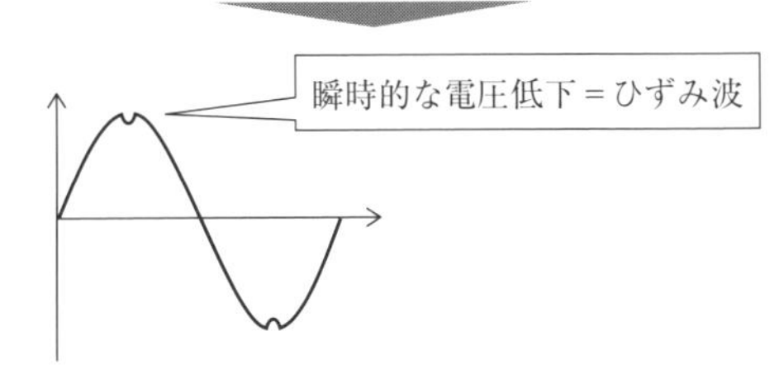

(c) 系統電圧波形

図1 ひずみ波の発生メカニズム

出典：前田隆文：電力系統，p. 308，オーム社，2018をもとに作成

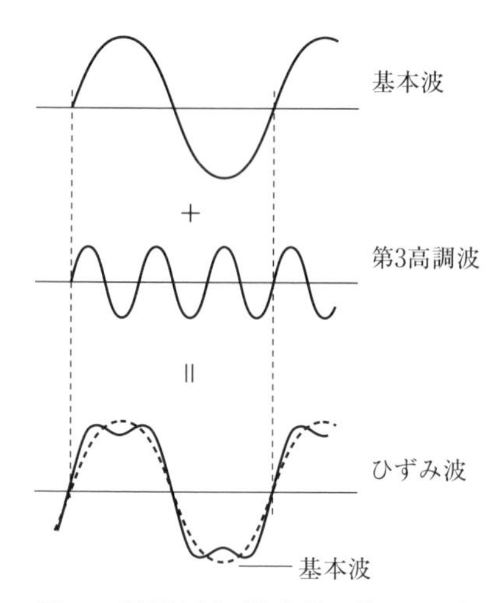

図2　高調波例（基本波＋第3調波）

例えば，基本波の2倍は第2調波または第2次高調波，3倍は第3調波または第3次高調波とよぶ．

一般に第2調波から第40調波以下を高調波とよび，それを超える周波数（基本波の41倍以上）を高周波またはノイズとよぶ．

高調波は，理論のひずみ波で学習したように，周波数の異なる正弦波の合成として以下の式で表すことができる．

$$
\begin{aligned}
v(t) = V_d + \sqrt{2}V_1 \sin(\omega t + \theta_1) \\
+ \sqrt{2}V_2 \sin(2\omega t + \theta_2) \\
+ \sqrt{2}V_3 \sin(3\omega t + \theta_3) + \cdots \\
+ \sqrt{2}V_n \sin(n\omega t + \theta_n)
\end{aligned}
$$

ここで，V_d：直流電圧［V］，V_1：基本波電圧の実効値［V］，V_n：第n調波電圧の実効値［V］，ω：基本波角周波数［rad/s］，θ_1：基本波電圧の位相角［rad/s］，θ_n：第n調波の位相角［rad/s］を表す．

通常の電力系統では直流分はゼロと考えられるので，直流電圧V_dを除いた電圧の実効値は，

$$V = \sqrt{\sum_{n=1}^{40} V_n^2}$$

$$= \sqrt{V_1^2 + V_2^2 + V_3^2 + V_4^2 + \cdots\cdots + V_{40}^2}$$

また，高調波電圧の実効値は，

$$\sqrt{\sum_{n=2}^{40} V_n^2} = \sqrt{V_2^2 + V_3^2 + V_4^2 + V_5^2 + \cdots\cdots + V_{40}^2}$$

総合電圧ひずみ率（THD）は，

$$\mathrm{THD} = \frac{\text{高調波分実効値}}{\text{基本波分実効値}} \times 100$$

$$= \frac{\sqrt{\sum_{n=2}^{40} V_n^2}}{V_1} \times 100\ [\%]$$

回路に直流電圧を加えると，回路には直流電流が流れ，交流電圧を加えると交流電流が流れる．ひずみ波電圧を加えると，その電圧に含まれる同一調波の電流が流れる．これを回路の応答という．

電力系統における総合電圧ひずみ率の（高調波環境）目標レベルは高圧配電系統で5％，特別高圧系統で3％とされている．これは各需要家，機器製造メーカーが一体となって取り組むことが必要なゴールとなっている．

余談だが，保護継電器試験における試験用交流電源について，JEC-2500における試験条件として，波形ひずみ率が5％以内と記載されているため，特に携帯用発電機などポータブル電源を使用する場合は注意を要する．

高調波障害と抑制対策

高調波は**表1**のようなさまざまな機器から発生する．半導体応用機器やインバータ制御機器などのスイッチング動作，アーク炉での瞬間的な短絡電流など，機器への入力電流が正弦波ではなく急峻な電流や三角波に近い電流となることが要因となる．各設備への影響は**表2**を参考にご覧いただきたい．

最近では機器単位で抑制対策をとっているものの，事業場の規模や系統全体では相当数の台数となっており，各需要家での対策が必要となる．

高調波の抑制には，機器個々での設計・製造段階での対策にあわせ，受電設備ごとの対策も必要となる．一般的な対策は下記のとおりになるが，費用対効果を検討のうえ実効のある対策を講じることが重要である（**図3**）．

① 変圧器の組み合わせによる多相化（12パルス化）

高調波発生機器に供給する三相変圧器をΔ-Δ，Δ-Yなどの結線方式で組み合わせることで，5次，7次の高調波を低減する．

表1　高調波電流を発生する機器の例

種別	機器
OA 機器	パソコン，プリンタ，複写機
家電機器	AV 機器，電子レンジ
空調機器	インバータ空調機
照明機器	水銀灯，ナトリウム灯
無停電電源	UPS，CVCF，放送・通信用電源
搬送設備	中・高層エレベーター
直流モータ	圧延，ゴンドラ，直流電気鉄道
インバータ	輪転機，搬送機，工作機械
電気炉	アーク炉，高周波誘導炉

表2　高調波の影響例

設備・機器名		影響内容
力率改善用コンデンサ設備	コンデンサ本体 直列リアクトル	過熱・焼損 振動，異音
	電力ヒューズ	過電流による溶断
電動機用ブレーカ，漏電遮断器，保護リレー		誤動作
電動機，変圧器		振動，騒音，効率低下
産業用各種制御機器		制御信号のずれによる誤制御など
情報関連機器		雑音によるシステム停止，誤動作
家電製品（テレビ，ステレオなど）		雑音，映像のチラツキ

出典：日本電気技術者協会（編）：事例に学ぶ自家用電気設備トラブルと対応，p. 110，（公社）日本電気技術者協会，2006

② 高圧側への直列リアクトル付き進相コンデンサ設置

直列リアクトル付き進相コンデンサを受電用変圧器の高圧側に設置し，高調波電流を低減する．

③ 低圧側への直列リアクトル付き進相コンデンサ設置

直列リアクトル付き進相コンデンサを受電用変圧器の低圧側に設置し，高調波電流を低減する．

④ 進相コンデンサの増容量

⑤ LC フィルタ（受動フィルタ）設置

低圧側にリアクトルやコンデンサなどの受動素子を組み合わせて設置し，特定の次数で低インピーダンス回路とすることで高調波電流を吸収する．

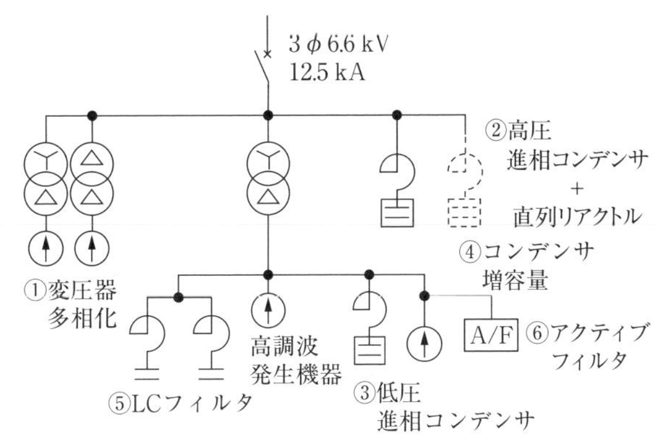

図3　高調波抑制対策例

⑥ アクティブフィルタ（能動フィルタ）設置

負荷から発生する高調波電流と反対極性の電流を発生することで高調波電流を打ち消す．

高調波の計算

高調波電流の計算にあたっては，高調波発生機器を電流源とみなして等価回路を描く．これは，

- 電力系統の発電所で同期発電機が出力する電圧は，ひずみのない正弦波である
- 高調波（ひずみ）電流は，整流回路などスイッチング負荷から発生し，系統に流出（単相回路で考えると，電源から流入した電流は負荷を通って電源に戻る．または，高調波回路として考えると，基本波電源はゼロであるから高調波発生機器が電源となる）する
- 高調波発生機器のインピーダンスは，系統やコンデンサのインピーダンスに比べ等価的に大きい（電流源の内部抵抗は無限大）

などの理由による．通常は発電機やバッテリなどの電圧源から電流が流れるが，実際に電流源という電源は存在しない．回路計算上の道具（仮定）である．

抵抗は周波数に無関係だが，リアクタンスは周波数により変化するので，各高調波成分に対するインピーダンスは以下のとおり計算する．

インダクタンス $L \Rightarrow \mathrm{j}n\omega L = \mathrm{j}nX_{\mathrm{L}} = \mathrm{j}nZ_{\mathrm{L}}$

5 次の例 $\Rightarrow \mathrm{j}5\omega L = \mathrm{j}5X_{\mathrm{L}} = \mathrm{j}5Z_{\mathrm{L}}$

静電容量 $C \Rightarrow \dfrac{1}{\mathrm{j}n\omega C} = -\mathrm{j}\dfrac{X_{\mathrm{C}}}{n} = -\mathrm{j}\dfrac{Z_{\mathrm{C}}}{n}$

4部　設備の運用

5 次の例⇒ $\dfrac{1}{\mathrm{j}5\omega C}=-\mathrm{j}\dfrac{X_\mathrm{C}}{5}=-\mathrm{j}\dfrac{Z_\mathrm{C}}{5}$

つまり，誘導リアクタンス X_L は n（各次数）倍，容量リアクタンス X_C は $\dfrac{1}{n}$ 倍とすればよい．次数が大きくなるほど誘導リアクタンスは大きくなり，容量リアクタンスは小さくなるため，コンデンサ設備の合成リアクタンスは容量性から誘導性に変化する．

絶縁体は誘電体の性質をもっているため，高調波に対する容量リアクタンスは基本波に対するリアクタンスに比べ小さくなる．そのため次数が高い高調波電流が流れやすくなり，発熱すると考えられる．

 試験（出題例）

（令和 2 年度　第三種電気主任技術者試験，法規科目，問 13）

図に示すように，高調波発生機器と高圧進相コンデンサ設備を設置した高圧需要家が配電線インピーダンス $\mathrm{Z_S}$ を介して 6.6 kV 配電系統から受電しているとする．

コンデンサ設備は直列リアクトル SR 及びコンデンサ SC で構成されているとし，高調波発生機器からは第 5 次高調波電流 I_5 が発生するものとして，次の(a)及び(b)の問に答えよ．

ただし，$\mathrm{Z_S}$，SR，SC の基本波周波数に対するそれぞれのインピーダンス $\dot{Z}_{\mathrm{S1}}$，$\dot{Z}_{\mathrm{SR1}}$，$\dot{Z}_{\mathrm{SC1}}$ の値は次のとおりとする．

$\dot{Z}_{\mathrm{S1}}=\mathrm{j}4.4\ \Omega$，$\dot{Z}_{\mathrm{SR1}}=\mathrm{j}33\ \Omega$，$\dot{Z}_{\mathrm{SC1}}=-\mathrm{j}545\ \Omega$

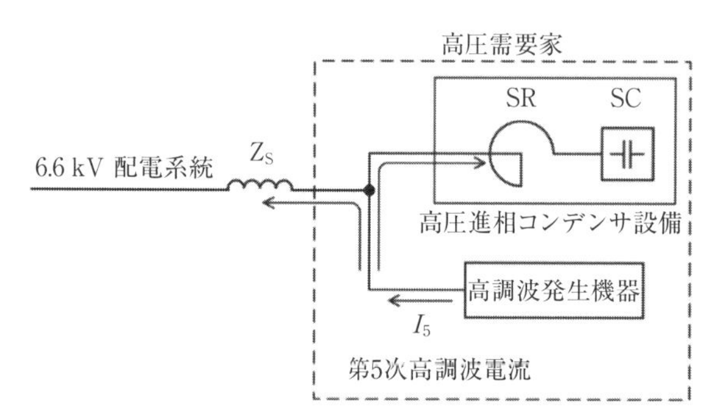

(a) 系統に流出する高調波電流は高調波に対するコンデンサ設備インピーダンスと配電線インピーダンスの値により決まる．

$\mathrm{Z_S}$，SR，SC の第 5 次高調波に対するそれぞれのインピーダンス $\dot{Z}_{\mathrm{S5}}$，$\dot{Z}_{\mathrm{SR5}}$，$\dot{Z}_{\mathrm{SC5}}$ の値［Ω］の組合せとして，最も近いものを次の(1)～(5)のうちから一つ選べ．

	$\dot{Z}_{\mathrm{S5}}$	$\dot{Z}_{\mathrm{SR5}}$	$\dot{Z}_{\mathrm{SC5}}$
(1)	j22	j165	－j2 725
(2)	j9.8	j73.8	－j1 218.7
(3)	j9.8	j73.8	－j243.7
(4)	j110	j825	－j21.8
(5)	j22	j165	－j109

(b)「高圧又は特別高圧で受電する需要家の高調波抑制対策ガイドライン」では需要家から系統に流出する高調波電流の上限値が示されており，6.6 kV 系統への第 5 次高調波の流出電流上限値は契約電力 1 kW 当たり 3.5 mA となっている．

今，需要家の契約電力が 250 kW とし，上記ガイドラインに従うものとする．

このとき，高調波発生機器から発生する第 5 次高調波電流 I_5 の上限値（6.6 kV 配電系統換算値）の値［A］として，最も近いものを次の(1)～(5)のうちから一つ選べ．

ただし，高調波発生機器からの高調波は第 5 次高調波電流のみとし，その他の高調波及び記載以外のインピーダンスは無視するものとする．

なお，上記ガイドラインの実際の適用に当たっては，需要形態による適用緩和措置，高調波発生機器の種類，稼働率などを考慮する必要があるが，ここではこれらは考慮せず流出電流上限値のみを適用するものとする．

(1) 0.6　(2) 0.8　(3) 1.0　(4) 1.2　(5) 2.2

【解答】

(a) 題意より，基本波周波数に対する各インピーダンスの値が示されているので，それらをもとに計算する．なお，出題図より，$\mathrm{Z_S}$ はインダクタンスとする．

第5次高調波に対するインピーダンス$\dot{Z}_{S5}$, $\dot{Z}_{SR5}$, $\dot{Z}_{SC5}$を求めるため周波数fを5倍にして計算する.

$$\dot{Z}_{S5}=5\times\dot{Z}_{S1}$$
$$=5\times j4.4=j22\,\Omega$$
$$(\because\ \dot{Z}_{S1}=jX_L=j2\pi fL)$$
$$\dot{Z}_{SR5}=5\times\dot{Z}_{SR1}$$
$$=5\times j33\,\Omega=j165\,\Omega$$
$$\dot{Z}_{SC5}=\frac{\dot{Z}_{SC1}}{5}$$
$$=\frac{-j545}{5}=-j109\,\Omega$$
$$\left(\because\ \dot{Z}_{SC1}=-jX_C=-j\frac{1}{2\pi fC}\right)$$
$$\dot{Z}_{S5}=j22\,\Omega,\ \dot{Z}_{SR5}=j165\,\Omega,\ \dot{Z}_{SC5}=-j109\,\Omega$$

答 (5)

(b) 第5次高調波の等価回路は**図4**のとおり表される.

等価回路より，系統に流出する第5次高調波流出電流I_{S5}は，系統インピーダンスとコンデンサ設備インピーダンスにより分流するため以下の式で求められる.

$$\dot{I}_{S5}=\frac{\dot{Z}_{SR5}+\dot{Z}_{SC5}}{\dot{Z}_{S5}+\dot{Z}_{SR5}+\dot{Z}_{SC5}}\times\dot{I}_5 \quad \text{式(1)}$$

$$\therefore\dot{I}_5=\frac{\dot{Z}_{S5}+\dot{Z}_{SR5}+\dot{Z}_{SC5}}{\dot{Z}_{SR5}+\dot{Z}_{SC5}}\times\dot{I}_{S5} \quad \text{式(2)}$$

- 分流の考え方により，電流はインピーダンスの逆数（アドミタンス）に比例して流れる.
- 上式のインピーダンスは，本問ではオーム値で示されているが，分母分子が同じ単位になるため無次元数として取り扱えることから，百分率インピーダンスで示されていても同様に計算できる.

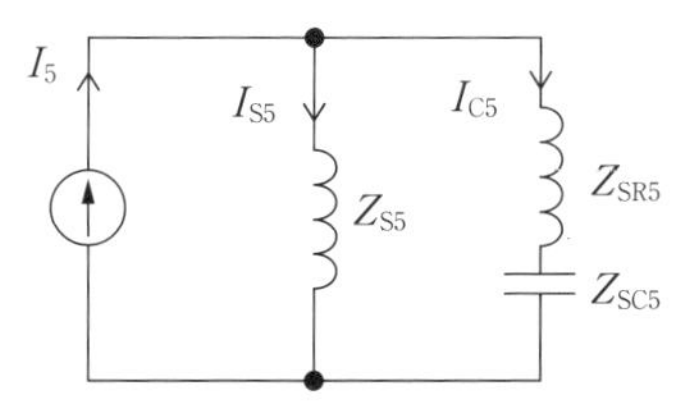

図4　第5次高調波の等価回路

- コンデンサ容量の6%の直列リアクトルを直列に取り付けることで，コンデンサ設備インピーダンスが第5次高調波に対して必ず誘導性となることから，式(1)の発生源に対する係数が小数点以下となり，系統への流出電流が減ることになる.

ここで，6.6 kV系統への高調波流出電流上限値は題意より，以下のとおり求められる.

$$I_{S5}=250\times3.5=875\,\mathrm{mA}$$

式(2)にそれぞれ数値を代入すると，

$$I_5=\frac{|\dot{Z}_{S5}+\dot{Z}_{SR5}+\dot{Z}_{SC5}|}{|\dot{Z}_{SR5}+\dot{Z}_{SC5}|}\times I_{S5}$$
$$=\frac{|j22+j165-j109|}{|j165-j109|}\times875$$
$$=\frac{78}{56}\times875\fallingdotseq1\,219\,\mathrm{mA}\rightarrow1.2\,\mathrm{A}$$

答 (4)

高調波の検討にあたっては，系統側への流出電流が問題となるが，本問は高調波発生機器から流出する電流の上限値を問う問題となっている.

回路計算に際しては，①問われている問題の明確化（国語力）→ ②既知と未知の数値・事項の整理（電気の知識）→ ③等価回路やベクトル図の作成（電気の知識）→ ④定理・原則の適用→ ⑤立式→ ⑥計算（数学の知識）→ ⑦答えの解釈（電気の知識）などの手順で進めると思われる．設備トラブル発生時の対応についても，同様の手順で取り組むことが基本となるのではないだろうか.

本問では等価回路の作成にあたり，次のような基本的事項の理解が必要となる.

- 高調波発生機器は電流源として取り扱うこと.
- 系統インピーダンスと構内コンデンサ設備インピーダンスを並列回路として等価回路で表せること（電流源から見て並列回路）.
- 高調波に対するインピーダンスは，周波数が基本波のn倍となることから，誘導リアクタンスX_Lはn倍，容量リアクタンスX_Cは$\frac{1}{n}$倍になること.
- 電流はインピーダンスの逆数に比例して流れ

る（分流する）こと．

コンデンサ設備に直列リアクトルを取り付けた場合の高調波流出抑制効果について，本問を例に確認する．系統に流出する電流を I_{5K} とすると，

〈直列リアクトルあり〉

$$I_{5K} = \frac{|\dot{Z}_{SR5} + \dot{Z}_{SC5}|}{|\dot{Z}_{S5} + \dot{Z}_{SR5} + \dot{Z}_{SC5}|} \times I_5$$

$$= \frac{|j165 - j109|}{|j22 + j165 - j109|} \times I_5$$

$$= \frac{56}{78} \times I_5 \fallingdotseq 0.718 I_5$$

〈直列リアクトルなし〉

$$I_{5K} = \frac{|\dot{Z}_{SC5}|}{|\dot{Z}_{S5} + \dot{Z}_{SC5}|} \times I_5$$

$$= \frac{|-j109|}{|j22 - j109|} \times I_5$$

$$= \frac{109}{87} \times I_5 \fallingdotseq 1.25 I_5$$

以上のとおり，直列リアクトルがある場合は，系統に流出する電流 I_{5K} は，高調波発生機器から発生する第5高調波電流 I_5 の 0.718 倍に減るが，リアクトルがない場合は 1.25 倍に増えてしまうことがわかる．

実務

高調波の系統への流出抑制に関する技術指針として，1994 年に資源エネルギー庁で制定された「高圧又は特別高圧で受電する需要家の高調波抑制対策ガイドライン（特定需要家ガイドライン）」や民間の技術指針となる「高調波抑制対策技術指針（JEAG 9702）」がある．各自家用需要家にはこれらの指針に基づいた対策が求められている．

以下に，高調波流出電流計算書を用いた計算方法を紹介する．

高調波流出電流計算書の取り扱い

電力会社への計算書の提出が必要となるケースは，以下のとおりである．

① 受電設備を新設する場合

② 既存の需要設備で高調波発生機器を新設，増設または更新する場合

③ 既存の需要設備で契約電力の増加または受電電圧を変更する場合

ただし，受電設備が以下の条件すべてに該当する場合，詳細検討が不要となる．

- 高圧受電のビル（主な使用機器が空調や照明）
- すべての進相コンデンサが直列リアクトル付きである．
- 等価容量計算の換算係数が 1.8 を超える機器がない．

流出電流計算例

流出電流計算の基本的な考え方は，出題例のとおり高調波発生源を電流源とみなし，当該機器から発生する高調波電流について大容量以外の機器では5次および7次についてのみ計算すればよいとされている．次数ごとの流出電流上限値は**表3**のとおりとなる．

なお，第3次調波電流を計算対象としない理由に，第3次調波電流は変圧器の Δ 結線内に還流するため系統に流出しないということがある．それは，以下の式から第3次調波電流は単相交流電流（各相電流が同位相）となり，キルヒホッフの電流則より線電流がゼロとなることでわかる．

a 相電流　$i_{a3} = \sqrt{2} I_3 \sin(3\omega t - \alpha_3)$

b 相電流　$i_{b3} = \sqrt{2} I_3 \sin\left(3\omega t - 3 \times \frac{2}{3}\pi - \alpha_3\right)$

$= \sqrt{2} I_3 \sin(3\omega t - \alpha_3)$

c 相電流　$i_{c3} = \sqrt{2} I_3 \sin\left(3\omega t - 3 \times \frac{4}{3}\pi - \alpha_3\right)$

表3　高調波流出電流上限値（抜粋）

単位［mA/kW］

受電電圧	5次	7次	11次	13次
6.6 kV	3.5	2.5	1.6	1.3
22 kV	1.8	1.3	0.82	0.69
33 kV	1.2	0.86	0.55	0.46
66 kV	0.59	0.42	0.27	0.23
77 kV	0.50	0.36	0.23	0.19

$$= \sqrt{2} I_3 \sin(3\omega t - \alpha_3)$$

$$\therefore i_{a3} = i_{b3} = i_{c3}$$

【計算例】

〈諸元〉（**図 5**）

・建物用途：事務所ビル

・受電電圧：6.6 kV

・受電点短絡電流：12.5 kA

・契約電力相当値：220 kW

・直列リアクトル付き進相コンデンサ設備

コンデンサ：定格容量　31.9 kvar×2 台

定格電圧　7.02 kV

直列リアクトル：1.91 kvar（6 %）

・高調波発生機器

ビルマルチエアコン：定格容量　21.8 kV·A×4 台，三相ブリッジ（コンデンサ平滑）DCL 付き

エレベーター：定格容量 6.77 kV·A×1 台，三相ブリッジ（コンデンサ平滑）リアクトルなし

① 電力系統に流出する高調波電流の上限値

〈第 5 次高調波電流〉

$$I_{50} = 3.5\ [\mathrm{mA/kW}] \times 220\ \mathrm{kW} = 770\ \mathrm{mA}$$

〈第 7 次高調波電流〉

$$I_{70} = 2.5\ [\mathrm{mA/kW}] \times 220\ \mathrm{kW} = 550\ \mathrm{mA}$$

② 第 1 ステップ（計算書（その 1）を使用）

a. 等価容量の計算

等価容量＝定格入力容量×台数×換算係数※

※換算係数は，特定需要家ガイドラインで回路種別ごとに規定されている．

・ビルマルチエアコン

$21.8 \times 4 \times 1.8 \fallingdotseq 157.0$ kV·A

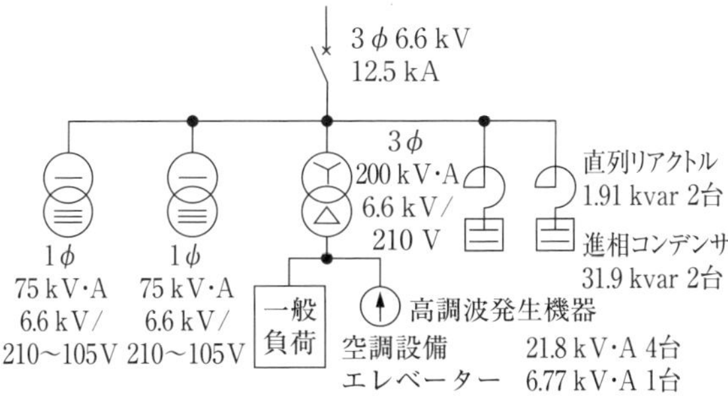

図 5　単線結線図

・エレベーター

$6.77 \times 1 \times 3.4 \fallingdotseq 23.0$ kV·A

合計等価容量　$P_0 = 157.0 + 23.0 = 180.0$ kV·A

b. 等価容量による判定

高圧受電かつ進相コンデンサがすべて直列リアクトル付きとなるため，計算書に基づき低減係数（0.9）を反映し，

$$P_0 \times 0.9 = 180 \times 0.9 = 162\ \mathrm{kV \cdot A}$$

低減係数を反映した合計等価容量 P_0 が受電電圧 6.6 kV の限度値 50 kV·A を超過しているので第 2 ステップに進む．

③ 第 2 ステップ（a〜c 項は計算書（その 1）を，d 項は（その 2）を使用））

a. 系統への流出電流 I_{S5} の計算

各インピーダンス計算

・受電点から見た系統側第 5 次高調波インピーダンス

$$\dot{Z}_{S5} = \mathrm{j}X_{S5} = \mathrm{j}X_{S1} \times 5$$
$$= \mathrm{j}\frac{V}{\sqrt{3} \times I_S} \times 5$$
$$= \mathrm{j}\frac{6.6 \times 10^3}{\sqrt{3} \times 12.5 \times 10^3} \times 5$$
$$\fallingdotseq \mathrm{j}1.524\ \Omega$$

・コンデンサの第 5 次高調波インピーダンス

$$\dot{Z}_{SC5} = -\mathrm{j}X_{SC5} = -\mathrm{j}X_{SC1} \times \frac{1}{5}$$
$$= -\mathrm{j}\frac{V_C{}^2}{Q} \times \frac{1}{5}$$
$$= -\mathrm{j}\frac{(7.02 \times 10^3)^2}{31.9 \times 10^3 \times 2} \times \frac{1}{5}$$
$$\fallingdotseq -\mathrm{j}154.5\ \Omega$$

・直列リアクトルの第 5 次高調波インピーダンス

$$\dot{Z}_{SR5} = \mathrm{j}X_{SR5} = \mathrm{j}(0.06 \times X_{SC1} \times 5)$$
$$= \mathrm{j}(0.06 \times 772.4 \times 5)$$
$$\fallingdotseq \mathrm{j}231.7\ \Omega$$

・コンデンサ設備の第 5 次高調波インピーダンス

$$\dot{Z}_{LC5} = \dot{Z}_{SC5} + \dot{Z}_{SR5}$$
$$= -\mathrm{j}154.5 + \mathrm{j}231.7 = \mathrm{j}77.2\ \Omega$$

b. 流出電流計算

機器からの高調波流出電流は，

定格入力電流（受電電圧換算）

×高調波発生量×最大稼働率

で求められる．なお，高調波発生量や最大稼働率は，機器のカタログ，仕様書，ガイドラインなどで確認する．以下の計算では，あらかじめ各機器の該当する数値を用いている．

・ビルマルチエアコン

$$I_{51}=\frac{21.8\times10^3\times4}{\sqrt{3}\times210}\times\frac{210}{6\,600}\times0.3\times0.55$$

$$\fallingdotseq 1.259 \rightarrow 1\,259\ \mathrm{mA}$$

・エレベーター（入力電流計算は省略）

$$I_{52}=0.592\times0.65\times0.25=0.096\,2\rightarrow 96\ \mathrm{mA}$$

第 5 次高調波流出電流の合計値 I_5 は，

$$I_5=I_{51}+I_{52}$$

$$=1\,259+96=1\,355\ \mathrm{mA}$$

と求められる．

系統への流出電流 I_{S5} は，**図 6** の等価回路から分流計算により求める．

$$I_{S5}=\frac{|\dot{Z}_{SR5}+\dot{Z}_{SC5}|}{|\dot{Z}_{S5}+\dot{Z}_{SR5}+\dot{Z}_{SC5}|}\times I_5$$

$$=\frac{|\mathrm{j}231.7-\mathrm{j}154.5|}{|\mathrm{j}1.524+\mathrm{j}231.7-\mathrm{j}154.5|}\times1\,355$$

$$=\frac{77.2}{78.724}\times1\,355$$

$$\fallingdotseq 1\,329\ \mathrm{mA}$$

c. 系統からコンデンサ設備への流入電流計算

電力系統に高調波電圧が含まれている場合，電力系統側からコンデンサ設備に高調波電流が流入する．高調波流入電流は，**図 7** の等価回路のとおり，高調波電圧の電圧源が受電点にあるものとして計算する．電力系統の高調波電圧の含有率は，実測値ではなく一律以下の**表 4** の値を適用する．

等価回路より，第 5 次高調波流入電流 I_{SC5} は第 5 次高調波電圧 V_5 から以下の式で求められる．

$$I_{SC5}=\frac{\dfrac{V_5}{\sqrt{3}}}{Z_{LC5}}=\frac{V\times\%V_5}{\sqrt{3}\times Z_{LC5}}$$

$$=\frac{6\,600\times0.02}{\sqrt{3}\times77.2}$$

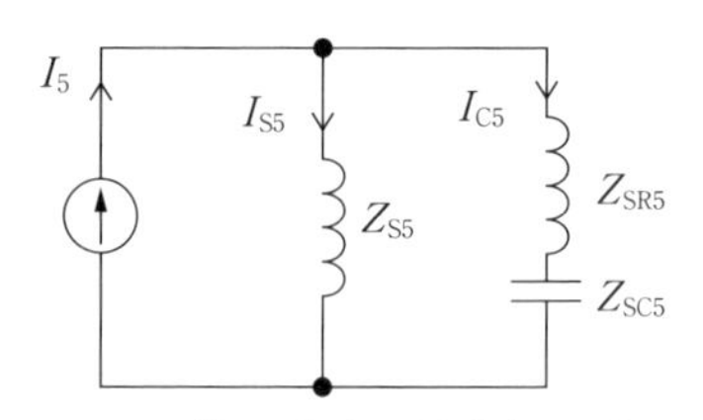

図 6　第 5 次高調波等価回路

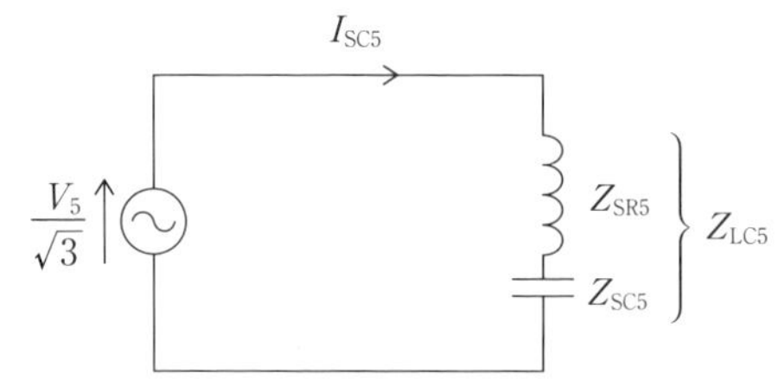

図 7　流入電流の等価回路

表 4　高調波電圧含有率（高圧受電設備規程）

系統区分	高調波電圧含有率	
	第 5 次	第 7 次
高圧系統	2.0 %	1.0 %

$$\fallingdotseq 0.987 \rightarrow 987\ \mathrm{mA}$$

ここで，$\%V_n$：第 n 次高調波電圧含有率

d. 合成高調波流出電流計算

コンデンサ設備への流入を加味した合成第 5 次高調波流出電流 I'_{S5} は，流入電流をマイナスとして以下の式で求められる．

$$I'_{S5}=I_{S5}-I_{SC5}$$

$$=1\,329-987=342\ \mathrm{mA}$$

電力系統に流出する第 5 次高調波電流の上限値 770 mA 以下となることから，対策不要と判定できる．第 7 次についても同様に計算を行い，上限値以下となるか確認する．

3 力率改善

学習
力率，電力ベクトル

試験
受電端電圧の調整

実務
容量選定

お客さまから「力率って何ですか？」とよく聞かれるが，なぜそのような質問があるかというと，電気料金に関係するからである．電力会社との契約において，基本料金が割引になる力率改善とは何か，力率改善によりどんな影響があるのか，くわしく知りたい．

学習

力率とは

設備設置者への説明で苦労するのが，この力率ではないだろうか．まず「力率」という文字から意味を想像しにくい．電気料金に関係することはわかるが，料金算定の根拠となる契約電力（有効電力）以外に無効電力と関係があることなど，一般の人にはチンプンカンプンである．コンデンサを接続するとなぜ力率が良くなるのか，説明の際のベクトル図，電気料金の仕組み，電力には有効電力，無効電力，皮相電力の3種類があることなど，説明すればするほど理解不能となってしまう場合もあるのではないだろうか．

力率とは，受電電力の有効使用率を略して力率と考えてよいのではないだろうか．高圧受電設備には受電用の変圧器が必要となるが，力率が良いほど変圧器の容量を有効に使え，電流実効値が小さくなり損失も減少する．

一般に力率の定義は，以下の式で表される．

$$力率=\frac{有効電力P}{皮相電力S}$$

$$=\frac{有効電力}{電圧実効値\times電流実効値}$$

$$=\frac{機器の稼働に直接働く電力+損失(熱)}{受電電力}$$

上式による力率は総合力率といい，電験三種でも必ず出題されるが，電気料金の基本料の算定根拠となる力率（真の力率）は以下の式で求められる．

$$力率=\frac{有効電力}{\sqrt{有効電力^2+無効電力^2}}$$

電圧や電流に高調波が含まれる場合，総合力率は真の力率に比べ小さな値となる．

力率改善の目的

力率を100％に近づけることを力率改善といい，力率の改善には，下記のとおり需要家から見たメリットと電力供給者側から見たメリットがある．各需要家が適正力率を維持することは双方に大きなメリットがある．

〈需要家側のメリット〉

- 電気料金（基本料金）の低減
- 受電用変圧器容量の適正化
- 構内配電ロスの低減
- 受電端電圧の適正化

〈供給者側のメリット〉

- 送配電ロスの低減
- 系統電圧の維持（重負荷時）

力率改善の仕組み

交流電力は，電圧と電流に位相差があるため，有効電力のほかに無効電力と皮相電力の3種類がある．無効電力は負荷に流れる遅れ，または進みの無効電流により生じ，それぞれ遅れ無効電力または進み無効電力という．

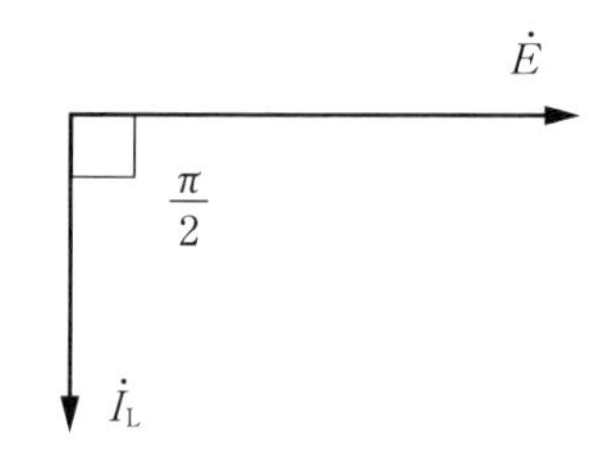

図 1　インダクタンスでの電圧と電流

遅れ無効電流 I_L は，送配電線や負荷の多くを占める変圧器，誘導電動機などのインダクタンスにより発生するため，**図 1** のように，相電圧 E を基準とすると 90° 遅れの位相となる．

力率改善は，負荷に並列に進相コンデンサを設置して遅れ無効電流と逆位相の進み無効電流を流すことで負荷電流の位相角を小さくする（$\cos\theta$ を 1.0 に近づける）ことである．

図 2 は負荷に進相コンデンサを設置した等価回路を表している．負荷に流れる電流 I_r は，有効分電流 $I_r\cos\theta$ と無効分電流 $I_r\sin\theta$ に分けられる．負荷の力率が遅れる原因の無効分電流 $I_r\sin\theta$ を相殺するため，逆位相となるコンデンサ電流 I_C を流すことで力率を改善する．

線路電流 $\dot{I}$ は，電流則により以下の式で表される．

$$\begin{aligned}\dot{I} &= \dot{I}_r + \dot{I}_C \qquad \text{式(1)}\\ &= I_r(\cos\theta - \mathrm{j}\sin\theta) + \mathrm{j}\,I_C\\ &= I_r\cos\theta + \mathrm{j}(I_C - I_r\sin\theta)\end{aligned}$$

つまり，$I_C = I_r\sin\theta$ のとき，無効分電流が 0 となり，力率が 1 となる．

力率改善の効果

① 電力損失の低減

図 3 のベクトル図のとおり，負荷の有効電力 P を一定としたとき，力率改善により線電流 I や皮相電力 S が減少するため，電力損失 I^2r が低減する．

Q：力率改善前の無効電力
Q'：力率改善後の無効電力
Q_C：進相コンデンサの容量
θ：力率改善前の力率角
θ'：力率改善後の力率角
S：力率改善前の皮相電力

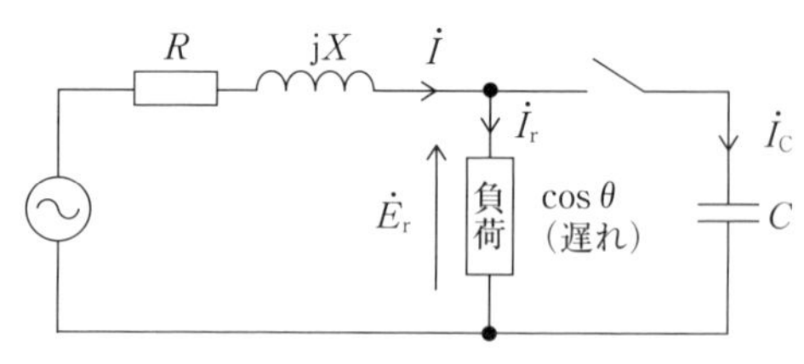

(a) コンデンサ設置の等価回路（一相分）

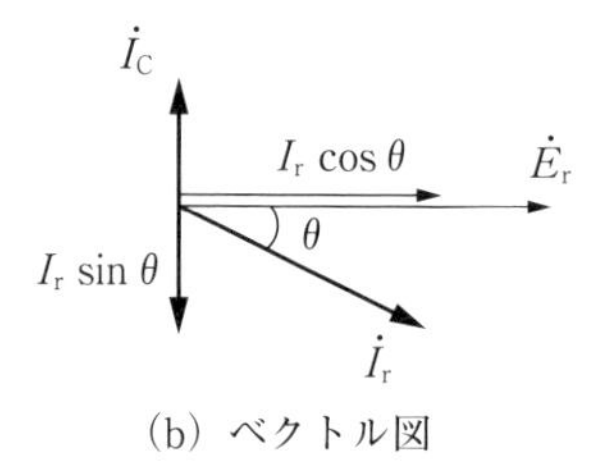

(b) ベクトル図

図 2　力率改善の仕組み

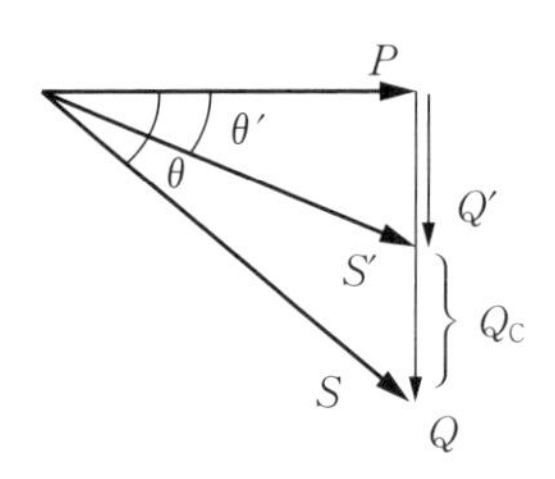

図 3　有効電力が一定のベクトル図

S'：力率改善後の皮相電力
$S' < S$

② 電気料金の低減

一般に，力率が 85 % 以上になると基本料金の割引が適用される．

③ 電圧降下の減少

電験でも力率改善に合わせ電圧降下を求める出題があるように，線電流 I の減少と力率角 θ の減少は電圧降下 v に大きく影響する．改めて，「**1 部の 4. 回路計算の基礎**」で説明した超重要な電圧降下の近似式を再掲する．

$$v = \sqrt{3}I(R\cos\theta + X\sin\theta)\ \text{[V]}$$

超重要！

④ 負荷増設に伴う設備余力の確保

受電用変圧器の容量は皮相電力で表されており，力率改善による皮相電力の減少分は設備余力となる．つまり，負荷設備を増設しても変圧器や電線の容量またはサイズ変更を繰り延べできることになる．

直列リアクトルの容量を6％とする理由

自家用設備から系統への高調波流出の抑制やコンデンサ投入時の突入電流の抑制を目的に，コンデンサ設備には直列リアクトルを設置することが規定されている．

この場合の直列リアクトルの容量は，コンデンサ容量の6％を標準としているが，首都圏や関西圏など特に高調波の影響が大きい地域では，13％の適用も検討する必要がある．

直列リアクトルの容量をコンデンサ容量の6％とする理由は，高調波の影響が大きい第5高調波（基本周波数の5倍）以上に対応するためである．第3高調波電流は，各相の電流が単相（同相）であり，電源変圧器のΔ巻線で還流するため系統には流出しない（キルヒホッフの電流則）．

コンデンサ設備はLC直列回路（**図4**）として表せるため，第5高調波での直列共振が問題となる．直列共振となるリアクタンスは，それぞれ周波数を5倍として以下の式で示される．

$$5\omega L = \frac{1}{5\omega C}$$

$$5X_{\mathrm{L}} = \frac{X_{\mathrm{C}}}{5}$$

$$\therefore X_{\mathrm{L}} = \frac{X_{\mathrm{C}}}{25} = 0.04X_{\mathrm{C}} \qquad \text{式(2)}$$

つまり，直列リアクトルの容量がコンデンサ容量の4％では，回路が直列共振状態となり，コンデンサ設備に大きな電流が流れ過負荷となる．

そこで，コンデンサ本体の容量誤差や系統の周波数変動を考慮して，リアクタンスが誘導性となる6％としている．

力率改善に必要なSC容量

力率改善に必要なSC容量（Q_{C}）の求め方を説明する．

図3のベクトル図より，力率を$\cos\theta'$に改善するためのコンデンサ容量は以下の式で表される．

$$Q_{\mathrm{C}} = Q - Q'$$

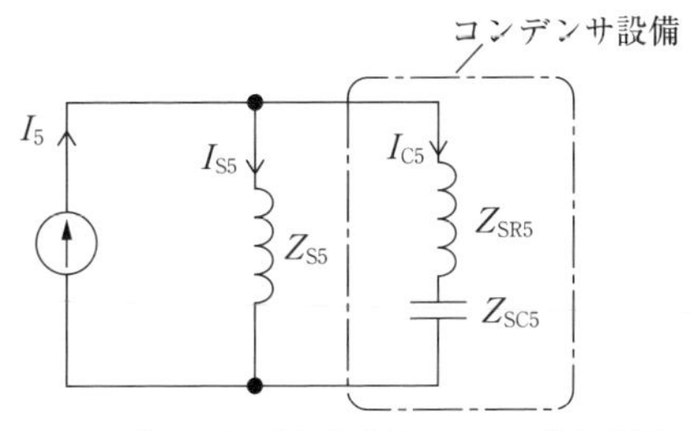

図4　第5高調波発生源による等価回路

$$= P\tan\theta - P\tan\theta'$$

$$\therefore Q_{\mathrm{C}} = P\left(\frac{\sqrt{1-\cos^2\theta}}{\cos\theta} - \frac{\sqrt{1-\cos^2\theta'}}{\cos\theta'}\right) \quad \text{式(3)}$$

例えば，負荷容量500 kW，力率80％の負荷を力率95％にするために必要なコンデンサ容量Q_{C}は，式(3)に数値を代入すると，

$$Q_{\mathrm{C}} = P\left(\frac{\sqrt{1-\cos^2\theta}}{\cos\theta} - \frac{\sqrt{1-\cos^2\theta'}}{\cos\theta'}\right)$$

$$= 500 \times \left(\frac{\sqrt{1-0.8^2}}{0.8} - \frac{\sqrt{1-0.95^2}}{0.95}\right)$$

$$= 500 \times (0.75 - 0.329) \fallingdotseq 211 \text{ kvar}$$

コンデンサ内部素子の精密点検

コンデンサの劣化判定について過去に出題例があるので，実務の参考にしていただきたい．

（平成25年度　第三種電気主任技術者試験，法規科目，問11）

高圧進相コンデンサの劣化診断について，次の(a)及び(b)の問に答えよ．

(a) 三相3線式50〔Hz〕，使用電圧6.6〔kV〕の高圧電路に接続された定格電圧6.6〔kV〕，定格容量50〔kvar〕（Y結線，一相2素子）の高圧進相コンデンサがある．その内部素子の劣化度合い点検のため，運転電流を高圧クランプメータで定期的に測定していた．

ある日の測定において，測定電流〔A〕の定格電流〔A〕に対する比は，図1のとおりであった．測定電流〔A〕に最も近い数値の組合せとして，正しいものを次の(1)～(5)のうちから一つ選べ．

ただし，直列リアクトルはないものとして計算せよ．

	R 相	S 相	T 相
(1)	6.6	5.0	5.0
(2)	7.5	5.7	5.7
(3)	3.8	2.9	2.9
(4)	11.3	8.6	8.6
(5)	7.2	5.5	5.5

(b)(a)の測定により，劣化による内部素子の破壊（短絡）が発生していると判断し，機器停止のうえ各相間の静電容量を 2 端子測定法（1 端子開放で測定）で測定した．

図 2 のとおりの内部結線における素子破壊（素子極間短絡）が発生しているとすれば，静電容量測定結果の記述として，正しいものを次の（1)～(5）のうちから一つ選べ．ただし，図中×印は，破壊素子を表す．

(1) R–S 相間の測定値は，最も小さい．

(2) S–T 相間の測定値は，最も小さい．

(3) T–R 相間は，測定不能である．

(4) R–S 相間の測定値は，S–T 相間の測定値の約 75〔%〕である．

(5) R–S 相間と S–T 相間の測定値は，等しい．

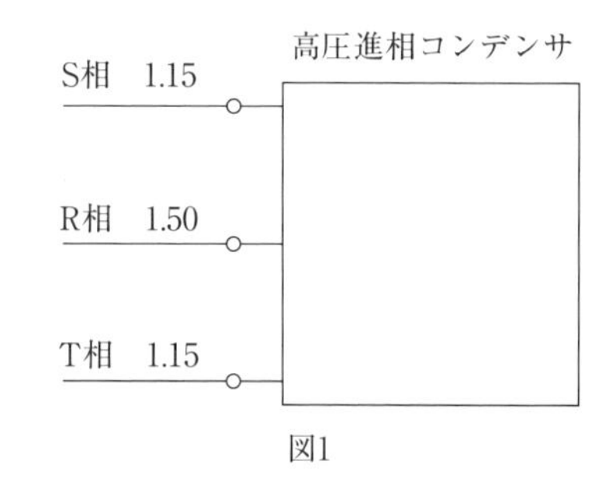

図1

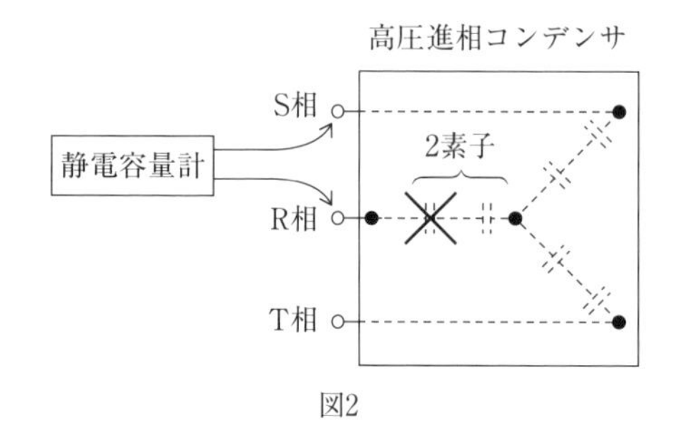

図2

【解答】

(a) 測定電流

コンデンサの定格電圧を V_n［kV］，定格容量を Q_c［kvar］とおくと，定格電流 I_n［A］は次の式より求めることができる．

$$Q_c = \sqrt{3} V_n I_n \text{ [kvar]}$$

$$I_n = \frac{Q_c}{\sqrt{3} V_n} = \frac{50 \times 10^3}{\sqrt{3} \times 6\,600} \fallingdotseq 4.37 \text{ A}$$

題意より，定格電流から各相の測定電流（I_R, I_S, I_T）を求める．

$$I_R = 4.37 \times 1.50 \fallingdotseq 6.6 \text{ A}$$

$$I_S = I_T = 4.37 \times 1.15 \fallingdotseq 5.0 \text{ A}$$

よって，答（1)となる．

(b) 1 素子あたりの静電容量を C［μF］，各相一相あたりの静電容量をそれぞれ C_R［μF］，C_S［μF］，C_T［μF］とする．

S 相，T 相は 2 つの素子の直列接続となっているため，各相の静電容量は以下のとおり表せる．

$$C_S = C_T = \frac{C}{2} \text{ [μF]}$$

R 相は 1 素子が短絡しているため，1 素子の静電容量となり，

$$C_R = C \text{ [μF]}$$

2 端子測定法による各相間の静電容量は，二相の直列接続となるため，各相間の静電容量をそれぞれ C_{RS}［μF］，C_{ST}［μF］，C_{TR}［μF］とすると，以下のとおり表せる．

R–S 相間

$$\frac{1}{C_{RS}} = \frac{1}{C_R} + \frac{1}{C_T} = \frac{1}{C} + \frac{2}{C} = \frac{3}{C}$$

$$\therefore C_{RS} = \frac{C}{3} \text{ [μF]}$$

S–T 相間

$$\frac{1}{C_{ST}} = \frac{1}{C_S} + \frac{1}{C_T} = \frac{2}{C} + \frac{2}{C} = \frac{4}{C}$$

$$\therefore C_{ST} = \frac{C}{4}\ [\mu F]$$

T–R 相間

$$\frac{1}{C_{TR}} = \frac{1}{C_T} + \frac{1}{C_R}$$

$$= \frac{2}{C} + \frac{1}{C} = \frac{3}{C}$$

$$\therefore C_{RS} = \frac{C}{3}\ [\mu F]$$

上記より，答 (2)となる．

素子破壊による短絡は，コンデンサ内部にアークによるガスを発生させ，ケース（外箱）のふくらみとして顕在化する．月次点検時の外観点検が重要となる．

ちなみに，コンデンサの内部結線がY結線となっている理由は，素子破壊に伴う線間短絡を防止するためである．Δ結線で全素子が破壊されると最終的に線間短絡に移行してしまい，大きな短絡電流が流れて危険なためである．Y結線では，1線に流れる電流が大きくなるが，LBSに取り付けた限流ヒューズで遮断が可能である．

高圧受電設備規程では，はく電極コンデンサ（NH：非自己回復型）の保護装置には限流ヒューズを施設することとされているが，蒸着電極コンデンサ（SH：自己回復型）には，コンデンサ内蔵の保安装置または保護接点を使用すればよいとされている．

進み力率によるフェランチ効果

以前はSC容量を三相変圧器容量の3分の1程度を標準としていたが，現在は高圧受電設備規程にもあるように，負荷の想定無効電力に合った容量とすることが推奨されている．

電気料金は力率85 %を上回るほど基本料金の割引率が大きくなる制度であること，設備新設時点で負荷力率を想定することが難しかったことなどから，余裕をもったSC容量となっていた．その結果，電動機負荷が多い工場が稼働しない夜間休日に，投入されたままのコンデンサによる進み無効電力が過剰になり，送電端電圧よりも受電端電圧が高くなるフェランチ効果が問題となっている．

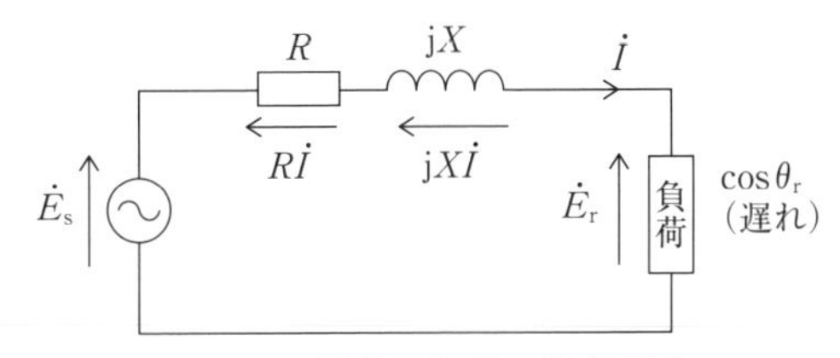

図5　配電線一相分の等価回路

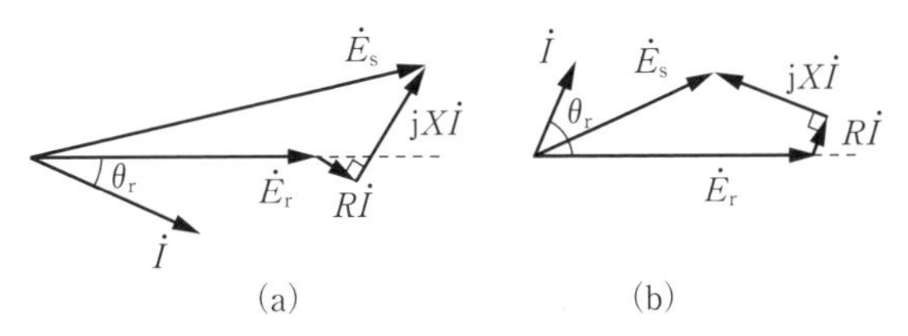

図6　フェランチ効果のベクトル図

図5に配電線一相分の等価回路を示す．ここで，

E_s：送電端相電圧

E_r：受電端相電圧

I：負荷電流

R：線路抵抗

X：線路リアクタンス

$\cos\theta_r$：負荷力率

図6は，図5の各電圧と電流のベクトル図を表している．(a)は平日昼間の負荷を想定して負荷電流Iが遅れ電流となっている．この場合，送電端電圧E_sに比べ受電端電圧E_rは小さくなる．

一方，(b)は夜間または休日の負荷を想定しており，負荷電流Iは系統の進み無効電力の影響により進み電流となり，その結果，送電端電圧E_sに比べ受電端電圧E_rが大きくなる．

フェランチ効果の対策としては，工場が稼働しない夜間休日に需要家側の進相コンデンサ開放が効果的と考えられるが，省力化の観点からタイマーや自動力率調整装置の適用が求められる．

試験（出題例）

（平成24年度　第三種電気主任技術者試験，法規科目，問12）

電気事業者から供給を受ける，ある需要家の自家用変電所を送電端とし，高圧三相３線式１回線の専用配電線路で受電している第２工場がある．第２工場の負荷は 2 000〔kW〕，受電電圧は 6 000〔V〕であるとき，第２工場の力率改善及び受電端電圧の調整を図るため，第２工場に電力用コンデンサを設置する場合，次の（a）及び（b）の問に答えよ．

ただし，第２工場の負荷の消費電力及び負荷力率（遅れ）は，受電端電圧によらないものとする．

（a）第２工場の力率改善のために電力用コンデンサを設置したときの受電端のベクトル図として，正しいものを次の（1）～（5）のうちから一つ選べ．ただし，ベクトル図の文字記号と用語との関係は次のとおりである．

P：有効電力〔kW〕

Q：電力用コンデンサ設置前の無効電力〔kvar〕

Q_C：電力用コンデンサの容量〔kvar〕

θ：電力用コンデンサ設置前の力率角〔°〕

θ'：電力用コンデンサ設置後の力率角〔°〕

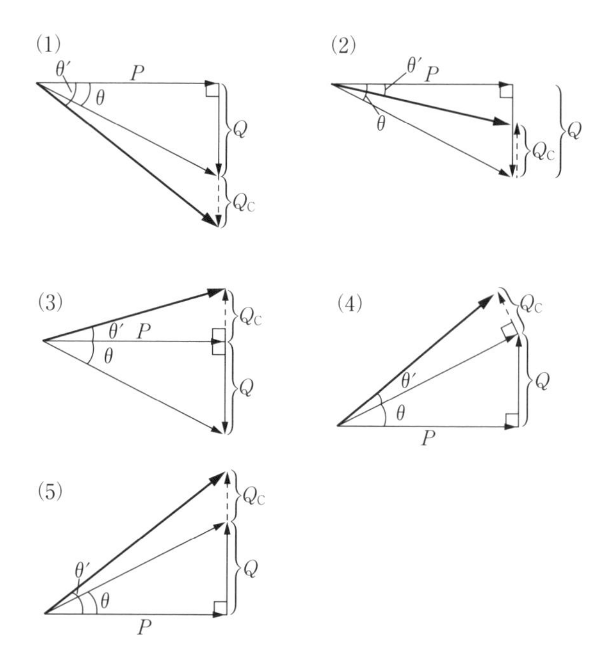

（b）第２工場の受電端電圧を 6 300〔V〕にするために設置する電力用コンデンサ容量〔kvar〕の値として，最も近いものを次の（1）～（5）のうちから一つ選べ．

ただし，自家用変電所の送電端電圧は 6 600〔V〕，専用配電線路の電線１線当たりの抵抗は 0.5〔Ω〕及びリアクタンスは１〔Ω〕とする．

また，電力用コンデンサ設置前の負荷力率は 0.6（遅れ）とする．

なお，配電線の電圧降下式は，簡略式を用いて計算するものとする．

（1）700　（2）900　（3）1 500　（4）1 800　（5）2 000

【解答】

（a）電力ベクトル

受電端相電圧 E_r と負荷電流 I のベクトル図は，題意より，負荷力率が遅れのため，E_r を基準ベクトルとして**図７**のとおりとなる．このとき，負荷電流の有効分を $I\cos\theta$，無効分を $I\sin\theta$ とする．

図７の各電流成分を用いて，それぞれ $\sqrt{3}V$ をかけると**図８**のベクトル図となり，各ベクトルは有効電力 P，無効電力 Q，皮相電力 S を表し，これを電力ベクトルという．式で表すと式(4)となり，遅れ無効電力をマイナスで表示している．この場合の $\dot{S}$ を複素電力という．

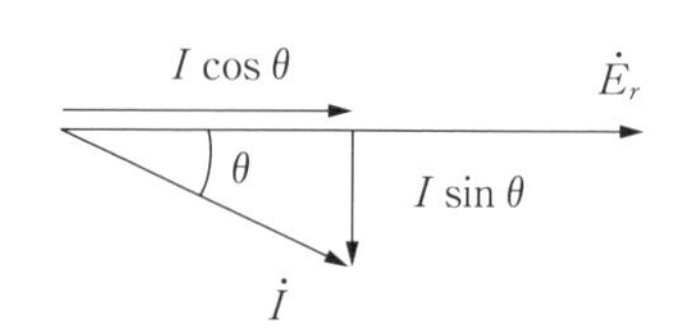

図７　負荷電流のベクトル図

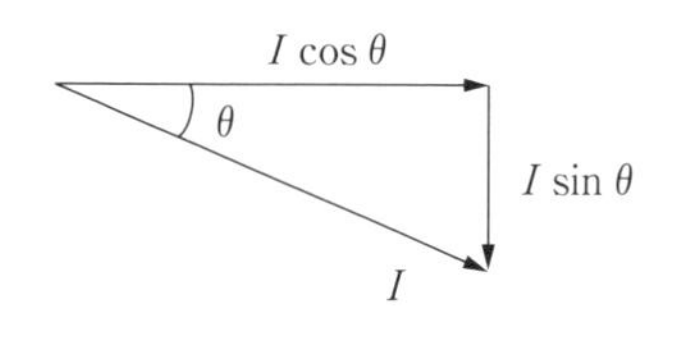

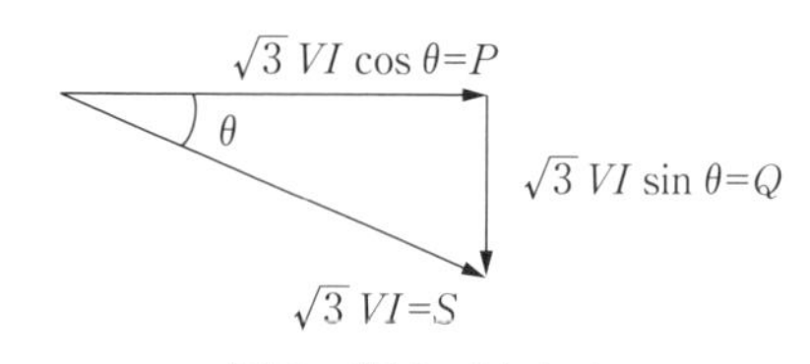

図８　電力ベクトル

$$\dot{S}=P-jQ \qquad 式(4)$$

問題図は受電端の電力ベクトルであり，記号が書かれていない2つのベクトルは皮相電力 S を表している．

力率改善は，力率角を小さくすることなので，改善後の力率角が大きくなっている (1) および (5) は不正解となる．(4) の力率角 θ' は，力率改善前の皮相電力 S と力率改善後の皮相電力 S' との位相角となっており，本来の力率角とは意味が異なる．(3) の Q_C のベクトルは起点が違っており，電力ベクトルの関係を表す以下の式が成り立たないことから，**答 (2)** となる．

$$S=\sqrt{P^2+Q^2} \qquad 式(5)$$

(b) 電力用コンデンサの容量

自家用変電所と第2工場間の専用配電線の一相分の等価回路は**図9**のとおり描ける．

ここで，

R：1線あたりの抵抗［Ω］

X：1線あたりのリアクタンス［Ω］

題意より，電圧降下の簡略式を用いて，電圧と受電端の有効電力と無効電力の関係式を求める．

$$v=V_s-V_r\fallingdotseq\sqrt{3}I(R\cos\theta+X\sin\theta)\ [\mathrm{V}]$$

$$V_s=V_r+\sqrt{3}I(R\cos\theta+X\sin\theta) \qquad 式(6)$$

ここで式(6)の両辺に V_r をかけると，

$$V_sV_r=V_r^2+\sqrt{3}V_rI(R\cos\theta+X\sin\theta)$$
$$=V_r^2+R\sqrt{3}V_rI\cos\theta+X\sqrt{3}V_rI\sin\theta$$
$$=V_r^2+PR+QX \qquad 式(7)$$

ここで，$P=\sqrt{3}V_rI\cos\theta$，$Q=\sqrt{3}V_rI\sin\theta$

式(7)より，受電端の無効電力 Q は次式で表される．

$$Q=\frac{V_sV_r-V_r^2-PR}{X} \qquad 式(8)$$

受電端電圧が6 300 Vのときの受電端の無効電力 Q を式(8)に数値を代入して求める．

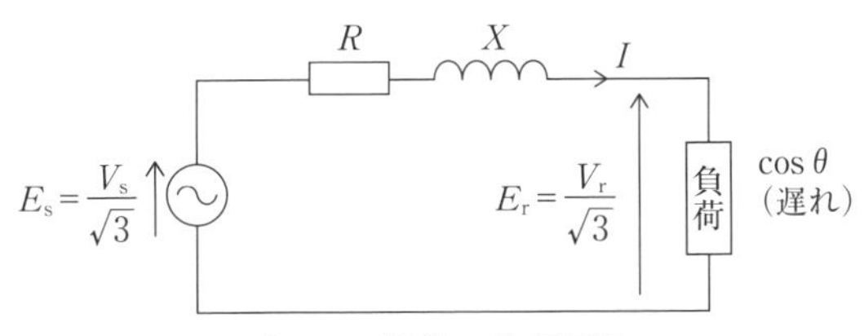

図9　一相分の等価回路

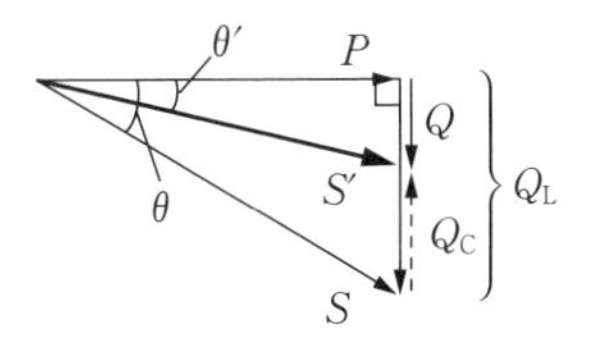

ここで，
S：電力用コンデンサ設置前の皮相電力［kV·A］
S'：電力用コンデンサ設置後の皮相電力［kV·A］

図10　力率改善前後の無効電力

$$Q=\frac{6\,600\times6\,300-6\,300^2-2\,000\times10^3\times0.5}{1}$$
$$=890\times10^3$$
$$=890\ \mathrm{kvar}$$

負荷の無効電力 Q_L は電力ベクトルより，

$$Q_L=P\tan\theta=P\frac{\sin\theta}{\cos\theta}$$
$$=2\,000\times\frac{\sqrt{1-0.6^2}}{0.6}\fallingdotseq2\,667\ \mathrm{kvar}$$

受電端電圧を6 300 Vにするための電力用コンデンサ容量 Q_C は，**図10**のベクトル図のとおり，

$$Q_C=Q_L-Q$$
$$=2\,667-890=1\,777\fallingdotseq1\,800\ \mathrm{kvar}$$ **答 (4)**

実務

力率改善のための容量選定

力率改善のためのコンデンサ容量選定は，式(3)により求めることができるが，一般的に用いられている早見表はp.135の式(3)から作成できる．

例えば，力率80 %の負荷を力率95 %にするために必要なコンデンサ容量は，以下のとおり負荷の有効電力 P に0.421をかけた容量として求められる．

$$Q_C=P\times\left(\frac{\sqrt{1-0.8^2}}{0.8}-\frac{\sqrt{1-0.95^2}}{0.95}\right)$$
$$=P\times(0.75-0.329)=0.421P$$

定格電圧と定格容量

電験での計算問題における進相コンデンサ設備

は，定格電圧 6.6 kV，定格容量 50 kvar などのように切りの良い数値が使われるが，実際の製品は定格電圧 7.02 kV，定格容量 79.8 kvar など，中途半端な数値となっている．これらの考え方について述べる．

コンデンサ設備（一相分）は，**図 11** のようにコンデンサと直列リアクトルが直列接続になっていることから，分圧の考え方を用いて以下のとおり端子電圧を求めることができる．

$$\frac{V_C}{\sqrt{3}}=\left|\frac{-jX_C}{jX_L-jX_C}\right|\times\frac{V}{\sqrt{3}}$$

$$=\left|\frac{-jX_C}{j0.06X_C-jX_C}\right|\times\frac{V}{\sqrt{3}}$$

$$=\left|\frac{-jX_C}{-j0.94X_C}\right|\times\frac{V}{\sqrt{3}}$$

$$=\frac{1}{0.94}\times\frac{V}{\sqrt{3}}$$

$$=\frac{1}{0.94}\times\frac{6\,600}{\sqrt{3}}\fallingdotseq\frac{7\,020}{\sqrt{3}}$$

$$\therefore V_C\fallingdotseq 7\,020\ \mathrm{V}$$

書き直すと，以下の式で表される．

$$定格電圧=\frac{回路電圧}{1-\dfrac{L}{100}}$$

$$=\frac{6\,600}{1-\dfrac{6}{100}}\fallingdotseq 7\,020\ \mathrm{V}$$

定格容量も電圧と同様に求められる．

$$定格容量=\frac{定格設備容量}{1-\dfrac{L}{100}}$$

定格設備容量とは，図 11 のように直列リアクトルを含めたコンデンサ設備全体の容量を表している．

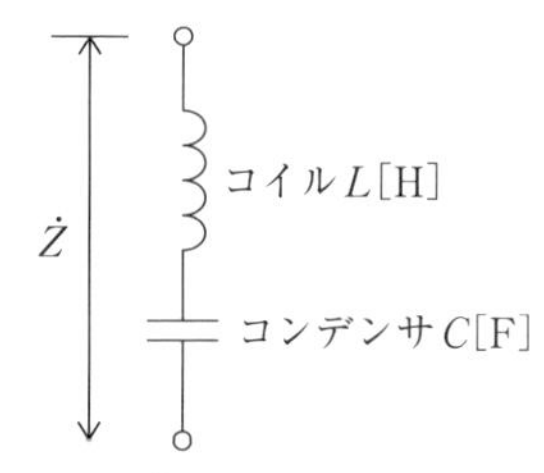

図 11　コンデンサ設備一相分の等価回路

放電装置

受電設備停電後でも，コンデンサには充電された電荷（$Q=CV$）が残留しているため，電荷の放電を行わないと感電するおそれがある．また，コンデンサ端子には電源電圧波高値に等しい電圧が残留するため，放電抵抗により残留電圧を 50 V 以下に抑えることとされている．

放電装置には上述の放電抵抗のほかに放電コイルがある．**図 12** の放電抵抗は開放後 5 分以内に電圧を 50 V 以下に，**図 13** の放電コイルは，開放後 5 秒以内に電圧を 50 V 以下にする機能がある．放電コイルは自動力率調整装置など，多頻度かつ短時間での開閉が必要な箇所に用いられる．

コンデンサ開放後の残留電圧は，感電の危険に加え端子間に大きな過電圧を生じさせるおそれがある．したがって，開放後の再投入には，放電抵抗設置では 5 分以上の間隔，放電コイル設置のものは 5 秒以上の間隔をあける必要がある．

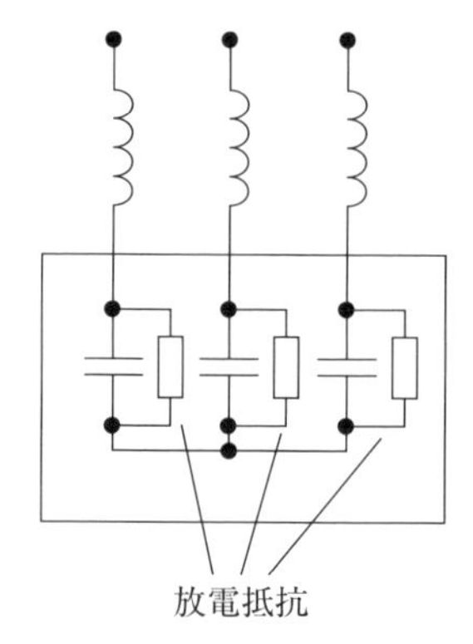

図 12　放電抵抗

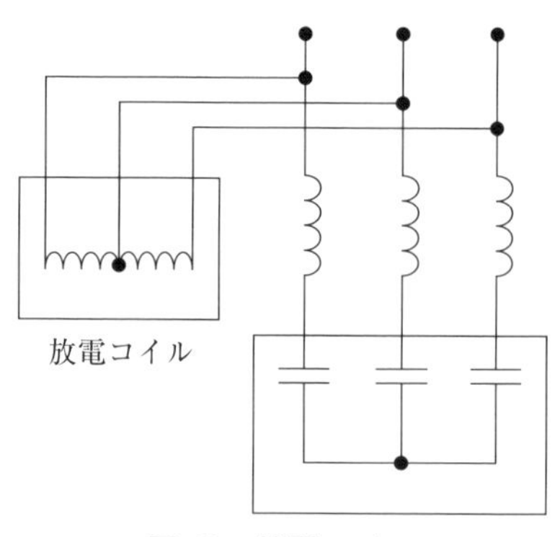

図 13　放電コイル

4 非常用発電機

学習
同期発電機の出力

試験
同期発電機の負荷角

実務
並行運転

事例

同期発電機の有効電力と無効電力の発生メカニズムを知らない人は，定格出力 1 000 kV･A，定格力率 0.8 の発電機は，負荷力率を 1.0 に近づければ 1 000 kW の出力を得られると誤解することが多い（実際は 800 kW（無効電力 600 kvar）が定格出力になる）．同期発電機の基本的な知識が十分でない技術者が多い．もう少し詳しく説明してもらえないだろうか？

学習

交流の自家用発電機には，誘導機と同期機の 2 種類があるが，系統停電時に稼働する非常用発電機においては同期機がほとんどを占めている（**写真 1**）．

ここでは，非常用発電機としての同期発電機について説明する．

同期発電機の概要

ご存知のとおり，電力の大部分を供給している

写真 1　非常用発電機（出力 250kV・A）

水力・火力・原子力発電所の発電機は三相同期発電機である．同期発電機が使われている主な理由は 3 つある．1 つは，系統に接続している発電機同士が同じ速度（同期速度）で回転することで系統の周波数を維持できることである．2 つめは，界磁巻線を直流で励磁することで，発電機単独（原動機からの機械的入力は必要）での運転が可能（誘導発電機は系統から励磁電流の供給がないと発電できない）となることである．3 つめは，発電機自体で，電力系統に対し無効電力の供給，消費が可能となることである．

系統の周波数は同期発電機の回転速度そのものであり，その回転速度は水車や蒸気タービンなど原動機からの機械的入力と発電機からの電気的出力が平衡している状態で一定速度が保たれる．電力系統には多くの発電機が接続されており，それらの発電機（原動機）が規定の同期速度で回転することで系統の周波数を一定に維持している．

同期発電機は直流発電機と構造が基本的に同じであり，固定子と回転子，回転子と外部電源との接点となるスリップリング，ブラシから構成されている．

図 1 は同期発電機の構造を単純化した図である．中央に固定子である電機子巻線と回転子である界磁巻線があり，その界磁巻線に界磁電流 I_f を供給する直流電源やスリップリングがある．同期

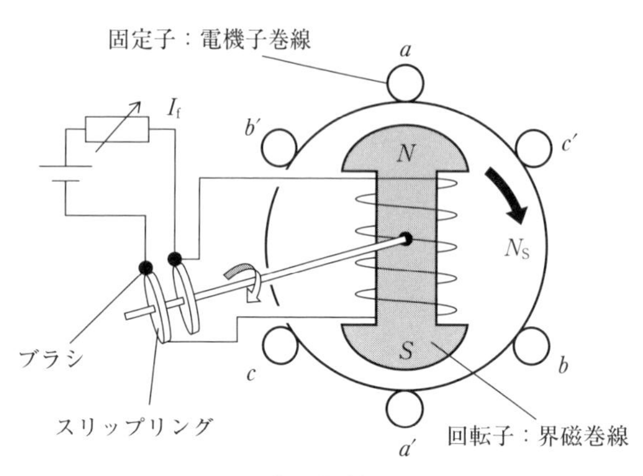

図1　同期発電機の原理図

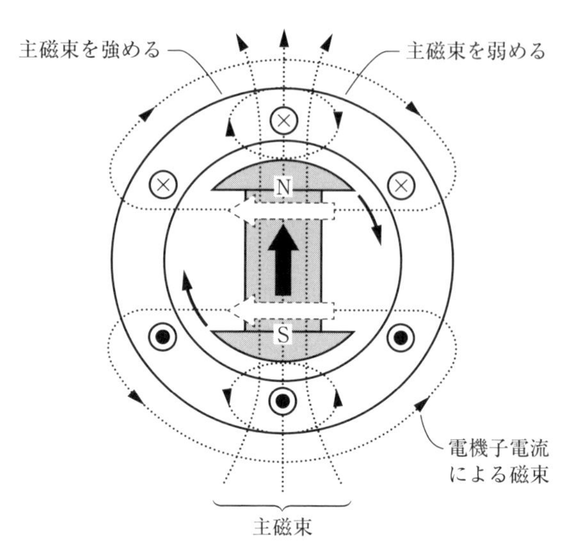

図2　磁極と回転磁界の状態（交さ磁化作用）

機は直流機と異なり，界磁巻線が回転する回転界磁型となっている．電機子ではなく界磁を回転させる理由は，発電機の容量を考えればわかる．一般に大容量火力発電の発電機は，定格出力1 000～1 600 MV·Aと大容量であるが，定格電圧は絶縁上の限界から25 kV程度となっている．その場合の定格電流は26 kA（66 kV系統の短絡電流並み）と大電流となり，スリップリングとブラシの接触抵抗により接触部が過熱することで溶損してしまう．一方，界磁電流は数百アンペア程度であり，取り扱いが容易であることから界磁極を回転子としている．

図1は2極機を表しており，この場合，回転子の1秒間あたりの回転数が周波数と等しくなるため，50回転すれば50 Hz，60回転で60 Hzの正弦波三相交流電圧を発生する．

火力機では，熱効率を高めるため蒸気圧力が高い（20 MPa以上）ことから蒸気タービンの回転速度が高い．そのため，回転子の回転速度を高くする必要から2極機となり，遠心力（回転子の周辺速度は時速800 km程度）に耐えられる円筒型の回転子としている．原子力機では，燃料被覆管（ジルコニウム）の温度制限から蒸気圧力が低く抑えられているため，タービンの回転速度が遅くなり4極機となる．水力機では，水の位置エネルギーを利用して水車を回転させるため，水車の回転速度が遅くなり，極数が20～40極と多くなる．

非常用発電機に多いディーゼル発電機は，原動機であるディーゼルエンジンの特性から低速となるため4極が主流となっている．

三相同期発電機の等価回路

（1）電機子反作用

同期発電機の重要な特性として電機子反作用がある．電機子に電流が流れることで発生する磁界が界磁で発生する主磁束と干渉する現象であり，誘導起電力に影響を与える．

電機子に電流が流れると，右ねじの法則により電機子に磁界が発生する．一方，界磁巻線により発生する主磁束は同期速度で回転しており，電機子に発生する磁界との位置関係が時々刻々と変化する．

直流機では電機子反作用により，ブラシからの火花の発生，主磁束の減少など運転にマイナスの影響を及ぼすことから，補償巻線や補極などの対策がとられているが，同期機ではメリットもあることから特別な対策はとらない．

電機子電流と起電力の位相差により，電機子電流がつくる磁束と主磁束との関係が変化する．

① 同相：交さ磁化作用（**図2**）

発電機が力率1で運転している場合，起電力が最大となるとき（主磁束が最大）電機子電流も最大となる．そのときの主磁束の向きと電機子電流による磁束の向きが，図のように交さするため，

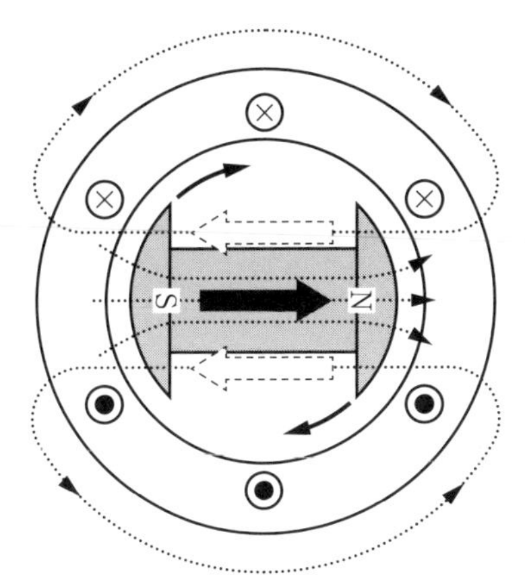

図 3　磁極と回転磁界の状態（減磁作用）

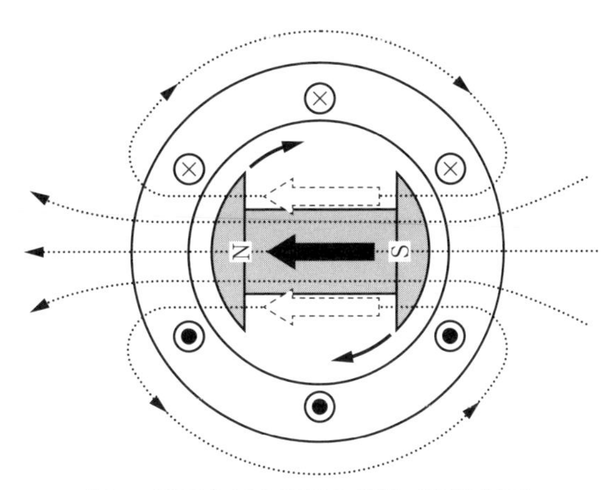

図 4　磁極と回転磁界の状態（増磁作用）

主磁束がギャップ部分で強まる部分と弱まる部分が生じる（ギャップ部の磁束分布がひずむ）．誘導起電力に大きな影響はない．

② 遅相：減磁作用（**図 3**）

発電機が遅れ力率ゼロで運転（遅れ無効電流のみ）する場合，電機子電流による回転磁界と磁極位置が図のようになる．その結果，電機子電流による回転磁界が主磁束を打ち消す向き（減磁）となり，誘導起電力を減少させる．

同じ誘導起電力（無効電力）を発生させるには，界磁を強める必要がある．

③ 進相：増磁作用（**図 4**）

発電機が進み力率ゼロで運転（進み無効電流のみ）する場合，電機子電流による回転磁界と磁極位置が図のようになる．その結果，電機子電流による回転磁界が主磁束を強める向き（増磁）となり，誘導起電力を増加させる．

同じ誘導起電力（無効電力）を発生させるには，界磁を弱める必要がある．

電機子反作用は発電機だけではなく電動機として運転している状態でも発生する．しかし，誘導起電力に対する電機子電流の向きが発電機とは逆になるため，各電機子反作用も主磁束に対して逆の働きをする．それらを**表 1** にまとめた．

大事なことは，同期発電機（電動機）は励磁を調整することで誘導起電力の大きさを変化させ，

表 1　発電機と電動機の電機子反作用の違い

電機子電流	発電機	電動機
同相	偏磁作用	偏磁作用
90° 遅れ	減磁作用	増磁作用
90° 進み	増磁作用	減磁作用

それによって電機子電流の位相を変化させることができることである．発電機では有効電力とともに遅れ無効電力または進み無効電力を系統に供給でき，電動機では遅れ無効電力または進み無効電力を消費することができる．このことにより，系統の電圧調整の役割を担うことができる．

(2) 発電機の等価回路

① 同期リアクタンス x_s

電機子反作用により主磁束が減少または増加すると，誘導起電力の大きさが減少または増加する．これは一種のリアクタンスによる電圧降下とみなせることから，これを電機子反作用リアクタンス x_a として取り扱う．

また，電機子電流により発生する磁束は，ほとんどが電機子反作用として働くが，一部は界磁磁束に影響を与えない漏れ磁束となる．この漏れ磁束による電圧降下を電機子漏れリアクタンス x_l として取り扱う．電機子電流による 2 つのリアクタンスを合わせて同期リアクタンス x_s とよび，以下の式で表される．

$$x_s = x_a + x_l \ [\Omega]$$

② 同期インピーダンス Z_S

電機子巻線抵抗を r_a とすると，三相同期発電機一相分の同期インピーダンスは Z_S 以下の式で表される．

$$\dot{Z}_S = r_a + jx_s \ [\Omega]$$

なお，一般に同期リアクタンス x_s に比べ電機子巻線抵抗 r_a は非常に小さいので，等価回路は**図 5** のように r_a を無視して表される．そのベクトル図を**図 6** に示す．

同期発電機の出力と負荷角の関係

同期発電機はほかの電気機器と異なり，同期運転を維持するため，通常は定格出力の 60 % 程度での運転をしている．もっとも大きな理由は同期外れ，いわゆる脱調を起こさないためである．

同期発電機一相分の出力 P_1 を以下の式で示す．

$$P_1 = VI\cos\theta \qquad \text{式(1)}$$

ここで図 6 より，以下の式が成り立つ．

$$E_0 \sin\delta = x_s I \cos\theta$$

$$I\cos\theta = \frac{E_0 \sin\delta}{x_s}$$

式(1)に代入すると，

$$P_1 = VI\cos\theta = \frac{VE_0 \sin\delta}{x_s} \qquad \text{式(2)}$$

三相出力 P は3倍となり，以下の式で表される．

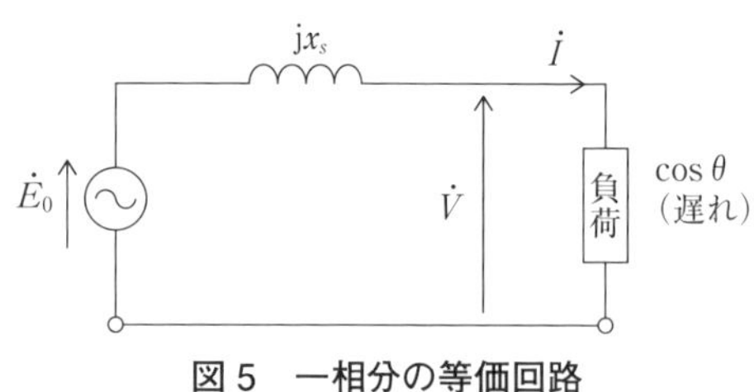

図 5　一相分の等価回路

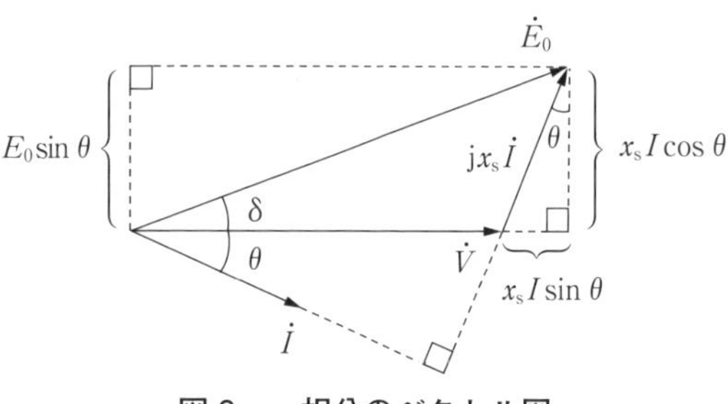

図 6　一相分のベクトル図

$$P = 3P_1 = \frac{3VE_0 \sin\delta}{x_s} \qquad \text{式(3)}$$

一般に同期発電機の出力 P は電機子電流と力率で表される式(1)ではなく，負荷角（内部相差角）δ を用いた式(2)で表され，出力と負荷角の関係は**図 7** の曲線（サインカーブ）で示される．

出力は負荷角 δ が 90° で最大となり，それ以上大きくなると運転が継続できない脱調（同期外れ）となり，出力が低下する．

自己励磁現象

発電機を線路に接続する際，無励磁であっても界磁の残留磁気により誘導起電力が発生する．

長距離送電線など静電容量の大きな線路に接続すると，発生した誘導起電力により電機子電流には進み電流が流れる．進み電流は増磁作用をもたらすため，誘導起電力を増加させる．誘導起電力が増加すると端子電圧が上昇し，さらに充電電流が増加する．

図 8 は端子電圧が上昇していく様子を表したも

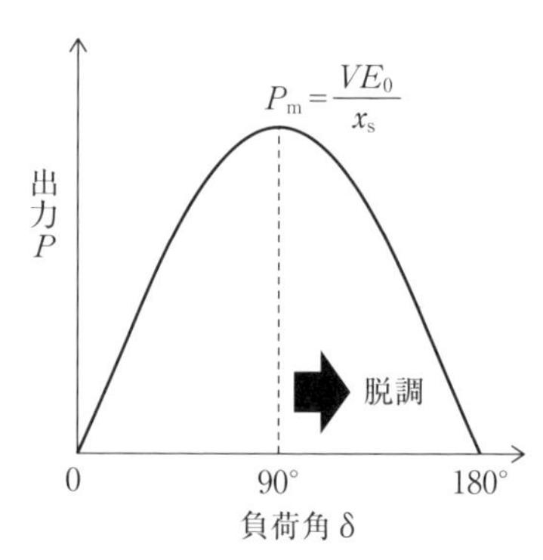

図 7　出力–負荷角曲線

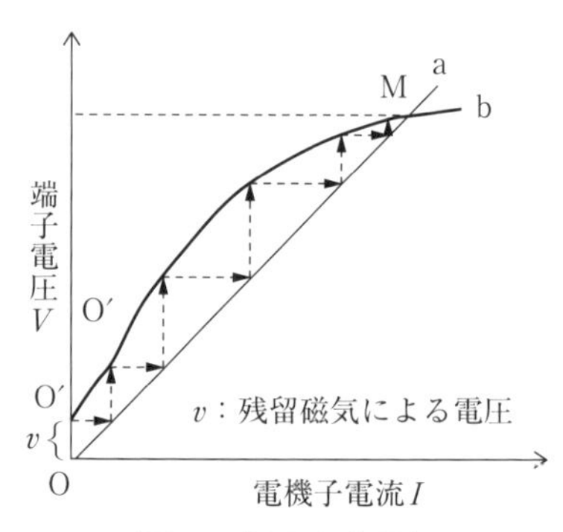

図 8　自己励磁現象

ので，直線 $\overline{\mathrm{Oa}}$ は電機子電流と端子電圧の関係を表し，曲線 O′b は無負荷飽和曲線を示す．

進み電流による増磁作用により上昇した端子電圧は交点 M まで上昇するため，この電圧が発電機の定格を大きく超えれば絶縁破壊のおそれがある．

このように無励磁にもかかわらず増磁作用により端子電圧が上昇を続ける作用を「自己励磁現象」という．ここで自己励磁とは，通常の直流電源による励磁を外部（他）励磁というのに対し，発電機自体の残留磁気による励磁で誘導起電力を発生させることをいう．

発電機巻線の絶縁破壊とならないよう，並列時の誘導起電力を低くする，変圧器やリアクトルを接続し，進み電流を打ち消すなどの対策により自己励磁現象を防止する必要がある．

試験（出題例）

■ 負荷角に関する問題

（平成 30 年度　第三種電気主任技術者試験，機械科目，問 6）

定格容量 P［kV·A］，定格電圧 V［V］の星形結線の三相同期発電機がある．電機子電流が定格電流の 40 %，負荷力率が遅れ 86.6 %（cos 30° = 0.866），定格電圧でこの発電機を運転している．このときのベクトル図を描いて，負荷角 δ の値［°］として，最も近いものを次の（1）～（5）のうちから一つ選べ．

ただし，この発電機の電機子巻線の 1 相当たりの同期リアクタンスは単位法で 0.915 p.u.，1 相当たりの抵抗は無視できるものとし，同期リアクタンスは磁気飽和等に影響されず一定であるとする．

（1）0　（2）15　（3）30　（4）45　（5）60

【解答】

問題には示されていないが，非突極型（円筒型）同期発電機として考えると，題意より等価回路は図 9 のとおり示される．回転速度の問題から，円筒機は火力機，突極機は水力機に用いられる．

ただし，$\dot{E}_0$：誘導起電力，x_s：同期リアクタンス，$\dot{V}$：端子電圧，$\dot{I}$：電機子電流

等価回路より，電圧則に基づき次式が示される．

$$\dot{E}_0 = \dot{V} + \mathrm{j}x_s\dot{I} \qquad \text{式(4)}$$

式(4)をもとに端子電圧 $\dot{V}$ を基準ベクトルとしたとき，**図 10** のベクトル図で表される．電験の復習にベクトルを描く手順を以下に示す．

① 基準ベクトルとして端子電圧 $\dot{V}$ を描く．

② 題意より，負荷力率が遅れ 86.6 %（cos 30°）とあるので，電機子電流 $\dot{I}$ を端子電圧 $\dot{V}$ から 30° 遅れた位置に描く．

③ 題意より，発電機の電機子巻線の一相あたりの抵抗は無視できるものとし，式(4)に従い，電機子電流 $\dot{I}$ に同期リアクタンス x_s をかけ 90° 位相を進めたリアクタンス電圧降下 $\mathrm{j}x_s\dot{I}$ を端子電圧 $\dot{V}$ の先端から描く（+j は 90° 進み，−j は 90° 遅れとなる）．

④ 端子電圧 $\dot{V}$ の始点と電圧降下 $\mathrm{j}x_s\dot{I}$ の終点を結ぶと誘導起電力 $\dot{E}_0$ が描ける．

ここで負荷角 δ は，誘導起電力 $\dot{E}_0$ と端子電圧 $\dot{V}$ との位相差を表しており，端子電圧 $\dot{V}$ を一定としたとき，電機子電流（負荷）が大きくなるほど増大する．

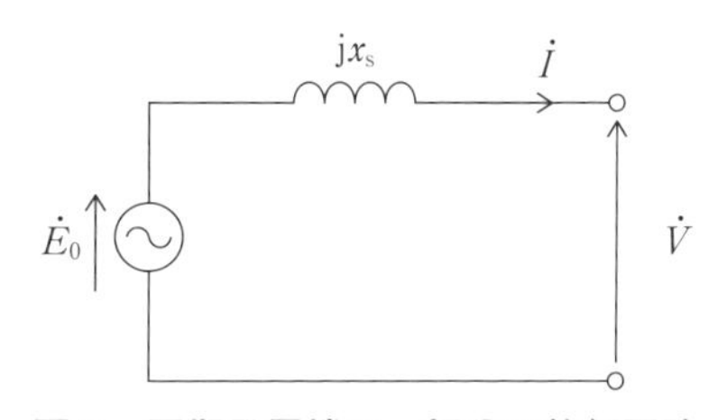

図 9　同期発電機の一相分の等価回路

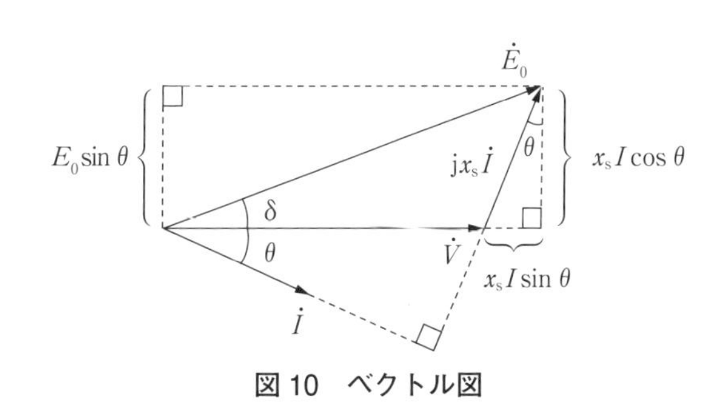

図 10　ベクトル図

ベクトル図より誘導起電力 $\dot{E}_0$ の大きさは，ピタゴラスの定理より，以下の式で示される．

$$E_0{}^2 = (V + x_s I \sin\theta)^2 + (x_s I \cos\theta)^2$$

同期リアクタンスが単位法（パーユニット法）で示されているため，ほかの大きさも単位法で次式に代入すると，

$$V = 1\text{ p.u.},\ x_s = 0.915\text{ p.u.},$$

$$I = 0.4\text{ p.u.},\ \cos 30° = 0.866,\ \sin\theta = 0.5$$

$$E_0{}^2 = (1 + 0.915 \times 0.4 \times 0.5)^2 + (0.915 \times 0.4 \times 0.866)^2$$

$$\therefore E_0 = \sqrt{1.183^2 + 0.3170^2} \fallingdotseq 1.225\text{ p.u.}$$

ベクトル図を描かなくても，式(4)から直接誘導起電力 $\dot{E}_0$ の大きさを求めることもできる．

端子電圧 $\dot{V}$ を基準とすると，

$$\begin{aligned}\dot{E}_0 &= \dot{V} + \mathrm{j}x_s\dot{I}\\ &= 1 + \mathrm{j}\,0.915 \times 0.4(\cos 30° - \mathrm{j}\sin 30°)\\ &= 1 + \mathrm{j}\,0.915 \times 0.4(0.866 - \mathrm{j}\,0.5)\\ &= 1 + \mathrm{j}\,0.316956 + 0.183\\ &= 1.183 + \mathrm{j}\,0.316956\end{aligned}$$

$$\therefore E_0 = \sqrt{1.183^2 + 0.3170^2} \fallingdotseq 1.225\text{ p.u.}$$

ベクトル図より，以下の式が成り立つため，式を変形して負荷角 δ を求める．

$$E_0 \sin\delta = x_s I \cos\theta$$

$$\therefore \sin\delta = \frac{x_s I \cos\theta}{E_0} = \frac{0.915 \times 0.4 \times 0.866}{1.225} \fallingdotseq 0.2587$$

$$\therefore \delta = \sin^{-1} 0.2587 \fallingdotseq 15°$$

試験では関数電卓が使えないため，解答例の $\sin 0° = 0$，$\sin 30° = 0.5$ から，この場合は $\sin 15°$ が正解と考える．よって答 (2)となる．

このときの出力は，式(2)に数値を代入すると，

$$P = \frac{VE_0}{x_s}\sin\delta = \frac{1 \times 1.225}{0.915} \times 0.258\,7 \fallingdotseq 0.346\text{ p.u.}$$

定格出力の 0.346 倍，約 35 ％の出力で運転していると考えられる．

p.u.（パーユニット）とは単位法とよばれ，基準とする値の何倍を表すかを示している．p.u. 値を 100 倍した値が百分率（%）となる．

解答の 1.225 p.u.（パーユニット）とは，基準の 1.225 倍の大きさを表すため，基準となる電圧が 10 kV の場合は 12.25 kV となる．

■ 並行運転に関する問題

（平成 29 年度　第三種電気主任技術者試験，機械科目，問 4）

次の文章は，三相同期発電機の並行運転に関する記述である．

既に同期発電機 A が母線に接続されて運転しているとき，同じ母線に同期発電機 B を並列に接続するために必要な条件又は操作として，誤っているものを次の（1）～(5）のうちから一つ選べ．

(1) 母線電圧と同期発電機 B の端子電圧の相回転方向が一致していること．同期発電機 B の設置後又は改修後の最初の運転時に相回転方向の一致を確認すれば，その後は母線への並列のたびに相回転方向を確認する必要はない．

(2) 母線電圧と同期発電機 B の端子電圧の位相を合わせるために，同期発電機 B の駆動機の回転速度を調整する．

(3) 母線電圧と同期発電機 B の端子電圧の大きさを等しくするために，同期発電機 B の励磁電流の大きさを調整する．

(4) 母線電圧と同期発電機 B の端子電圧の波形をほぼ等しくするために，同期発電機 B の励磁電流の大きさを変えずに励磁電圧の大きさを調整する．

(5) 母線電圧と同期発電機 B の端子電圧の位相の一致を検出するために，同期検定器を使用するのが一般的であり，位相が一致したところで母線に並列する遮断器を閉路する．

【解答】

答 (4)

選択肢（1）は，相回転方向の確認時期に関する内容であり，設置時または改修時以外に端子の接続替えをすることはないため，運転ごとに確認する必要はないといえる．

選択肢（2）は位相の調整に関する内容であり，位相を一致（同期）させるためには原動機の回転速度の調整が必要となる．この操作は調速機（ガバナ）により行われる．前提として，各発電機の原動機の角速度が一致している必要がある．

選択肢（3）は，励磁電流を調整することで誘導起電力の大きさが調整できるため，結果的に端子電圧を調整できる．この操作は自動電圧調整装置（AVR）により行われる．

選択肢（4）は，端子電圧の波形を等しくするには励磁電流を調整する必要があるため，誤りである．

選択肢（5）の同期検定器は，電圧の位相差と同時に周波数差も示す．一般的には，電圧，周波数，位相を測定して遮断器を投入する「自動同期投入装置」を使用している．

実務

非常用予備電源設備の必要性

非常用予備電源設備（以下：非常用電源）は，生産工場などの事業継続の必要性や消防法または建築基準法など法令上の理由で設置される．非常用電源の種類は消防法施行規則第 12 条では，非常電源専用受電設備，自家発電設備，蓄電池設備，燃料電池設備の 4 種類とされている．

非常用電源は，電気設備の故障や火災などで突発的に常用電源が停電した際に，避難または消火活動や事業継続に不可欠な設備への電源供給の役割を担うため，設備により電源の種類が定められている（**表 2**）．あわせて，設置時の容量計算，定期的な点検保守が重要となる．

自家発電設備の特徴

自家発電設備は，原動機として主にディーゼル機関またはガスタービンが用いられ，発電機には主に同期発電機が採用される．同期発電機は誘導発電機と異なり外部電源による励磁装置が必要となるが，系統停電時でも自立運転が可能なこと，電圧，周波数，無効電力の調整が可能なことから，自家発電設備に多く採用されている．

ディーゼル機関は冷却水のための冷却設備が必要となるが，ガスタービンと比べ熱効率が高いこと，起動時間が短いことから，概ね出力 1 000 kV·A 以下ではディーゼル機関が多く採用されている．

ガスタービンは，熱効率は低いが冷却水が不要で振動や騒音も小さく保守が簡単であるが，ディーゼル機関のような急速起動は困難である．**表 3** にそれぞれの特徴を示す．

表 2　非常電源を必要とする消防用設備

消防用設備	自家発電設備	蓄電池設備	使用時間原則
屋内消火設備	○	○	30 分
スプリンクラ設備	○	○	30 分
水噴霧消火設備	○	○	30 分
泡消火設備	○	○	30 分
不活性ガス消火設備	○	○	60 分
ハロゲン化物消火設備	○	○	60 分
粉末消火設備	○	○	60 分
自動火災報知設備	／	○	10 分
ガス漏れ警報設備	○	○	10 分
非常警報設備	／	○	10 分
誘導灯	／	○	20 分
排煙設備	○	○	30 分
連結送水管	○	○	120 分
非常コンセント設備	○	○	30 分
無線通信補助設備	／	○	30 分

表 3　ディーゼル機関とガスタービンの特徴

種類	ディーゼル機関	ガスタービン
熱効率	33～49 %	20～34 %
燃料消費率	小	大
使用燃料	軽油，A 重油	灯油，軽油，A 重油
起動時間	5～30 秒	20～40 秒
冷却水	必要	不要
振動	大	小

同期発電機の運転可能出力

同期発電機は，変圧器のような電圧の大きさを変える電気機器と異なり，電力系統の電圧に合わせ発電機の端子電圧を変化させるため，有効電力に加え無効電力（力率）の制御が重要となる．

有効電力は，電機子電流による巻線温度上昇により出力が制限され，無効電力は界磁巻線の温度上昇など各部の温度上昇限度により出力が決まる．その運転限界を表したものが**図 11** の出力可能曲線（曲線の範囲内で運転可能）である．

無効電力（力率）を制御するには界磁電流の制御が必要となるが，界磁巻線の温度上昇を一定値に抑えるため，発電機に力率限定機能や力率一定制御機能を付加して運転している．つまり，事例にあったように力率 1.0 で運転するためには，定格力率 1.0 の仕様の発電機が必要ということになる．一般に自家用発電機の定格力率は 0.8（遅れ）が多く，容量が大きいものでは 0.95（遅れ）も採用されている．

同期発電機の定格出力は，定格電圧，定格周波数，定格力率において，発電機端子に発生する皮相電力［kV･A］で示される．

並行運転の基本条件

2 台以上の発電機を 1 つの母線に並列に接続して運転することを並行運転という．充電中に母線に発電機を接続（並列）する際と継続して安定的に運転をする条件には以下の 4 つがある．電力系統を 1 つの母線（非常に大きな発電機の母線，いわゆる一機無限大母線）とすると，系統への並列も同様に考えられる．

① 各発電機の起電力の周波数が等しい．

② 起電力の大きさが等しい．

③ 起電力の位相が一致している．

④ 起電力の波形が等しい．

また，原動機についても，並行運転中の各発電機の負荷分担を適正にするため，角速度や速度調定率（**図 12**）などの速度特性が適正であることが必要となる．

上記の並行運転の条件を満足するため，それぞれ，以下の対応が必要になる．

① 周波数は原動機の回転速度に比例するため，周波数を等しくするには原動機の回転速度を一致させる必要がある．

② 起電力の大きさが異なる（両機の励磁が変化する）と，起電力の差により各発電機の同期インピーダンスに電流 $\dot{I}_c$ が流れる（**図 13**(a)）．これを無効横流（並列接続の発電機に向かって横に流れる無効分電流）という．

図 13(b)のように $E_a > E_b$ とすると，無効電流 I は E_a に対しては同期リアクタンス（X_a，X_b）により 90° の遅れ電流となり，E_b に対しては流入電流となり，進み電流となる．電機子反作用で説明したように，遅れ電流は減磁作用として E_a を低下させ，進み電流は増磁作用として E_b を上昇させる．つまり，無効横流は両発電機の起電力が等しくなるように作用する．

③ 両機の原動機の速度差により起電力の位相が一致しないと，大きさは同じでも両起電力間に差電圧 $\Delta\dot{E}$（$=\dot{E}_a - \dot{E}_b$）が生じる（図 13(c)）．この差電圧により位相が進んでいる発電機 A から遅れている発電機 B に対し循環電流が流れる（有

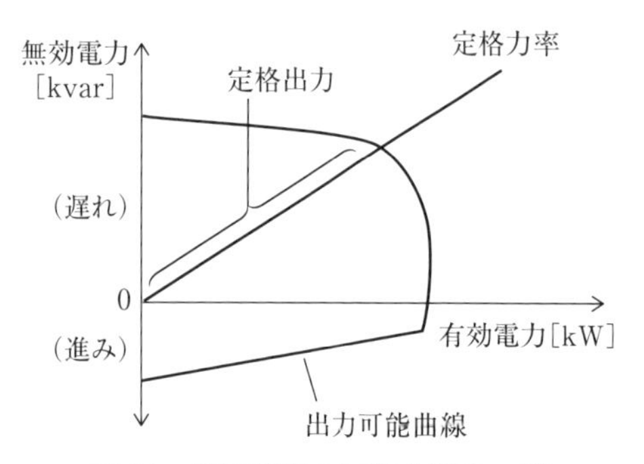

図 11　発電機出力可能曲線の一例

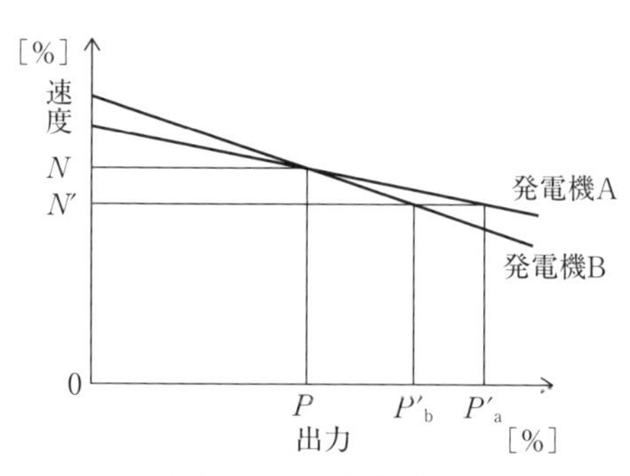

図 12　速度特性曲線

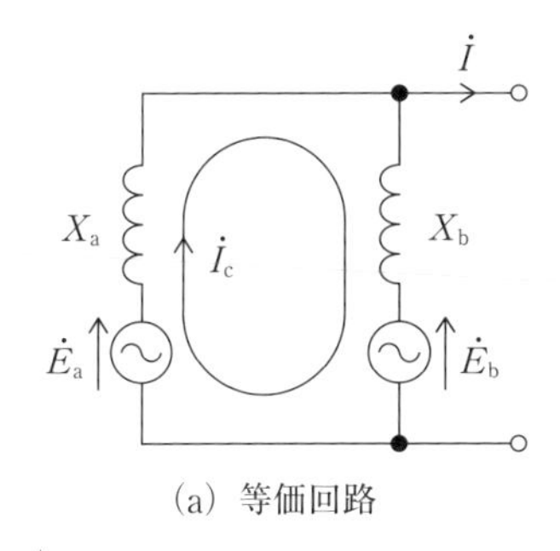

(a) 等価回路

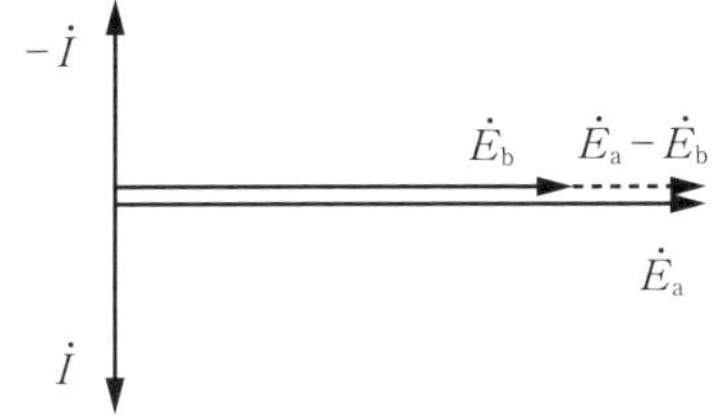

(b) 大きさが異なる場合

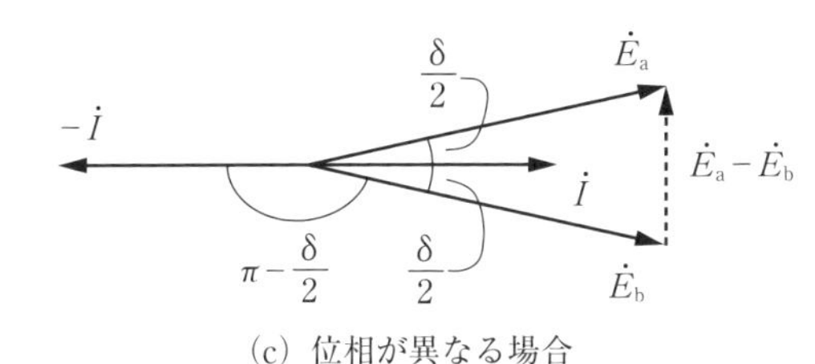

(c) 位相が異なる場合

図 13　無効横流と有効横流

効電力は，電圧の大きさではなく，位相が進んでいるほうから遅れているほうに流れる）．この電流は発電機 A の有効電力 $\left(E_a I \cos\frac{\delta}{2}\right)$ として寄与し，出力が増えることで速度を遅らせ，一方，発電機 B の出力は減少して速度が早まることで両機は一定の速度となり，位相差が解消する．この電流を有効横流または同期化電流といい，両機の起電力の位相が同相になるように作用する．

$$有効横流 = \frac{\Delta\dot{E}}{j(X_a + X_b)}$$

ここで，位相差 δ が 60° とすると，各電圧ベクトルが正三角形で表され，

$$|\Delta\dot{E}| = |\dot{E}_a| = |\dot{E}_b|$$

となるため，有効横流は短絡電流に近い大きさになる．電力系統に連系する際の瞬時電圧変動に影響を及ぼさないとされる位相差は 5° 以下とされているので，図 13(c)より差電圧を求めると，

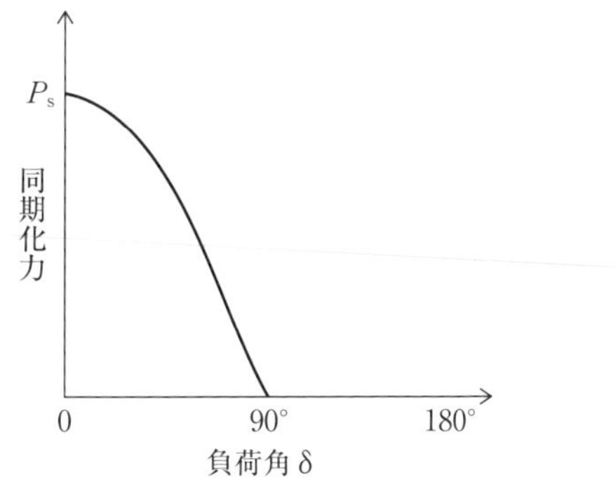

図 14　同期化力

$$\frac{\frac{|\Delta\dot{E}|}{2}}{|\dot{E}_a|} = \sin\frac{5^\circ}{2}$$

$$\therefore |\Delta\dot{E}| = 2 \times |\dot{E}_a| \sin\frac{5^\circ}{2}$$

$$\fallingdotseq 0.087|\dot{E}_a|$$

差電圧 $|\Delta\dot{E}|$ は誘導起電力 $|\dot{E}_a|$ の 10 %以下となることがわかる．

並行運転している発電機が負荷の増加や短絡，地絡故障の際にも安定的に運転できる度合いのことを安定度または同期化力といい，**図 14** の曲線で表される．出力は負荷角 90° で最大となるが，そのとき安定度はゼロとなる．一般に同期発電機は，安定度を保つため負荷角 δ を 30〜60° の範囲で運転する．

④ 起電力の波形が等しくないと，両機の起電力の瞬時値に差が生じ，無効横流が流れるが，通常は波形の差異は小さく問題になることはない．

⑤ 原動機の速度特性が等しくないと，出力が増加した場合，図 12 のように発電機 A が多くの負荷を分担することになる．

通常では，自動同期投入装置を使用することにより位相差ゼロ（＝突入電流ゼロ）で投入操作が行われる．

著者

村田 孝一｜むらた こういち　渡邉 髙伺｜わたなべ たかし

協力

髙橋 浩・竹中 正治
岩田 憲保・岡野 雄太
川崎 裕司・近藤 拓人
榊巻 平・佐藤 寿剛
鈴木 恵・曽佐 仁
瀧田 祐介・田口 景子
竹内 誠・持田 守
横山 文陽

niko（校閲）
山田 陽子（校正）

実務と電験三種をつなぐ
現場で役立つテブナン・キルヒホッフ

2023 年 2 月 8 日　　第 1 版第 1 刷発行

著　者　村田孝一・渡邉髙伺

発行者　村上和夫
発行所　株式会社 オーム社
郵便番号　101-8460
東京都千代田区神田錦町 3-1
電話　03(3233)0641(代表)
URL　https://www.ohmsha.co.jp/

印刷・製本　美研プリンティング
ISBN978-4-274-23015-8　Printed in Japan